CLIMAT,
LA PART D'INCERTITUDE

Steven E. Koonin

CLIMAT,
LA PART D'INCERTITUDE

Traduit de l'anglais (USA)
par Marie-France Pavillet

L'ARTILLEUR

collection
« Interventions »

Publié avec l'autorisation de BenBella Books Inc – Dallas – USA
Titre original : *Unsettled – What Climate Science tells us, what it doesn't, and why it matters*

ISBN 9782810011377

Éditions du Toucan – éditeur indépendant
16, rue de Vézelay, 75008 Paris.
www.editionsdutoucan.fr

À mes nombreux mentors,
Qui m’ont enseigné l’importance de l’intégrité scientifique

SOMMAIRE

DEUXIÈME PARTIE

LA RÉPONSE

INTRODUCTION

« La Science ». Nous sommes tous censés savoir ce qu'elle affirme. « La Science, nous dit-on, a tranché. » Combien de fois avons-nous entendu cette phrase ?

Les hommes ont d'ores et déjà bouleversé le climat de la terre. Les températures augmentent, le niveau des mers s'élève, la glace disparaît et les canicules, les tempêtes, les sécheresses, les inondations et les incendies de forêt sont un fléau toujours plus dévastateur qui s'abat sur le monde. Les émissions de gaz à effet de serre en sont la cause. Et si notre société et ses systèmes d'énergie ne parviennent pas à les éliminer rapidement en acceptant des changements radicaux, « La Science » affirme que la Terre est condamnée.

Enfin… pas tout à fait. Il est certes vrai que le globe se réchauffe et que les hommes exercent une influence en ce sens. Mais, pour paraphraser le film classique *The Princess Bride* : « Je ne crois pas que 'La Science' dise ce que vous dites qu'elle dit. »

Par exemple, les publications des chercheurs ainsi que les rapports officiels qui résument et évaluent la situation climatique disent clairement que les canicules ne sont *pas plus fréquentes* aux États-Unis qu'elles ne l'étaient en 1900 et que les températures maximales n'y ont pas augmenté au cours des cinquante dernières années. Quand je dis cela, la plupart des gens sont incrédules. Certains en ont le souffle coupé. D'autres réagissent avec violence.

Mais ces exemples ne sont certainement pas les seuls événements climatiques dont vous n'aviez encore jamais entendu parler. En voici trois autres qui vous surprendront peut-être, tirés directement de recherches parues récemment ou des derniers rapports officiels publiés par le gouvernement américain et l'ONU :

- Les activités humaines n'ont pas eu d'impact détectable sur les ouragans au cours du siècle passé.
- La calotte glaciaire du Groenland ne diminue pas plus vite aujourd'hui qu'il y a quatre-vingts ans.
- L'impact économique net des activités humaines sur le changement climatique sera minimal au moins jusqu'à la fin du siècle actuel.

Alors, qu'en est-il exactement ?

Si vous êtes comme la plupart des gens, une fois la surprise passée, vous vous demanderez *pourquoi* vous avez été étonné. Pourquoi n'aviez-vous encore jamais entendu parler de ces faits ? Pourquoi ne coïncident-ils pas avec l'affirmation – aujourd'hui presque un refrain – selon laquelle nous avons déjà déréglé le climat et courons à un désastre certain si nous ne modifions pas nos habitudes ?

Ce hiatus résulte essentiellement d'un long jeu de téléphone avec, pour message initial, les publications des chercheurs, reprises par les rapports d'évaluation, puis par leurs synthèses pour finir par la couverture médiatique. Les occasions d'erreur– accidentelles ou volontaires – sont nombreuses à mesure que l'information passe de filtre en filtre en fonction de ses destinataires. Le grand public obtient ses informations concernant le climat presque exclusivement dans les médias ; très rares sont les individus qui lisent effectivement les synthèses des rapports d'évaluation, sans parler des rapports eux-mêmes et des recherches qui les inspirent. Rien de plus compréhensible – les données et les analyses sont quasiment impénétrables aux non-experts, et leur lecture n'est pas vraiment captivante. Résultat, la plupart des gens ne disposent pas d'une information complète.

Le grand public n'est pas le seul à ne pas réellement savoir ce que la science dit du climat. Les décideurs, eux aussi, doivent s'appuyer sur des informations passées par plusieurs essoreuses avant de leur parvenir. Comme la plupart des membres du gouvernement – et d'autres personnes impliquées dans la politique climatique, tant dans le secteur privé que dans le secteur public – ne sont pas eux-mêmes des scientifiques , il appartient à ces derniers de faire en sorte que les non-scientifiques susceptibles de prendre des décisions importantes obtiennent un tableau exact, complet et transparent de ce que l'on sait (et de ce que l'on ne sait pas) du changement climatique, une image qui ne soit pas faussée par des impératifs politiques ou de présentation. Il n'est hélas pas si facile d'obtenir cette information exacte.

Je suis bien placé pour le savoir. Cela a longtemps été mon job.

Je suis un scientifique. Je m'efforce de comprendre le monde au moyen de mesures et d'observations, puis de communiquer clairement à la fois l'intérêt, souvent passionnant, et les implications de ce que j'ai compris. En début de carrière, je me suis beaucoup amusé à appliquer cette méthode pour élucider des phénomènes ésotériques dans le domaine des atomes et des noyaux en utilisant une modélisation informatique extrêmement performante (cette dernière étant aussi un outil important pour une grande partie de la climatologie). Mais, à partir de 2004, j'ai passé dix ans environ à appliquer ces méthodes à la question du climat et à ses implications pour les technologies de l'énergie. Je l'ai fait, au départ, en qualité de directeur scientifique de la compagnie pétrolière BP, en m'attachant à y promouvoir les énergies renouvelables, puis de sous-secrétaire scientifique au ministère de l'énergie de l'administration Obama, où j'aidais à guider les investissements du gouvernement en matière de technologies de l'énergie et de climatologie. J'ai éprouvé de grandes satisfactions dans l'accomplissement de ces rôles, où je contribuais à définir et à catalyser les actions visant à réduire les émissions de dioxyde de carbone, impératif que tout le monde s'accordait à juger indispensable pour « sauver la planète ».

Puis j'ai commencé à avoir des doutes. Fin 2013, l'American Physical Society – organisation professionnelle des physiciens du pays – m'a demandé de diriger et de mettre à jour sa déclaration officielle sur le climat. Dans cette perspective, j'ai convoqué en janvier 2014 un groupe de travail avec un objectif spécifique, le « stress test » de l'état de la science du climat. Pour parler simplement, il s'agissait d'analyser, de critiquer et de résumer les connaissances accumulées par l'humanité sur le passé, le présent et l'avenir du climat de notre planète. Six climatologues reconnus parmi les meilleurs et six physiciens, dont moi-même, avons alors passé une journée entière à lister exactement ce que nous savons du système climatique et avec quelle confiance nous pouvons projeter son avenir. Pour orienter la conversation, nous, les physiciens, nous avions consacré les deux mois précédents à préparer un document cadre basé sur le rapport de l'ONU qui venait d'être publié.[1] Nous y posions quelques questions spécifiques et cruciales, comme : *Dans quels domaines les données sont-elles faibles ou les hypothèses mal étayées – est-ce grave ? Quelle est la fiabilité des modèles utilisés pour décrire le passé et projeter l'avenir ?* Beaucoup de ceux qui ont lu le compte rendu des travaux de notre groupe de travail ont été frappés de constater qu'il réussissait admirablement à mettre en évidence – chose inhabituelle – les certitudes et les incertitudes de la science à cette époque.[2]

---

1. Climate Change Statement Review Subcommittee. "American Physical Society Climate Change Statement Review Workshop Framing Document." American Physical Society, December 20, 2013. https://www.aps.org/policy/statements/upload/climate -review-framing.pdf

2. Koonin, Steven E. American Physical Society Climate Change Statement Review Workshop transcript. Brooklyn, NY: American Physical Society, 2014. https://www.aps.org/policy/statements/upload/climate-seminar-transcript.pdf

Pour ma part, cette journée m'a laissé non seulement surpris, mais ébranlé par la prise de conscience que la climatologie était beaucoup moins mûre que je ne l'avais cru. Voici ce que j'avais découvert :

- Les hommes exercent une influence croissante, mais physiquement restreinte, sur le réchauffement climatique. Les déficiences des données obèrent notre capacité à faire le distinguo entre les réactions aux influences humaines et les changements naturels que nous connaissons mal.
- Les résultats de la multitude de modèles climatiques ne coïncident pas, voire se contredisent entre eux et avec de nombreux types d'observations. On a parfois recours à un vague « jugement expert » pour ajuster leurs résultats et occulter leurs défaillances.
- Les documents publiés par le gouvernement et l'ONU et leurs synthèses ne reflètent pas exactement les rapports d'évaluation eux-mêmes. Il y a eu un consensus, lors de notre réunion, sur quelques points importants, mais absolument pas le puissant consensus proclamé par les médias. Des climatologues distingués (dont les auteurs des rapports eux-mêmes), sont gênés par la façon dont certains médias présentent la science. J'ai trouvé cela assez choquant.
- En un mot comme en cent, nos connaissances scientifiques ne sont pas suffisantes pour faire des projections utiles sur la façon dont le climat changera au cours des prochaines décennies, et encore moins pour savoir l'effet que nos actions auront sur lui.

Pourquoi ces faiblesses cruciales ont-elles été une telle révélation pour moi et pour d'autres ? En tant que scientifique, je trouvais que la communauté scientifique trahissait le public en ne lui disant pas clairement toute la vérité. Et en tant que citoyen, cela m'ennuyait que les débats publics et politiques reposent sur une information insatisfaisante. J'ai donc commencé à le dire très publiquement par le biais d'un article de deux mille mots publié un samedi de septembre par le *Wall Street Journal.*[1] J'y décrivais certaines des incertitudes de la climatologie en soulignant que les ignorer risquait de faire obstacle à notre capacité de comprendre le changement climatique et d'y réagir.

> *Les décideurs et le grand public trouveraient certainement plus agréable que la climatologie repose sur des certitudes. Mais je crains que proclamer rigidement l'idée que la science du climat est « établie » (ou, à l'inverse, que c'est une « mystification ») dévalorise et fige l'initiative scientifique, retardant du même coup ses progrès sur ces sujets importants. L'incertitude motive et fait avancer la science, il faut l'affronter sans se dérober.*

Ce texte a suscité des milliers de commentaires en ligne, en grande majorité favorables. Mais la franchise avec laquelle je décrivais l'état de la climatologie suscita moins d'enthousiasme au sein de la communauté scientifique. Comme me l'a dit en privé le directeur du département des sciences de la terre d'une université hautement respectée : « Je suis d'accord pratiquement avec tout ce que vous avez écrit, mais je n'ose pas le dire en public. »

Beaucoup de collègues scientifiques, dont certains étaient mes amis depuis des décennies, ont été outrés que je souligne des problèmes concernant La Science, apportant ainsi, comme le dit l'un d'entre eux, « de l'eau au moulin de ceux qui nient le problème ». Un autre m'a dit que j'aurais mieux fait de publier mon texte dans un obscur journal scientifique au lieu de choisir un forum réunissant tant de lecteurs. Et un défenseur bien connu de l'idée selon laquelle la climatologie repose sur des certitudes suffisamment établies a publié une réponse à mon éditorial qui commençait par conseiller à l'université de New York de se priver de mes services avant de

1. Koonin, Steven E. "Climate Science Is Not Settled." Wall Street Journal, September 19, 2014. https://www.wsj.com/articles/climate-science-is-not-settled-1411143565

reprendre de façon fallacieuse bon nombre des choses que j'avais écrites pour finir, de manière étonnante, par reconnaître que nombre des incertitudes que j'avais mentionnées étaient bien connues et largement discutées par les experts.[1] Il semble qu'en les soulignant si clairement et si publiquement, j'avais, par inadvertance, brisé un code du silence, semblable à l'*omerta* de la Mafia.

Plus de six ans d'études après le groupe de travail de l'APS, je suis de plus en plus consterné par les discussions publiques sur le thème du climat et de l'énergie. Le catastrophisme domine désormais la politique américaine, surtout parmi les Démocrates, parti que je considérais comme ma famille politique depuis fort longtemps. La primaire démocrate de 2020 a vu chaque candidat à la présidence surenchérir par rapport à ses concurrents à coups de déclarations tonitruantes sur « l'urgence climatique » et la « crise du climat », de plus en plus éloignées de la science. La campagne électorale a également été émaillée de propositions ambitieuses, comme le *Green New Deal*, qui promettait de lutter contre le changement climatique à coups d'interventions gouvernementales et de subsides. Sans surprise, l'administration Biden a fait du climat et de l'énergie une priorité des priorités, nommant en particulier l'ancien secrétaire d'État John Kerry ambassadeur du climat et proposant de consacrer presque deux mille milliards de dollars à la lutte contre cette « menace existentielle pour l'humanité ».

Si je n'ai pas d'opinion informée sur les mérites financiers et politiques de propositions comme le *Green New Deal* – je suis physicien, pas économiste – j'ai la conviction que toute politique devrait reposer sur ce que la science dit véritablement concernant le changement climatique. Les décisions se traduisant par des dépenses se chiffrant en milliers de milliards de dollars afin de réduire l'influence des activités humaines

1. Pierrehumbert, Raymond T. "Climate Science Is Settled Enough." Slate, October 1, 2014. https://slate.com/technology/2014/10/the-wall-street-journal-and-steve-koonin -the-new-face-of-climate-change-inaction.html

sur le climat sont, en dernière analyse, une affaire de valeurs : l'acceptation du risque, l'équité intergénérationnelle et géographique, et l'équilibre entre le développement économique, son impact sur l'environnement, et le coût, la disponibilité et la fiabilité de l'énergie. Mais elles doivent être informées par une connaissance exacte des certitudes et des incertitudes scientifiques.

Le livre que vous avez entre les mains est une tentative de nous mettre sur cette voie. Et j'ai l'intention de le faire de la seule manière que connaissent les scientifiques : en me basant sur des faits documentés, quasiment tous tirés des rapports officiels les plus récents ou des publications des chercheurs les plus sérieux, présentés dans leur contexte. Comme le disait feu John Lewis, membre du Congrès qui en était la conscience, dans son discours sur le premier *impeachment* du président Trump :[1]

> *Quand vous voyez quelque chose qui n'est pas bien, pas juste, pas honnête, vous avez l'obligation morale de dire quelque chose, de faire quelque chose.*

Le regretté Richard Feynman, qui fut mon collègue à Caltech (California Institute of Technology) fut l'un des plus grands physiciens du vingtième siècle, célèbre tant pour sa créativité que pour l'importance de ses recherches (en particulier son travail sur l'électrodynamique quantique, qui lui a valu le prix Nobel). Son irrévérence, son bagout et l'art de raconter de bonnes histoires ont également contribué à sa légende. C'était un personnage, doté d'une puissance intellectuelle extraordinaire.

J'ai été l'un des nombreux jeunes physiciens attirés à Caltech par la présence de Feynman. Avant mon arrivée, à l'automne

1. Karanth, Sanjana. "Rep. John Lewis Delivers Emotional Speech on the 'Moral Obligation' to Impeach Trump." HuffPost, December 18, 2019. https://www.huffpost .com/entry/rep-john-lewis-emotional-speech-moral-obligation-impeach-trump_n _5dfaa5fee4b01834791ab306

1968, j'avais déjà lu de nombreuses fois, de la première à la dernière page, son « livre rouge » – merveilleuse série de cours de physique. Les quatre années que j'ai passées à Caltech avant de passer mon diplôme, ressemblent fort à *The Big Bang Theory*, moins la bande son de « rires en boîte ». Je me souviens de moments extraordinaires, comme certaines conversations en face à face (il aimait discuter avec les jeunes) et une session mémorable, pendant ma première année, où j'ai joué au bongo avec le grand homme lui-même.

L'intégrité scientifique est au cœur même de l'éthique de Caltech. On en martèle l'importance dès le premier jour où les nouveau arrivent sur le campus et l'honnêteté intellectuelle absolue de Feynman démontrait, tant pour les étudiants que pour le corps enseignant, ce que cela signifiait en pratique dans le travail d'un scientifique. Lors des festivités de fin d'année, en 1974, il prononça un discours resté célèbre, intitulé « *Cargo Cult Science* »[1], sur la rigueur dont les scientifiques doivent faire preuve pour éviter non seulement de se tromper eux-mêmes, mais aussi de tromper les autres.

> *En résumé, l'idée est d'essayer de fournir aux autres toute l'information dont vous disposez pour les aider à juger de la valeur de votre contribution ; pas simplement celle qui vous a conduit à tel ou tel jugement dans telle ou telle direction.*
>
> *La façon la plus simple d'expliquer cette idée est de la mettre en contraste avec, par exemple, la publicité. Hier soir, celle-ci m'a appris que l'huile Wesson ne pénètre pas les aliments. Et c'est vrai. Cette affirmation n'est pas malhonnête - mais ce que je veux vous dire se situe à un autre niveau, ce n'est pas seulement une question d'honnêteté, mais d'intégrité scientifique. Dans cette perspective, il convient d'ajouter qu'aucune huile, utilisée à une certaine température, ne pénètre à l'intérieur*

1. Feynman, Richard P. "Cargo Cult Science." Caltech 1974 commencement address, June 1974. http://calteches.library.caltech.edu/51/2/CargoCult.htm

des aliments. À une température différente, toutes les huiles les pénètrent, y compris l'huile Wesson. Il y a une différence entre ce qu'impliquait la publicité et le fait, exact, sur lequel elle reposait – et c'est de cette différence que nous devons nous préoccuper.

Une bonne partie de la présentation publique de la climatologie souffre du problème illustré par l'anecdote de l'huile Wesson – l'information offerte cherche à persuader, pas à informer, c'est pourquoi elle omet de mentionner soit un contexte essentiel, soit ce qui ne « colle pas » avec la thèse. (Et il se trouve, comme pour l'huile alimentaire, que c'est surtout une question de température.)

La plupart des chercheurs que je connais et qui travaillent sur le climat le font avec l'objectivité et la rigueur qui sont la norme dans tous les domaines de la science. Mais comme l'impact potentiel d'un changement climatique touche l'existence humaine elle-même, la question engendre passion et émotion, cela se comprend. Certains vous diront qu'une information légèrement manipulée n'est pas gênante si cela peut contribuer à « sauver la planète ». De fait, quand on utilise ce genre d'expressions (même non justifiées ou inexactes) pour décrire les enjeux, il n'est peut-être pas surprenant que certains climatologues ne soient pas parfaitement objectifs quand ils s'adressent au grand public. Feu Stephen Schneider, chercheur réputé, l'avait dit explicitement dès 1989[1]:

D'un côté, en notre qualité de scientifiques, nous sommes soumis à la contrainte éthique de la méthode scientifique, qui jure de dire la vérité, toute la vérité et rien que la vérité – il s'agit donc de dire tous les doutes, les mises en garde, sans oublier les si et les mais. D'un autre côté, nous ne sommes pas seulement des scientifiques, nous sommes aussi des êtres humains. Et comme la plupart d'entre eux, nous aimerions voir un monde

---

1. Schneider, Stephen H. "The Roles of Citizens, Journalists, and Scientists in Debunking Climate Change Myths." Mediarology, 2011. https://stephenschneider.stanford .edu/Mediarology/Mediarology.html

> *meilleur. Dans ce contexte, cela se traduit par travailler à réduire le risque d'un changement climatique potentiellement désastreux. Pour ce faire, nous avons besoin de convaincre un vaste public, donc de captiver son imagination. Ceci suppose, bien entendu, une énorme couverture médiatique. Il nous faut donc proposer des scénarios catastrophe, faire des déclarations simplifiées, dramatiques – et mentionner le moins possible nos doutes éventuels. Ce « double devoir éthique » qui s'impose souvent à nous ne peut être résolu par aucune formule. Il appartient à chacun de nous de décider quel est le bon équilibre entre être efficace et être honnête. J'espère que cela veut dire les deux à la fois.*

Beaucoup d'autres ont fait des déclarations similaires ou commenté l'aspect sombre du « double devoir » de Schneider. Par exemple :

- « *L'important n'est pas ce qui est vrai, mais seulement ce que les gens croient vrai.* »

  Paul Watson, cofondateur de Greenpeace[1]

- « *Nous devons affronter la question du réchauffement de la planète. Même si, en théorie, il n'est pas prouvé, c'est ce qu'il faut faire en termes de politique économique et environnementale.* »

  Timothy Wirth,
  président de la Fondation de l'ONU[2].

- « *Certains collègues, qui partagent certains de mes doutes, affirment néanmoins que la seule manière de faire changer les choses est de faire peur aux gens en brandissant la possibilité d'une catastrophe. Dans cette perspective, il est donc acceptable et même nécessaire d'exagérer, même pour des scientifiques. Ils*

---

1. Spencer, L., Jan Bollwerk, and Richard C. Morais. "The not so peaceful world of Greenpeace." Forbes, November 11, 1991. Full article at http://luna.pos.to/whale/gen _art_green.html.

2. Bell, Larry. "In Their Own Words: Climate Alarmists Debunk Their 'Science.'" Forbes, February 6, 2013. https://www.forbes.com/sites/larrybell/2013/02/05/in-their -own-words-climate-alarmists-debunk-their-science/

me disent que je suis naïf de croire en une évaluation ouverte et honnête de la situation.

Daniel Botkin, ancien responsable
des études environnementales
à l'Université de Californie à Santa Barbara.[1]

Les médias débordent donc de prédictions climatiques terrifiantes. En voici quelques-unes, suffisamment anciennes pour avoir été infirmées par les faits :

- *« [L'inaction provoquera, d'ici l'an 2000]... une catastrophe écologique caractérisée par une dévastation aussi complète, aussi irréversible, qu'un holocauste nucléaire. »*

  Mostafa Tolba, ancien directeur exécutif
  du programme environnement
  des Nations Unies, 1982[2].

- *« [D'ici quelques années] les chutes de neige en hiver, en Grande-Bretagne, seront un évènement extrêmement rare. Les enfants ne sauront même plus ce que c'est. »*

  David Viner, chercheur senior, 2000.[3]

- *Certaines villes européennes seront noyées par la montée du niveau des mers et la Grande-Bretagne sera plongée dans un climat sibérien d'ici 2020. »*

  Mark Townsend et Paul Harris,
  citant un rapport du Pentagone
  dans le quotidien *The Gardian*, 2004.[4]

---

1. Botkin, Daniel B. "Global Warming Delusions." Wall Street Journal, October 18, 2007. https://www.wsj.com/articles/SB119258265537661384.
2. Shabecoff, Philip. "U.N. Ecology Parley Opens Amid Gloom." New York Times, May 11, 1982. https://www.nytimes.com/1982/05/11/world/un-ecology-parley-opens-amid -gloom.html.
3. Onians, Charles. "Snowfalls Are Now Just a Thing of the Past." Independent, March 20, 2000. https://web.archive.org/web/20150912124604/http:/www.independent.co .uk/environment/snowfalls-are-now-just-a-thing-of-the-past-724017.html.
4. Harris, Paul, and Mark Townsend. "Pentagon Tells Bush: Climate Change Will Destroy Us." Guardian, February 22, 2004. https://www.theguardian.com /environment/2004/feb/22/usnews.theobserver

Même si Schneider a, par la suite, longuement tenté d'expliquer sa déclaration sur le « double devoir éthique », je crois qu'elle repose sur une prémisse dangereusement erronée. La question de trouver le bon équilibre entre l'efficacité et l'honnêteté ne devrait pas se poser. C'est faire preuve d'un orgueil démesuré, pour un scientifique, ne serait-ce que d'envisager d'informer de façon volontairement incomplète ou erronée les discussions des décideurs au service de ce qu'il considère comme éthique. Cela semblerait évident dans d'autres contextes : imaginez par exemple le scandale si l'on découvrait que des scientifiques ne présentaient pas exactement les données concernant le contrôle des naissances, par exemple en raison de leurs convictions religieuses.

Philip Handler, ancien président de l'Académie nationale des sciences, a identifié le problème dans un éditorial de 1980 qui résonne étrangement quatre décennies plus tard :

> *La communauté scientifique fait face à une difficulté qui résulte de la confusion entre le rôle du scientifique en sa qualité de scientifique de celui que lui dicterait sa qualité de citoyen, confusion du code éthique du scientifique et des obligations du citoyen, qui brouille la distinction entre les questions intrinsèquement scientifiques et intrinsèquement politiques. Quand les scientifiques ne reconnaissent pas ces frontières, leurs propres convictions idéologiques, en général non exprimées, ont tôt fait de dénaturer un débat apparemment scientifique.*[1]

Le rôle unique du scientifique s'accompagne d'une importante responsabilité. Nous sommes les seuls à pouvoir introduire la science objective au sein de la discussion et ce devoir l'emporte sur l'obligation éthique. À l'instar des juges, nous sommes dans l'obligation de mettre de côté nos sentiments personnels pour faire notre travail. Faute de quoi nous usurpons le droit qu'a le public de faire des choix informés et nous sapons

---

1. Handler, Philip. "Public Doubts About Science." Science, June 6, 1980. https://science .sciencemag.org/content/208/4448/1093

sa confiance en l'ensemble de l'entreprise scientifique. Les scientifiques peuvent sans problème militer pour une cause qui leur tient à cœur, mais le militantisme qui se fait passer pour La Science est pernicieux.

Nous, les scientifiques, ne sommes pas censés vendre de l'huile de cuisine.

CE LIVRE

Climat, la part d'incertitude traite de deux sujets connexes. La première partie est consacrée à la science du changement climatique, la seconde à la façon dont la société devrait y réagir.

La première partie commence par clarifier les questions importantes que la société pose aux climatologues – comment le climat a changé, comment il changera encore à l'avenir et quel impact auront ces changements. Elle offre également quelques informations essentielles concernant les rapports officiels d'évaluation où nous cherchons des réponses à ces questions.

Pour comprendre pourquoi le climat change aujourd'hui et comment il pourrait changer à l'avenir, nous avons besoin de savoir comment il a changé par le passé. Le chapitre 1 commence par explorer ceci en se penchant sur la science elle-même. Il explique l'importance et la difficulté d'obtenir des observations de qualité sur le climat de notre planète (à ne pas confondre avec la météo) au fil de nombreuses décennies ; il étudie également certains indicateurs révélant un réchauffement de la planète en les resituant dans un contexte géologique.

Le chapitre 2 se penche ensuite sur la façon dont la température de la terre s'élève – rompant ainsi un équilibre délicat entre le rayonnement solaire qui la réchauffe et la chaleur réfléchie dans l'atmosphère qui la refroidit. Nous verrons que cet équilibre est altéré par des influences humaines, mais aussi naturelles, les gaz à effet de serre jouant un rôle important. Comme le climat est très sensible, nous devons comprendre ces influences, ainsi que la façon dont elles ont évolué au cours du temps, de façon à la fois exacte et précise.

L'influence humaine la plus importante sur le climat est la concentration croissante de dioxyde de carbone (CO_2) dans l'atmosphère, largement due à la combustion des énergies fossiles. C'est le sujet du chapitre 3 – en particulier, la façon dont le lien entre les émissions de CO_2 et sa concentration dans l'atmosphère réduit la possibilité même de stabiliser l'influence grandissante des activités humaines.

La modélisation informatique de la façon dont le climat réagit aux influences humaines et naturelles est le sujet du chapitre 4. Ayant consacré un demi-siècle de ma vie professionnelle et un texte novateur à l'informatique scientifique – je m'appuie sur cette expérience pour montrer comment ces modèles fonctionnent, ce qu'ils nous disent, mais aussi leurs faiblesses et leurs limites. Ce sont ces dizaines de modèles sophistiqués qu'utilisent les scientifiques pour réaliser leurs projections et que citent les médias. Ils donnent hélas des résultats qui diffèrent nettement les uns des autres, mais aussi des observations (autrement dit, ils tombent parfois juste, mais souvent faux). En fait, leurs résultats sont de plus en plus divergents à chaque génération de nouveaux modèles climatiques. Autrement dit, plus ils sont sophistiqués, moins leurs descriptions de l'avenir sont certaines.

Le chapitre 5 est le premier d'une série de cinq consacrés aux contradictions entre la science et la notion prédominante selon laquelle « les activités humaines ont déjà bouleversé le climat », explorant des domaines où les faits diffèrent de la perception populaire (et analysant la source de ces divergences). Ce chapitre évoque les records de chaleur aux États-Unis – pas plus fréquents aujourd'hui qu'en 1900, ce qu'on ne pourrait soupçonner à la lecture des rapports fallacieux faisant soi-disant autorité en la matière. Dans le même ordre d'idées, le chapitre 6 explique que les experts estiment que les influences humaines n'ont pas provoqué de changements observables dans les ouragans et la manière dont les rapports officiels masquent et faussent ce constat. Dans le chapitre 7, je décris les changements modestes enregistrés dans les précipitations et autres phénomènes connexes au cours des cent dernières années, je discute leur importance et je souligne certains points qui étonneraient sans doute quiconque suit l'actualité – par exemple, le fait que la surface totale, sur la planète, des zones dévastées par des incendies a diminué de 25 % depuis que les observations ont commencé en 1998.

Le chapitre 8 analyse, à tête froide, le niveau des mers qui augmente depuis de nombreux millénaires. Nous préciserons ce que nous savons vraiment des influences humaines sur la vitesse à laquelle il s'élève (environ 30 centimètres par siècle) et expliquerons les raisons pour lesquelles il est très difficile de croire qu'elles inonderont nos littoraux dans un avenir proche. Le chapitre 9 porte sur un trio d'impacts négatifs du changement climatique souvent cités (victimes humaines, famines et ruine économique), prédictions démenties par les constats historiques et les projections des rapports d'évaluation officiels, même s'il est difficile de le discerner à la lecture de ces derniers.

Ayant ainsi démontré que la science ne confirme pas ce qu'affirment la plupart des discussions populaires, je me demande au chapitre 10 pourquoi elle a été si mal communiquée aux décideurs et au grand public. Nous verrons comment les descriptions catastrophistes de la « crise climatique » sert les intérêts de divers acteurs, dont les militants écologistes, les médias, les hommes politiques, les scientifiques et les institutions scientifiques. Le chapitre 11 clôt la première partie en décrivant la façon dont on pourrait améliorer la communication et la compréhension du changement climatique, par exemple en mettant en place des groupes (Red teams) dédiés à la lecture critique des rapports d'évaluation, de meilleures pratiques en matière de couverture médiatique et en montrant ce que peuvent faire les non experts pour être des consommateurs mieux informés et plus critiques de tous les médias scientifiques, surtout en ce qui concerne le climat.

La seconde partie s'ouvre sur la discussion de la réaction face au changement climatique, en faisant le distinguo entre ce que la société *pourrait* faire, ce qu'elle *devrait* faire et ce qu'elle *fera* – trois choses très différentes pourtant souvent confondues, même par les experts. Le chapitre 12 braque le projecteur sur le *fera* en discutant les difficultés extraordinaires d'une réduction significative de l'influence des activités humaines sur le climat, en particulier la lenteur à laquelle les divers pays s'acheminent vers les objectifs fixés par les accords de Paris. Le chapitre 13 apporte quelque lumière sur le *pourrait* en discutant les changements inouïs qu'il faudrait mettre en place pour créer un système énergétique « zéro carbone » aux États-Unis. Le chapitre 14 passe en revue les stratégies de type « plan B » susceptibles de permettre au monde de réagir à un changement climatique provoqué par les activités humaines ou des causes naturelles – une adaptation qui *aura lieu,* et le géo engineering qui *pourrait* être déployé in extremis.

Le livre se conclut par un certain nombre de réflexions finales sur le climat et l'énergie, en particulier certaines démarches prudentes que je crois que la société *devrait* entreprendre, à la fois pour améliorer la connaissance scientifique du climat et la façon dont elle est présentée aux profanes ; ainsi que sur la façon dont il est possible de se préparer à de futurs changements climatiques, qu'ils soient naturels ou provoqués par les activités humaines.

Voici quelques points pratiques concernant ce livre :

Les scientifiques utilisent le système métrique, les températures sont exprimées en degrés Celsius, les distances en mètres ou en kilomètres, etc. Néanmoins, le système « impérial » est plus commun aux États-Unis – températures en degrés Fahrenheit, distances en pieds ou en milles, etc. Pour être accessible au public le plus large, j'ai en général cité les quantités dans les deux systèmes.

Il est important de savoir quand il faut être précis et quand l'approximation est suffisante. Disons par exemple que vous espérez que votre étang gèlera suffisamment pour que vous puissiez y faire du patin à glace. L'eau gèle à 0° Celsius (32°Farenheit). Si je vous dis que la température est d'environ 10°C (50°F), elle est beaucoup trop élevée pour que la glace se forme et cela n'a aucune importance s'il fait en réalité 9°C ou 11°C. En revanche, si je vous dis qu'il fait environ 1°C (34°F), cela ferait une grande différence s'il faisait -1°C ou +3°C et il serait important que je vous dise qu'il fait, en réalité, -3°C. La précision des chiffres que je citerai dépend donc du contexte. Par exemple, je dirai peut-être que la population des États-Unis est d'environ 330 millions de personnes, même si le chiffre officiel s'élève en fait à 329 135 000 personnes au 1er janvier 2020, car la différence n'affecte pas ce que je suis en train d'expliquer.[1] Dans d'autres cas, comme la discussion sur la hausse du niveau des mers du chapitre 8, une différence entre 2,5 mm/an ou 3,0 mm/an est réellement significative, et je serai précis.

L'un des avantages d'écrire un livre plutôt qu'un éditorial, c'est que cela permet non seulement des développements plus approfondis, mais aussi de les illustrer plus généreusement à l'aide de graphiques. Regardez-les. Les graphiques, c'est la langue des données, et les données sont cruciales, tant pour la science elle-même que pour la façon dont elle est communiquée. Pratiquement tous ceux que j'ai choisis proviennent (ou sont directement adaptés), des rapports officiels d'évaluation, de la littérature scientifique sous-jacente ou d'autres sources officielles de données. J'ai parfois utilisé des versions de graphiques officiels pour bien montrer ce que dit la science et non pas ce que je dis, moi personnellement. Et, bien entendu, je précise toujours la source des graphiques ou de leurs données. La lecture critique des graphiques scientifiques est une compétence qui mérite d'être perfectionnée – j'ai inclus dans ces pages quelques figures tirées des médias populaires pour montrer à quel point ils peuvent être trompeurs.

---

1. Census Bureau. "U.S. and World Population Clock." Population Clock, January 1, 2020. https://www.census.gov/popclock/

J'ai visité le palais de l'ONU dans le cadre d'un voyage scolaire organisé par mon école primaire, il y a soixante ans. Je me souviens avoir été impressionné par un énorme tapis d'Iran accroché à un mur, dans le hall, et l'on nous avait dit que les artisans qui l'avaient confectionné avaient introduit une imperfection difficile à déceler dans le motif complexe afin de montrer qu'il avait été fabriqué par des êtres humains. S'il y a certainement des imperfections dans ce livre, elles ne sont pas volontaires. J'ai fait de mon mieux pour y représenter exactement l'état de la science en 2021.

Même si ce livre ne contient pas d'erreurs, je sais hélas qu'il me vaudra des attaques. Certains mettront en cause ma légitimité, arguant que je ne suis pas climatologue. Autrement dit, que je ne suis pas officiellement formé aux sciences de la terre, même si j'ai publié plusieurs articles sur ce sujet. À la vérité, la science du climat fait appel à plusieurs domaines scientifiques, comme la physique quantique des molécules et la physique classique du déplacement de l'air, de l'eau et de la glace; les processus chimiques dans l'atmosphère et les océans; la géologie et la biologie des écosystèmes. Elle nécessite aussi les technologies utilisées pour « faire » la science, en particulier la modélisation informatique sur les ordinateurs les plus rapides du monde, la collecte à distance de données par satellite, l'analyse du paléoclimat et la pratique de méthodes statistiques de pointe. Sans compter les aspects politiques, économiques, et les technologies de l'énergie visant à réduire les émissions de gaz à effet de serre.

Cette énorme palette de connaissances et de méthodes fait de l'étude du climat et de l'énergie l'activité la plus multidisciplinaire qui soit. Aucun chercheur ne peut, à lui seul, être spécialiste de plus de deux ou trois de ses aspects, de sorte qu'évaluer et communiquer l'état de la science est une tâche difficile, consistant à faire des lectures suffisamment vastes, diverses et critiques pour composer une image cohérente, basée sur des faits, de l'ensemble – et l'exprimer, ce qui suppose encore un autre ensemble de compétences. À l'instar de nombreux autres chercheurs en climatologie ayant une formation de physicien, comme James Hansen et Michael Mann, j'ai trouvé satisfaisant d'appliquer les outils et la sensibilité du physicien pour créer ce type d'image, sachant que j'avais un avantage supplémentaire : mon expérience en matière de technologie de l'énergie et de conseil aux décideurs du gouvernement et du secteur privé, non seulement en matière de politique climatique, mais aussi sur d'autres questions nationales importantes, y compris les normes qualitatives du projet de génome humain[1] et un témoignage devant la Commission sénatoriale des Relations Étrangères alors dirigée par Joe Biden concernant les dangers des bombes sales après le 11 septembre.[2]

Même s'ils reconnaissent mes titres de compétence, certains critiques diront que j'ignore la perspective globale du problème, que je me suis trop focalisé sur certains aspects de la science qui ne vont pas dans le sens du prétendu consensus. Mais, compte tenu de l'étendue du sujet, il faut bien se focaliser sur quelque chose – après tout, à eux seuls, chacun des rapports d'évaluation fait plus de mille pages. Je me suis concentré sur des points significatifs où la perception populaire du climat et de l'énergie est très différente de ce qu'affirme la science. De sorte que ce livre, montre non seulement ce qui est scientifiquement exact et ce qui ne l'est pas, mais aussi comment la science, avec toutes ses certitudes et incertitudes, devient La Science – non par un coup de baguette magique, mais par le truchement de la façon dont on la résume et dont on la communique – et ce que l'on perd en route. Tout n'est pas faux dans ce que vous

1. Koonin, Steven E. "An Independent Perspective on the Human Genome Project." Science, January 2, 1998. https://science.sciencemag.org/content/279/5347/36.summary

2. Glanz, James, with Andrew C. Revkin. "Some See Panic As Main Effect of Dirty Bombs." New York Times, March 7, 2002. https://www.nytimes.com/2002/03/07/us/a-nation-challenged-senate-hearings-some-see-panic-as-main-effect-of-dirty -bombs.html.

avez entendu dire du climat et je me suis efforcé d'offrir une présentation équilibrée de chacun des sujets abordés, dans la limite de la longueur et du niveau technique des développements nécessaires; pour une information encore plus complète, le lecteur pourra consulter les références que je cite.

D'autres critiques affirmeront aussi que ce que je démontre est sans importance. Mais le ton du discours des médias, des hommes politiques et même de certains scientifiques prouve le contraire: « Les canicules battant des records de température sont de plus en plus fréquentes », « Les ouragans se renforcent en raison de l'influence des activités humaines », « Le changement climatique sera un désastre économique ». Imaginez, à la place, des titres comme: « Les températures record se raréfient », « Les ouragans ne montrent aucun signe d'influence humaine » ou encore « Le réchauffement de la planète n'aura qu'un faible impact sur l'économie ». Vous avez, je crois, peu de chances de voir ce genre de titres, pourtant beaucoup plus proches de ce que dit réellement la science, comme je le montre dans les chapitres ci-dessous.

Des critiques moins sérieux m'attaqueront personnellement. Certains diront que je suis le valet des industries des énergies fossiles, même si ma carrière prouve le contraire. D'autres me traiteront de « climatosceptique ». En fait, un climatosceptique, ce serait, par exemple, un homme politique ennemi de la science, refusant d'accepter les preuves émanant des données – exactement l'inverse de ma position. Comment pourrais-je nier la science alors que ce que je dis provient directement des données et des rapports officiels ? Je trouve particulièrement odieux que le fait de réclamer une discussion scientifique ouverte soit présenté comme l'équivalent de nier la réalité de l'holocauste, sachant que les Nazis ont tué plus de deux cents membres de ma famille en Europe de l'Est.

Je m'attends aussi à ce que ce livre soit critiqué par des amis (ou peut-être d'anciens amis) de la communauté scientifique, qui se demanderont – comme ils l'ont fait lorsque j'ai publié mon premier éditorial – pourquoi je révèle ces choses, bien connues des experts, à un vaste public. La raison, je l'ai déjà donnée : pour un scientifique, j'estime que c'est une responsabilité, presque même un devoir de conscience, de dire sans aucun biais si la science est véritablement établie, à quel point, ou pas du tout.

J'espère que mes lecteurs feront preuve d'ouverture d'esprit en abordant ce livre. Jusqu'à présent, il y a eu trop peu de discussions publiques sérieuses sur les éléments connus et inconnus de la science du climat – ce n'est peut-être pas étonnant, vu le ton de la rhétorique. Dans un discours où il comparait le changement climatique causé par l'homme à des armes de destruction massive, John Kerry, alors secrétaire d'état du Président Obama (maintenant envoyé spécial du président Biden pour le climat), disait : « La science est sans équivoque… Le Président Obama et moi-même, nous croyons très profondément que nous n'avons pas le temps d'assister à des réunions de la Flat Earth Society. »[1] Mais ce n'est pas vrai, la science *n'a pas* tranché, elle *n'est pas* établie. Le débat contradictoire est au cœur du processus scientifique ; il est absurde que des scientifiques aient peur de se faire étiqueter *anti-science* s'ils y participent. Dans cette perspective, ce livre propose un défi et sollicite – je dirais même qu'il accueille volontiers – la discussion informée et les désaccords. Ce serait un pas décisif sur la voie de décisions sociétales plus raisonnables concernant le climat et l'énergie et cela permettrait de débattre plus scientifiquement et plus froidement du réchauffement de notre planète.

---

1. Resnikoff, Ned. "Kerry Compares Climate Change Deniers to 'Flat Earth Society.'" MSNBC, February 17, 2014. http://www.msnbc.com/msnbc/kerry-slams-climate -change-deniers

PREMIÈRE PARTIE

LA SCIENCE

Ma femme et moi, nous avons trois enfants. Comme la plupart des parents, nous avons essayé de guider leur développement durant l'enfance, tant par l'exemple qu'en récompensant leur bonne conduite ou en les réprimandant dans le cas contraire, avec l'espoir qu'ils deviendraient des adultes heureux et ouverts. Bien entendu, la nature humaine étant ce qu'elle est, chacun des trois a réagi différemment à notre influence, en fonction de la combinaison de gènes dont ils ont hérité et de ce que chacun a vécu en grandissant. Ces réactions ont eu un impact sur leur vie et si chacun d'entre eux a trouvé des obstacles sur sa route, nous sommes très fiers des adultes uniques qu'ils sont devenus.

Ces trois mêmes éléments – influence, réaction et impact – forment les questions qui sont au cœur de la science du climat.

- Comment les êtres humains ont-ils *influencé* le climat – et comment ces influences évolueront-elles à l'avenir ?
- Comment le climat *réagit-il* aux influences humaines (et naturelles) ?
- Comment cette réaction *impactera*-t-elle les écosystèmes et la société ?

Les dernières décennies ont vu un immense effort international pour répondre à ces questions. Bien entendu, la science étant ce qu'elle est, aucune de ces réponses n'est et ne sera jamais entièrement certaine. Et comme la réponse à chacune d'entre elles dépend de la réponse à la précédente, il faut s'attendre à ce que les réponses à la dernière question – et peut-être la plus importante – soient les plus incertaines.

COMPRENDRE LES INCERTITUDES

La science que nous apprenons à l'école primaire est une collection de certitudes sur le monde naturel - la terre tourne autour du soleil, l'ADN porte en germe toutes les caractéristiques d'un organisme, etc.

Il faut commencer à apprendre la pratique de la science pour réaliser que chacun de ces « faits » a été conquis de haute lutte par le biais d'une succession d'inférences logiques fondées sur de nombreuses observations et expériences. Le processus scientifique consiste moins à collecter des éléments de savoir qu'à réduire les incertitudes qu'ils comportent. Elles peuvent être plus ou moins fortes, cela dépend du moment où l'on en est par rapport à l'ensemble du processus - aujourd'hui, nous savons avec certitude comment une pomme tombe d'un arbre, mais notre connaissance des turbulences de l'écoulement des fluides (comme la convection dans l'atmosphère) est encore imparfaite, après plus d'un siècle d'efforts.

Chaque mesure du monde physique est associée à un intervalle d'incertitude (en général dénoté par la lettre grecque sigma: σ). Nous ne pouvons pas dire précisément quelle est la véritable valeur de la mesure, mais seulement qu'elle se situe vraisemblablement dans un intervalle spécifié par sigma. Ainsi, on pourrait dire que la température moyenne de la surface de la terre était en 2016 de 14,85°C avec un σ de 0,07°C. Autrement dit, il y a deux chances sur trois pour que la véritable valeur se situe entre 14,78° et 14,92°C.

Pour un scientifique, il est aussi important de connaître le degré d'incertitude d'une mesure que de connaître la mesure elle-même, car cela permet de juger de l'importance des différences entre plusieurs mesures. Si la température en 2016 était de 14,85°± 0,07°C (le premier chiffre est la valeur, le second son σ) et qu'elle avait été mesurée à 14,54°C

± 0,07°C en 2005, un scientifique déclarerait la différence de 0,32°C significative, puisqu'elle est plus du quadruple de l'incertitude des mesures elles-mêmes. En revanche, l'augmentation annuelle mesurée de 0,04°C entre 2015 et 2016 (14,81 ± 0,07°C°) n'est pas significative puisqu'elle est inférieure aux incertitudes – environ de moitié, en fait. Cela n'empêcherait sans doute pas les médias de clamer que « les températures continuent à augmenter », soit par ignorance, soit pour capter l'attention des lecteurs, comme les commentateurs politiques qui s'affolent chaque fois qu'un sondage évolue d'un point, alors que la marge d'erreur de ce sondage (son σ) est de trois points.

Les incertitudes et la significativité des mesures sont un langage commun partagé par tous les scientifiques. En revanche, il se révèle plus délicat de parler d'incertitudes s'agissant de notre connaissance approfondie du climat, en particulier si l'on s'adresse aux non-scientifiques. Pour exprimer plus précisément l'ampleur des inconnues, les rapports d'évaluation ont développé un langage officiel, comme on le voit dans le tableau ci-dessous :*

ÉCHELLE DE VRAISEMBLANCE DU GIEC

Terme	**Degré de certitude**
Pratiquement certain	Probabilité de 99 à 100 %
Très probable	Probabilité de 90 à 100 %
Probable	Probabilité de 66 à 100 %
Moyennement probable	Probabilité de 33 à 66 %
Peu probable	Probabilité de 0 à 33 %
Très peu probable	Probabilité de 0 à 10 %
Exceptionnellement peu probable	Probabilité de 0 à 1 %

* Intergovernmental Panel on Climate Change (IPCC). "The Guidance Note for Lead Authors of the IPCC Fifth Assessment Report on Consistent Treatment of Uncertainties." https://www.ipcc.ch/site/assets/uploads/2017/08/AR5_Uncertainty_Guidance_Note.pdf

Dans ce langage, une affirmation *pratiquement certaine* a au maximum 1% de chances d'être erronée, alors qu'une affirmation *probable* a environ deux chances sur trois d'être exacte et qu'une affirmation *très peu probable* a, au mieux, 10% de chances d'être exacte.

La science du climat étant complexe, les incertitudes ne sont pas toujours faciles à quantifier en termes de probabilités. C'est la raison pour laquelle le GIEC a établi un second ensemble de termes calibrés pour indiquer la *confiance* inspirée par telle ou telle observation. La confiance est un jugement qualitatif qui dépend du nombre, de la qualité et de la concordance de divers types d'observations. Les cinq niveaux de confiance sont *très élevée, élevée, moyenne, faible et très faible,* comme l'illustre le tableau ci-dessous :*

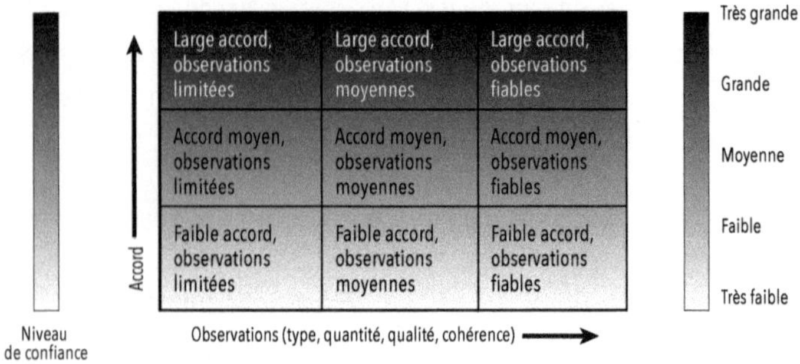

Les rapports du GIEC font souvent explicitement des évaluations de confiance.

* IPCC, 2013: Climate Change 2013: The Physical Science Basis. Contribution of Working Group I to the Fifth Assessment Report of the Intergovernmental Panel on Climate Change [Stocker, T.F., D. Qin, G.-K. Plattner, M. Tignor, S.K. Allen, J. Boschung, A. Nauels, Y. Xia, V. Bex and P.M. Midgley (eds.)]. Cambridge University Press, Cambridge, United Kingdom and New York, NY, USA, 1 535 pp. https://archive.ipcc.ch/report/ar5/wg1/. Figure 1.11

La science du climat est une discipline très vivante. Des milliers de chercheurs, soutenus par des milliards de dollars, travaillent à l'observation du climat, tentent de le comprendre et de prévoir son avenir. Ils publient leurs résultats dans des journaux scientifiques, au rythme de plus de dix mille articles par an. Dans la plupart des autres disciplines scientifiques, cela suffirait.

Mais la science du climat n'est pas comme les autres. Les réponses aux questions cruciales qu'elle se pose revêtent une telle importance, leur impact potentiel sur la société humaine est si énorme que les Nations Unies et le gouvernement américain convoquent régulièrement des groupes de nombreux chercheurs afin qu'ils élaborent des rapports « d'évaluation » officiels en vue d'apporter les « meilleures réponses » aux non-experts, dont des scientifiques d'autres disciplines, des membres du gouvernement ainsi que des décideurs du secteur privé et au grand public. Ces rapports de plusieurs centaines de pages passent en revue et synthétisent la recherche récente et interprètent ses découvertes pour les non-scientifiques. Les plus récents sont le cinquième rapport d'évaluation publié par le GIEC[1] en 2013 (AR5, pour Assessment Report 5) et le quatrième rapport national d'évaluation du climat (NCA2018) publié en deux parties, en 2017 et 2018, par l'United States Global Change Research Program (USGCRP)[2]. La publication de chacun de ces rapports se fait en grande pompe, accompagnée d'une couverture médiatique intense.

Les rapports d'évaluation définissent littéralement « La Science » à l'intention des profanes. Sachant l'intensité des processus de rédaction et de révision, le lecteur s'attend tout naturellement à ce que leur évaluation et leur synthèse de la

1. Intergovernmental Panel on Climate Change (IPCC). "The Intergovernmental Panel on Climate Change." IPCC, January 1, 2000. https://www.ipcc.ch/.

2. US Global Change Research Program (USGCRP). "About USGCRP." GlobalChange. gov, January 1, 2000. https://www.globalchange.gov/about

LES RAPPORTS D'ÉVALUATION

La série la plus importante de rapports d'évaluation est produite sous les auspices du Groupe d'experts intergouvernemental sur l'évolution du climat (GIEC), qui a été créé en 1988. Le GIEC a publié son premier rapport d'évaluation (AR, pour *Assessment report*) en 1990, le quatrième (AR4) en 2007*, le cinquième (AR5) en 2013** et le sixième à l'été 2021.

La section fondatrice de chacun de ces rapports est celle qu'élabore le Groupe de Travail 1 (WG1, pour Working Group 1). Il traite des aspects physiques du système climatique, en particulier des changements observés au cours des dernières décennies et de la façon dont le climat réagit aux influences humaines et naturelles. D'autres groupes de travail partent de ces évaluations du WG1 pour décrire les impacts des changements climatiques et la réaction de la société. Chaque groupe de travail prépare aussi une synthèse de ses travaux, dite Summary for Policymakers (SPM), à l'intention des décideurs ; une synthèse de toutes les sections est également publiée. Outre ses séries de rapports d'évaluation, le GIEC publie des rapports spéciaux, comme ceux sur les événements extrêmes***, l'océan et le cryosphère****, ou le changement climatique et la terre*****.

Le gouvernement américain publie lui aussi indépendamment ses propres séries de rapports d'évaluation. La loi Global Change Research Act, promulguée en 1990, en exige un, le National Climate Assessment (NCA),

* IPCC, 2007: Climate Change 2007: The Physical Science Basis. Contribution of Working Group I to the Fourth Assessment Report of the Intergovernmental Panel on Climate Change [Solomon, S., D. Qin, M. Manning, Z. Chen, M. Marquis, K.B. Averyt, M. Tignor and H.L. Miller (eds.)]. Cambridge University Press, Cambridge, United Kingdom and New York, NY, USA, 996 pp. https://www.ipcc.ch/assessment-report /ar4/.

** IPCC, 2013: Climate Change 2013: The Physical Science Basis. Contribution of Working Group I to the Fifth Assessment Report of the Intergovernmental Panel on Climate Change [Stocker, T.F., D. Qin, G.-K. Plattner, M. Tignor, S.K. Allen, J. Boschung, A. Nauels, Y. Xia, V. Bex and P.M. Midgley (eds.)]. Cambridge University Press, Cambridge, United Kingdom and New York, NY, USA, 1535 pp. https://archive.ipcc.ch/report/ar5/wg1/.

*** IPCC. "Managing the Risks of Extreme Events and Disasters to Advance Climate Change Adaptation (SREX)." IPCC, January 1, 2000. https://archive.ipcc.ch/report /srex/

**** IPCC. "Special Report on the Ocean and Cryosphere in a Changing Climate." January 1, 2000. https://www.ipcc.ch/srocc/.

***** IPCC. "Climate Change and Land." Special Report on Climate Change and Land, January 1, 2000. https://www.ipcc.ch/srccl/.

tous les quatre ans.* Ces rapports sont élaborés par l'US Global Change Research Program (USGCRP). Les NCA ont largement le même objectif que les AR du GIEC, même s'ils sont plus focalisés sur les États-Unis. Leur contenu s'aligne généralement sur la substance des AR, mais il peut y avoir des différences : ils ne mettent pas forcément l'accent sur les mêmes points et n'utilisent pas toujours la même terminologie.

Les trois premiers NCA ont été publiés en 2000, 2009 et 2014. (L'administration de George Bush ne faisait pas preuve d'une diligence extraordinaire en la matière.) Le quatrième, NCA 2018, comportait deux volumes. Le premier, portant sur la science physique du climat, a été publié en novembre 2017 sous le titre de Climate Science Special Report (CSSR).** Le second, publié en novembre 2018, portait sur les impacts et les risques du changement climatique et la façon dont il serait possible de s'y adapter.*** L'analyse des impacts futurs du changement climatique du volume II repose naturellement sur les prévisions de changements réalisées dans le CSSR ; sa crédibilité dépend donc crucialement du sérieux avec lequel ce dernier prend en compte les certitudes et les incertitudes de la climatologie. Le cinquième NCA doit être publié en 2023.

Les rapports d'évaluation du GIEC et les NCA sont élaborés et révisés au moyen de processus similaires. Leurs organismes de tutelle (le GIEC et l'USGCRP) identifient des équipes d'experts pour chaque chapitre. Ces dernières produisent des versions préliminaires successives qui sont ensuite révisées en fonction des commentaires d'autres experts ; en outre, les NCA sont soumis à l'examen officiel d'un panel formé par les Académies nationales. L'ensemble du processus demande des années de travail. Par exemple, la première réunion des auteurs principaux de l'AR6 a eu lieu en juin 2018, environ trois ans avant la date de publication prévue. La production du CSSR est plus rapide, mais il lui a tout de même fallu environ vingt mois pour rédiger et réviser son dernier NCA.

* USGCRP. "Assess the U.S. Climate." GlobalChange.gov, January 1, 2000. https://www.globalchange.gov/what-we-do/assessment.

** USGCRP. Climate Science Special Report: Fourth National Climate Assessment, Volume I. US Global Change Research Program, Washington, DC, 2017. https://science2017 globalchange.gov/.

*** USGCRP. "Fourth National Climate Assessment, Volume II: Impacts, Risks, and Adaptation in the United States: Summary Findings." NCA4, January 1, 1970. https://nca2018.globalchange.gov/.

recherche publiée soient complètes, objectives et transparentes – le « nec plus ultra ». D'après ma propre expérience, les rapports sont largement conformes à ces attentes – bon nombre de détails de la première partie de ce livre en sont d'ailleurs tirés. Mais une lecture attentive des rapports d'évaluation les plus récents révèle aussi des défauts élémentaires qui risquent de tromper le lecteur ou de fausser son information sur des points importants. Quels sont ces défauts, comment ils sont apparus, comment les médias les promulguent et ce que l'on peut faire pour les corriger est une autre dimension de l'affaire.

Quand ils parlent du climat, les organisations et les individus les plus éloignés du premier locuteur du « jeu de téléphone » évoqué plus haut s'appuient sur les rapports d'évaluation. Par exemple, un rapport publié en 2019 par l'American Association for the Advancement of Science (AAAS), intitulé « How We Respond » (Comment nous réagissons), commence par ce superbe résumé de la science qui cite NCA 2018 :

> *Notre nation, nos États, nos cités et nos villes sont confrontés à un problème urgent : le changement climatique. Les Américains en ressentent déjà les effets et cela continuera au cours des prochaines décennies. Le réchauffement des températures impactera les agriculteurs dans les champs et les citadins dans leurs déplacements. À travers le pays, les événements climatiques extrêmes comme les ouragans, les inondations, les feux de forêt et les sécheresses sont d'une fréquence et d'une intensité accrues. Si ces problèmes se traduisent par de nombreux risques pour la société et pour la planète, le plus grand serait sans aucun doute de ne rien faire. La science nous dit que plus nous réagissons vite au changement climatique, plus faibles seront les risques et les coûts concomitants à l'avenir.*[1]

1. AAAS. "About." How We Respond, January 1, 2000. https://howwe-respond.aaas.org /report/.

Je suis membre de l'AAAS depuis près de cinq décennies et ai été nommé Fellow de cet organisme il y a de nombreuses années. Je peux donc vous dire que le texte ci-dessus n'a jamais été soumis aux commentaires, sans même parler de l'accord, de ses 120 000 membres. Si l'on m'avait demandé mon avis, j'aurais proposé un texte assez différent, fondé sur ma longue pratique des rapports d'évaluation et de la littérature scientifique :

> *La terre s'est réchauffée au cours du siècle dernier, en partie en raison de phénomènes naturels, en partie à cause de l'influence croissante des activités humaines. Ces dernières (surtout l'accumulation de CO_2 due à l'utilisation de combustibles fossiles) exercent un effet physiquement réduit sur le système climatique, qui est complexe. Nos observations et nos connaissances limitées ne sont hélas pas suffisantes pour quantifier utilement la façon dont le climat réagit aux influences humaines ou naturelles. Cependant, même si les influences humaines ont presque quintuplé depuis 1950 tandis que le réchauffement de la planète était modeste, les phénomènes climatiques les plus sévères restent cantonnés à la variabilité observée auparavant. Les projections des événements climatiques et météorologiques reposent sur des modèles manifestement incapables d'accomplir cette tâche.*

J'explorerai plus longuement ci-dessous certaines des raisons qui poussent les individus et les organisations (entre autres l'AAAS) à tendre à l'hyperbole dépourvue de fondement scientifique lorsqu'ils communiquent sur le climat et je montrerai ce qu'il faudrait faire pour que la discussion passe d'une posture inconvenante de persuasion à la démarche plus professionnelle de partage de l'information impartial, complet et en contexte. Les chapitres suivants s'inscrivent dans cette approche plus factuelle, prudente et moins catastrophiste – après tout, je ne vends pas de l'huile de cuisine.

CHAPITRE 1

CE QUE NOUS SAVONS DU RÉCHAUFFEMENT DE LA PLANÈTE

Depuis ma plus tendre enfance, j'adore mesurer le monde. La température me fascinant particulièrement, je me suis intéressé au petit thermomètre à alcool accroché au mur de ma classe de maternelle. *Comment ça marchait ? Pourquoi ça changeait ?* Finalement, mon cerveau de cinq ans eut la curiosité de savoir ce qui se passerait si je l'emportais dans le hall de l'école ou dans la cour de récréation. Un soir d'hiver, juste avant la sortie, j'ai fini par l'empocher. J'ai été enchanté de voir la température baisser pendant mon trajet vers la maison, puis remonter quand j'y suis entré. Hélas, quand je l'ai placé dans le freezer, ma mère a découvert mon emprunt non autorisé. Le lendemain matin, j'ai dû le rapporter, présenter mes excuses à la maîtresse et promettre de ne pas recommencer, finalement, c'était une bonne leçon. Et, quelques jours plus tard, mes parents m'ont offert mon propre thermomètre.

Comme je l'ai su instinctivement dès l'enfance, comprendre le monde naturel, cela commence par des mesures – les données. Il s'avère néanmoins beaucoup plus compliqué de rassembler des données utiles sur le climat de notre planète que de se balader avec un thermomètre de poche. La terre est vaste, il n'est pas facile d'en couvrir toute la surface (surtout les 70 % d'océans) et, comme nous sommes à l'affût de petits changements étalés sur des décennies, il nous faut des enregistrements exacts, précis (avec de faibles incertitudes), couvrant une longue période. Même quand nous disposons de données satisfaisantes, l'histoire qu'elles nous racontent est rarement simple. Nous allons voir dans ce chapitre qu'il y a beaucoup plus à dire sur le changement climatique que de se contenter d'affirmer que « les activités humaines sont la cause du réchauffement de la planète ».

FIGURE 1.1

LES ANOMALIES MOYENNES DES TEMPÉRATURES DE SURFACE DE LA PLANÈTE (1850-2019)

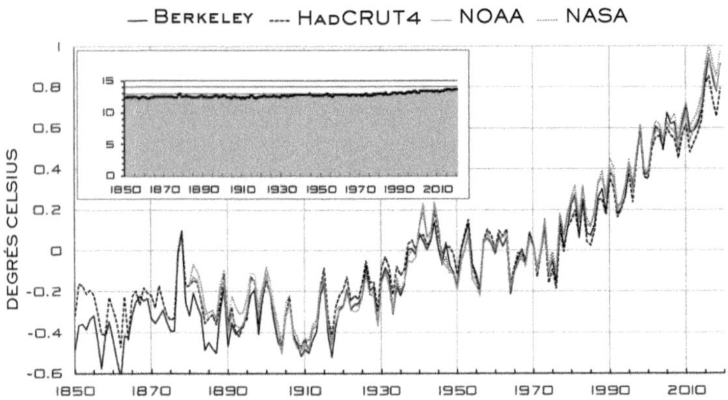

Les anomalies annuelles des températures de surface telles que les déterminent quatre analyses indépendantes. Les anomalies sont l'écart de température par rapport à leur niveau de référence (valeur moyenne). S'il y a des différences mineures entre elles, les quatre analyses révèlent des tendances similaires et fluctuent ensemble. Les incertitudes typiques des mesures sont de ± 0,1°C.[1] La vignette insérée dans la figure montre les températures moyennes de la planète et non les anomalies. Les différences entre les quatre séries de données sont trop minimes pour y être visibles sur ce graphique.

---

1. Data accessed 11/27/20 from Berkeley Earth (http://berkeleyearth.org/archive/data/); UK MetOffice (https://www.metoffice.gov.uk/hadobs/monitoring/index.html); NOAA (https://www.ncei.noaa.gov/access/metadata/landing-page/bin/iso?id=gov.noaa.ncdc :C00934); and NASA (https://data.giss.nasa.gov/gistemp/).

Nous avons pratiquement tous eu l'occasion de voir une version ou une autre de la courbe iconique de la Figure 1.1, qui montre une augmentation d'environ 1°C de la température de la terre depuis 1850, avec une forte hausse de la pente à partir des années 1980. Clairement, cela donne le sentiment que quelque chose est en train de changer. Mais qu'est-ce, exactement, que ce graphique ? (Vous avez certainement remarqué que la légende parle « d'anomalies de la température » et pas simplement de « température ». En outre, la température moyenne annuelle, par exemple à New York (environ 13°C), peut varier de plus de 2°C d'une année sur l'autre, c'est-à-dire plus que l'ensemble du graphique. Ces changements à long terme, dont la vignette insérée dans la figure indique qu'ils sont très faibles en termes de température réelle de la terre, doivent-ils donc nous inquiéter? Que nous révèle cette figure, en réalité ?

Déjà, quand à l'âge de cinq ans, je conduisais mes petites expériences avec un thermomètre volé, j'étais capable de voir que la température varie d'un endroit et d'un moment à l'autre. Aujourd'hui, des milliers de stations d'observation disséminées dans le monde entier et des dizaines de satellites documentent en continu ces changements (et beaucoup d'autres informations concernant la météo) sur toute la planète. Les services météorologiques assemblent et analysent ces observations pour produire les prévisions qui guident nos projets quotidiens.

Si les observations météorologiques sont très utiles pour nous aider à décider comment nous habiller avant de sortir le matin, il se révèle nettement plus compliqué d'en tirer des enseignements sur le climat, car le climat n'est pas la météo – distinction que ne font pas toujours les discussions populaires. La météo d'un endroit quelconque varie constamment, de façon prévisible ou au contraire inattendue – au cours d'une même journée (il fait en général plus chaud à 4 heures de l'après-midi qu'à 4 heures du matin), d'un jour à l'autre (par exemple lorsqu'un front froid ou chaud traverse la région), au fil des saisons et des années. En revanche, *le climat d'une région est la moyenne de sa météorologie sur plusieurs décennies.* En fait, l'organisation météorologique mondiale de l'ONU définit le climat comme une moyenne sur trente ans, même si les chercheurs en climatologie parlent parfois de moyennes sur des périodes aussi courtes que dix ans. Quoi qu'il en soit, les variations de la météo, d'une année sur l'autre, ne constituent pas des changements climatiques.

Les profanes confondent souvent climat et météo (les experts aussi, à l'occasion, parfois même volontairement). L'exemple suivant éclaire la différence entre les deux. Si vous quittez le Wisconsin pour vous installer au sud de l'Arizona, la connaissance du climat de votre futur domicile vous incite à investir dans l'installation d'un climatiseur pour l'été et à n'emporter ni vos doudounes ni vos gros manteaux d'hiver. Vous savez aussi que les plantes qui prospèrent à Madison parce qu'elles aiment l'eau seront sans doute moins florissantes à Tucson. Mais si vous regardez la météo vous saurez que, d'après les prévisions du mardi, un parapluie vous sera utile quand vous arriverez le jeudi. Un aphorisme qui remonte à 1901 résume bien la situation : *Le climat, c'est ce à quoi l'on s'attend, la météo, c'est ce que l'on a.*

Comme le climat est une moyenne sur de nombreuses années, il change lentement. Il faut au moins dix ans d'observations pour définir un climat et deux ou trois décennies de plus pour y identifier un changement. Ces longues durées flirtent avec la limite de la mémoire humaine, en particulier quand les changements sont faibles – il faut donc s'appuyer sur les données enregistrées officiellement pour éviter de se leurrer. Les événements météorologiques extrêmes, comme les tempêtes et les canicules – dont le nombre et l'intensité varient également d'une année sur l'autre – sont ce qui attire le plus l'attention du public, mais ce sont leurs propriétés moyennes sur plusieurs décennies qui définissent le climat.

Non seulement nous pouvons nous tromper si nous ne voyons pas le climat en prenant du recul, sur une longue durée, mais aussi si nous n'en prenons pas par rapport à la planète. Le climat varie d'un endroit à l'autre en fonction de la latitude et de l'altitude (il fait plus froid près des pôles et en montagne), ainsi que de la proximité de la mer (qui exerce une influence modératrice). La température moyenne la plus haute de la journée est de 33°C à Singapour toute l'année, alors qu'à Moscou elle est de -4°C en janvier et de 24°C en juillet. Pour évaluer les effets de l'influence humaine, il est préférable de considérer les températures dans de vastes régions du globe terrestre, car les influences les plus négatives – comme celle des gaz à effet de serre – concernent l'ensemble de la planète et aussi parce qu'en faire la moyenne sur de vastes zones permet de rendre plus évidents les petits changements climatiques en éliminant le « bruit ».

Il n'est hélas pas facile de mesurer la température de surface partout sur terre, surtout lorsqu'on recherche des changements inférieurs à un degré Celsius étalés sur des décennies. Il faut se préoccuper des variations des thermomètres eux-mêmes, de la façon dont ils sont installés et de leur positionnement exact. Et même si une station météorologique n'a pas bougé depuis des années, l'urbanisation proche de son site peut poser problème, car les bâtiments, les routes et la concentration des activités humaines aboutissent à ce que la température des villes soit plus élevée de quelques degrés que celle des zones rurales qui les entourent. Surtout, comment pouvons-nous mesurer la température du globe si nous n'avons pas de thermomètres partout ? Heureusement, une étude publiée en 1987 par Hansen et Lebedeff a montré que des endroits distants de moins de 1200 km connaissent, en moyenne, des variations similaires de température.[1] Autrement dit, si la température moyenne s'élève d'un degré à un endroit donné, il est probable (mais pas garanti) qu'il en ira de même dans les endroits limitrophes. Cela permet de juger des changements de température sur une vaste zone grâce à un maillage de stations assez lâche, en comblant

1. Hansen, J. E., and S. Lebedeff. "Global Trends of Measured Surface Air Temperature." Journal of Geophysical Research, November 27, 1987. https://pubs.giss.nasa.gov/abs /ha00700d.html.

les trous par un calcul de probabilités. La Figure 1.1 montre que quatre groupes indépendants, utilisant des méthodes d'analyse différentes, aboutissent à des évaluations très similaires de la température de surface de la terre – ceci repose sur la même idée générale.

Puisque nous parlons de cette Figure 1.1, revenons à la question antérieure : pourquoi présente-t-elle des « anomalies de température » et non des températures tout court ? Les anomalies mesurent la différence entre la condition observée – en l'occurrence, la température – en un lieu donné et la valeur normale de référence (moyenne) en cet endroit. Utiliser des valeurs relatives à ces références permet de mettre des changements observés dans l'Arctique sur le même pied que ceux qui sont observés dans les tropiques ; il devient dès lors possible de comparer les changements climatiques d'un lieu à l'autre, ainsi que d'un moment à l'autre et ainsi de repérer de grandes tendances. La valeur de référence retenue est généralement la moyenne sur une période de trente ans située au centre de la période considérée (1951-1980 pour la Figure 1.1). Ce choix est relativement arbitraire, mais c'est sans importance puisque choisir une autre valeur de référence ne ferait que décaler la courbe vers le haut ou vers le bas, sans pour autant changer sa forme ou sa taille (n'oublions pas que ce sont les *changements* de climat qui nous intéressent).

Tel est donc le graphique des anomalies de températures de la Figure 1.1 – l'écart entre la température quotidienne moyenne et la valeur attendue, en moyenne pour chaque jour de l'année, sur la terre entière. Quand on regarde cette courbe, on voit que l'anomalie moyenne, sur l'ensemble de la planète, a augmenté au cours du siècle dernier. Bien entendu, cela ne veut pas dire que la température a augmenté partout, autant et tout le temps. Mais le changement, sur la durée, nous donne des informations importantes et intéressantes.

Un aspect frappant des températures de surface moyennes de la Figure 1.1 est que, même si les données fluctuent d'une année sur l'autre, des tendances claires se dégagent au fil des

FIGURE 1.2
PROFONDEUR MINIMUM ANNUELLE DU NIL (622-1284 AD)

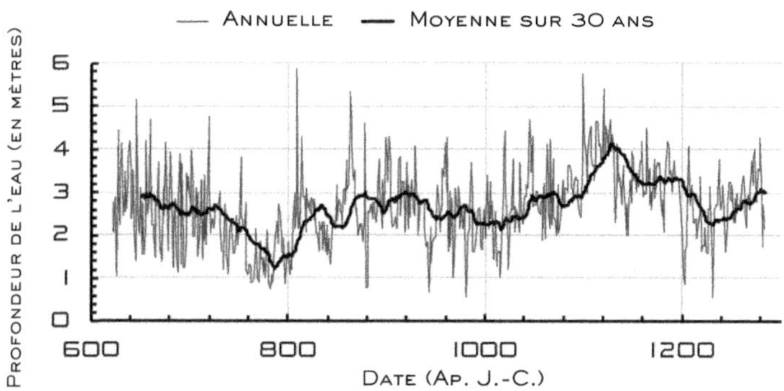

Des observations climatiques révélant des fluctuations et des tendances. La profondeur annuelle minimale du Nil près du Caire sur plus de 650 ans, de 622 à 1284 AD. Les données, mesurées en mètres, révèlent un profil caractéristique de fluctuations annuelles conjuguées à des tendances à plus long terme.[1]

décennies, les hauts et les bas se surimposant à une tendance d'ensemble au réchauffement. Autrement dit, il ne s'agit pas simplement d'une vague séquence de valeurs aléatoires.

La plupart des séries de mesures climatiques révèlent ce type de profil : des tendances à long terme visibles malgré les variations d'une année sur l'autre. Ce phénomène a été découvert grâce à un hydrologue britannique, H.E Hurst, qui a étudié le niveau du Nil, fleuve sensible aux précipitations sur près de 10 % du continent africain. La Figure 1.2 montre la profondeur minimale du Nil observée chaque année par le Nilomètre Roda, près du Caire, durant plus de 650 ans, entre 624 et 1284. On le voit, même si les valeurs fluctuent d'une année à l'autre, parfois de façon spectaculaire, les moyennes sur trente ans indiquées par la ligne noire révèlent des tendances

1. Data from Koutsoyiannis, D. "Hydrology and Change." Hydrological Sciences Journal 58, n°6 (2013): 1177-1197. http://www.itia.ntua.gr/en/docinfo/1351/

claires au fil des décennies, exactement comme les températures de surface de la Figure 1.1.

Regarder le signal des variations à long terme plutôt que le « bruit » des variations à court terme permet la vision d'ensemble si cruciale pour comprendre le climat. Même si les médias affirment le contraire, quelques années inhabituelles ne veulent pas dire que le climat a changé. C'est la raison pour laquelle les chercheurs décrivent souvent les changements de climat en termes de simples tendances sur quelques décennies. Par exemple, le graphique des anomalies des températures terrestres de la Figure 1.1 commence à environ -0,3°C en 1900 et se termine à +0,8°C en 2020, soit une augmentation de 1,1°C sur 120 ans (douze décennies), ou 0,09°C par décennie.

Mais si ceci indique le comportement moyen de la température sur l'ensemble de la période observée, ce n'est pas une très bonne description des données, puisque des périodes de plusieurs décennies étaient caractérisées par des comportements très différents. Par exemple, le taux d'augmentation de la température a été deux fois plus important que la moyenne à long terme de 0,09°C pendant les quarante ans allant de 1980 à 2020 (0,20°C par décennie), alors qu'il était *négatif* durant les quarante années écoulées entre 1940 et 1980 (-0,05°C par décennie). Et durant les trente années précédentes, de 1910 à 1940, le taux de l'augmentation de la température était de près du double de la moyenne générale de 0,09°C (environ 0,17°C par décennie).

Les tendances dépendent donc très largement de la période considérée ; en l'occurrence, on peut déceler pratiquement toutes les tendances que l'on veut, cela dépend de l'intervalle choisi. Ce choix orienté des données est hélas très fréquent dans les médias (et même, à l'occasion, dans les rapports officiels d'évaluation), quand l'objectif consiste à persuader le lecteur. Mais s'il est de l'informer, il faut impérativement présenter et discuter l'ensemble complet des données, avec tous les hauts et les bas significatifs, à quelque échelle que ce soit.

L'échelle – la vision d'ensemble, en prenant du recul, à laquelle nous revenons sans cesse – est importante aussi dans la mesure où elle permet de distinguer les changements climatiques mondiaux ou locaux. Le mois d'août est le grand moment où les médias parlent des canicules dans l'hémisphère nord, témoin un article publié en première page, le 13 août 2019, par le *Washington Post,* intitulé « Le changement climatique extrême est arrivé en Amérique ». Pour étayer sa thèse, le journal faisait la part belle aux cartes (reproduites Figure 1.3) qui illustraient (à grands renforts de rouges et d'orange flamboyants) le changement de température dans des états américains contigus entre 1895 et 2018.

L'article situait la discussion dans le contexte du réchauffement de la planète. Mais n'importe quel lecteur attentif aurait remarqué que certains centres très peuplés (comme New York, Los Angeles et Phoenix) avaient connu un réchauffement beaucoup plus rapide que le reste du pays. Et certaines zones intensément colorées, dans les états des Rocheuses, coïncident avec de nouvelles zones de production de pétrole et de gaz. Des lecteurs plus experts sauraient que les tendances de température dues au changement climatique planétaire s'étendent sur des distances beaucoup plus grandes que les taches colorées de ces cartes (on se souvient des 1200 km de Hansen et Lebedeff). Comment, dès lors, New York aurait-elle pu se réchauffer tellement plus rapidement qu'une zone, située au centre de l'état de New York, à 250 km de la ville ?

Enfouie profondément au milieu de l'article, on trouve la phrase suivante :

> *Les effets de la chaleur urbaine, du changement du niveau de la pollution de l'air, des courants océaniques, d'événements comme le* Dust Bowl *et de perturbateurs naturels du climat comme El Niño pourraient tous jouer un rôle, affirment les experts.*

FIGURE 1.3

LES CHANGEMENTS DE TEMPÉRATURE DE SURFACE COMTÉ PAR COMTÉ ENTRE 1895 ET 2018.

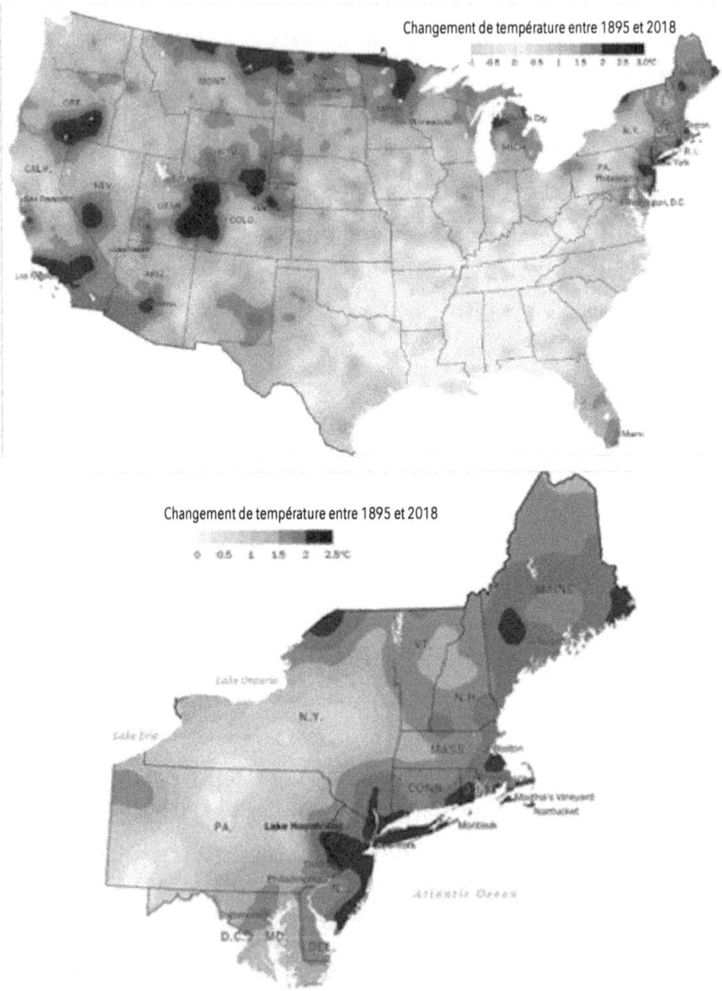

Illustrations créées à partir de statistiques de la NOAA publiées par le *Washington Post* le 13 août 2019, sous le titre « Le changement climatique extrême est arrivé en Amérique ».[1]

1. Mufson, Steven, Chris Mooney, Juliet Eilperin, and John Muyskens. "Extreme Climate Change in America." Washington Post, August 13, 2019. https://www.washington post.com/graphics/2019/national/climate-environment/climate-change-america/.

En fait, même si l'article voudrait faire croire autre chose, les cartes qui l'illustrent ne révèlent pas l'arrivée d'un « changement climatique extrême ». Leurs taches de couleur localisées ne sont pas dues à des changements climatiques planétaires ; elles résultent très probablement de l'urbanisation ou du développement d'activités humaines dans certaines zones rurales qui ont commencé à produire du pétrole et du gaz. Autrement dit, le climat local y a sans doute effectivement changé depuis la révolution industrielle. Mais, malgré la mention fréquente des gaz à effet de serre, ces changement locaux n'ont pas grand-chose à voir avec ce type de phénomènes planétaires. Le dioxyde de carbone – le plus important des gaz à effet de serre influencés par les activités humaines– existe dans l'atmosphère pratiquement à la même concentration sur toute la surface du globe.

La Figure 1.4 , que j'utilise souvent dans mes conférences, montre les températures annuelles moyennes mesurées respectivement à West Point et à Central Park, qui sont distants de 70 km.[1] Les fluctuations corrélées (pas tout à fait parfaitement) sont claires, comme l'est également l'influence de l'urbanisation dans la ville de New York au cours des quarante années après 1920 (West Point reste relativement rural). Comme on le voit, si la température est différente dans ces deux endroits, ses fluctuations coïncident fort bien, tant par leur direction que par leur ampleur, comme l'auraient prédit Hansen et Lebedeff. Bien entendu, si nous avions pris deux stations météo très éloignées l'une de l'autre (comme par exemple New York et Pékin), les fluctuations n'auraient pas coïncidé du tout.

C'est pour éviter la confusion entre les effets locaux et mondiaux que les professionnels lissent en général les cartes relevant les changements de température sur une distance

1. Raw station data for West Point/NYC downloaded from berkeleyearth.lbl.gov.

FIGURE 1.4
LES TEMPÉRATURES À NEW YORK (EN HAUT) ET À WEST POINT (EN BAS) 1910-2013

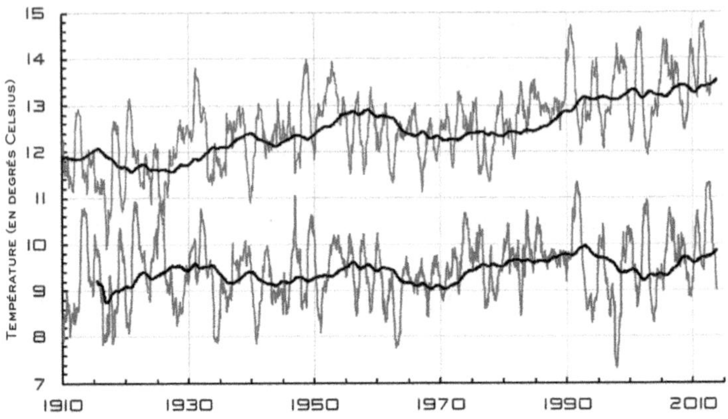

de 1200 km.[1] Si l'un de mes étudiants me remettait une carte comme celle du Washington Post sans expliquer quelles hausses de température sont dues ou non à un changement mondial du climat, il se ferait taper sur les doigts.

Il est généralement admis que les tendances différentes de l'anomalie des températures mondiales de la Figure 1.1 résultent de plusieurs causes différentes. Par exemple, le système climatique comporte une variabilité interne – il y a des hauts et des bas qui s'étalent sur des décennies et sont largement associés à de lents courants océaniques. D'autres phénomènes naturels, comme les changements du rayonnement solaire, « forcent » le système climatique à changer. Et finalement, et c'est du plus haut intérêt pour nous, certains changements et tendances pourraient être forcés par des activités humaines. (Si le mot « forcer » peut sembler étrange, dans le jargon de la climatologie, c'est plus ou moins le synonyme – qui sonne rigoureux – d'influencer.)

---

1. NASA. "Data.GISS: GISS Surface Temperature Analysis (v4): Global Maps." NASA, January 1, 2000. https://data.giss.nasa.gov/gistemp/maps/index_v4.html.

Comme nous le verrons au chapitre suivant, les influences humaines sur le climat étaient négligeables avant 1900. La population était beaucoup moins nombreuse qu'aujourd'hui (le cinquième seulement) et ces personnes se consacraient pour la plupart au travail de la terre; l'industrialisation ne faisait que commencer dans la plupart des régions. Les influences humaines sont restées très réduites jusqu'en 1950, époque à laquelle elles étaient inférieures au quart de ce qu'elles sont aujourd'hui. Les variations climatiques avant 1950 montrent donc que d'autres phénomènes ont dû intervenir, parfois même de façon dominante, puisque la planète s'est en fait refroidie un peu entre 1940 et 1980, alors même que les influences humaines commençaient à croître. Et comme on peut penser que ces variations naturelles (tant la variabilité interne que les changements « forcés » par des causes naturelles) sont encore présentes, il est essentiel de les connaître avant d'attribuer même une partie du réchauffement récent à des influences humaines, sans parler de prévoir la façon dont le climat changera à l'avenir.

Un autre point mérite d'être noté quand on considère la hausse récente de la température : malgré la Figure 1.3 , qui est trompeuse, le réchauffement enregistré au cours des quarante dernières années est loin d'avoir été uniforme sur toute la surface du globe. C'est évident dans la Figure 1.5, reproduite à partir du rapport d'évaluation publié en 2017 par le gouvernement américain. Comme on le voit, les terres se réchauffent plus vite que la surface de l'océan et les latitudes élevées, proches des pôles, plus vite que les faibles latitudes proches de l'équateur. De façon plus générale, les températures les plus froides (la nuit, durant l'hiver, etc.) s'élèvent plus vite que les plus chaudes – le climat s'adoucit à mesure que la terre se réchauffe.

Et alors ? vous demandez-vous peut-être. *La planète se réchauffe bel et bien, pourquoi est-il important que ce réchauffement n'ait pas été régulier ou uniforme sur toute sa surface ? Ou que les basses températures se réchauffent plus vite que les*

« CHANGEMENT CLIMATIQUE » VS. CHANGEMENT DE CLIMAT

Utiliser le terme « changement climatique » encourage (et parfois exploite délibérément) une confusion de sens. Les experts officiels des Nations Unies le définissent ainsi :

> ... Un changement de climat attribué directement ou indirectement à l'activité humaine, qui altère la composition de l'atmosphère de la planète et qui s'ajoute à la variabilité naturelle du climat observée sur des périodes comparables...*

Cette définition *exclut* explicitement les changements dus à des causes naturelles et diffère ainsi du sens habituel de l'expression. De sorte que lorsque l'homme de la rue entend « changement climatique » (comme dans le Credo dont on nous rabat si souvent les oreilles : *le changement climatique est réel !*), il y a des chances pour qu'il en conclue que nous en sommes responsables. Les médias ne sont ni précis ni cohérents dans leur usage du terme, qu'ils emploient tantôt dans un sens, tantôt dans l'autre, souvent sans le préciser ; à lire certains articles concernant des changements résultant de causes multiples ou inconnues avec de gros titres mentionnant le « changement climatique » et martelant les appels à *lutter contre* cette catastrophe annoncée, on pourrait croire que réduire les influences humaines permettrait d'empêcher le climat de changer.

Pour éviter toute confusion, ce livre sera spécifique et précis ; il évitera le langage ambigu. Si nous parlons de changements résultant des influences humaines, nous utiliserons des phrases comme « changement climatique provoqué par les activités humaines ». De la même manière, « changement de climat » voudra dire exactement ce qu'il a l'air de vouloir dire, c'est-à-dire un changement résultant de n'importe quelle cause. Une terminologie précise est l'un des outils les plus puissants dont disposent les scientifiques pour raisonner et communiquer clairement – et une terminologie floue est un instrument tout aussi efficace pour ceux qui cherchent à convaincre.

* The UN Framework Convention on Climate Change, Article 1 (2). https://unfccc .int/files/essential_background/background_publications_htmlpdf/application/pdf /conveng.pdf.

FIGURE 1.5
LE CHANGEMENT DES TEMPÉRATURES DE SURFACE (1901-2015)

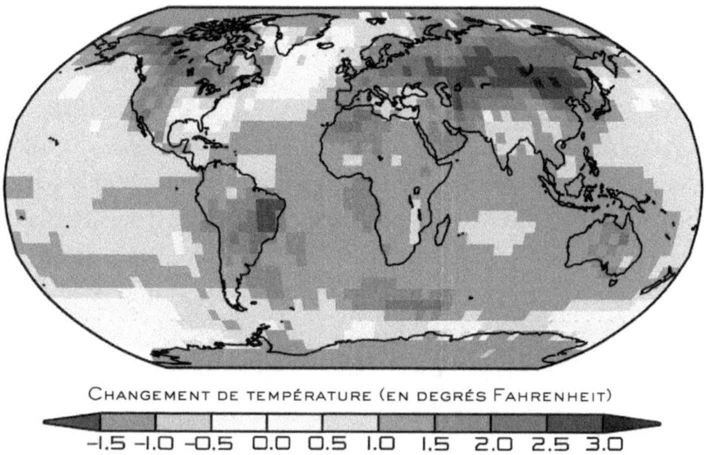

Évolution des températures de surface (en °F) pour la période 1986-2015 par comparaison avec la période 1901-1960.
Les changements sont généralement significatifs sur la plupart des zones terrestres et des océans. Ce n'est pas le cas dans certaines parties de l'océan Atlantique nord, dans l'océan Pacifique sud et dans le sud-est des États-Unis. Nous ne disposons pas de suffisamment de données concernant l'océan Arctique et l'Antarctique pour calculer les changements à long terme dans ces zones. (Adapté de la Figure 1.3 du CSSR).[1]

hautes ? De tels détails sont pourtant déterminants. Ils nous permettent d'isoler et de quantifier les rôles relatifs des changements naturels ou induits par les activités humaines, aussi bien par le passé que dans les prochaines décennies. Ils aident aussi à comprendre les impacts des changements de climat. Comment les écosystèmes ont-ils déjà changé depuis que la planète s'est réchauffée ? Comment les sociétés se sont-elles adaptées aux changements que nous avons déjà connus, comment pourraient-elles s'adapter s'il en survient d'autres ? Comme pour toute science, les détails permettent d'approfondir notre

1. USGCRP. Climate Science Special Report: Fourth National Climate Assessment, Volume I. Figure 1.3.

compréhension de ce qui se passe, des causes de ces changements et de ce qui pourrait se passer à l'avenir.

Bien entendu, le système climatique dépasse de beaucoup les changements des températures de surface ou même ceux qui affectent l'ensemble de l'atmosphère. En fait, cette dernière est un élément relativement mineur d'un système beaucoup plus vaste et plus complexe, qui inclut l'eau (océans, lacs, etc.), la neige, la glace sur terre et sur mer, la terre ferme et les organismes vivants (microbes, plantes, animaux et êtres humains.

Les océans sont à la fois l'élément le plus important et le plus problématique du système climatique de la terre. Ils contiennent plus de 90 % de sa chaleur et sont sa mémoire à long terme. Les conditions dans l'atmosphère évoluent follement d'un jour et d'une année sur l'autre car elles réagissent à de nombreuses influences – c'est pourquoi il est si difficile de distinguer la météo du climat. En revanche, les océans changent – et réagissent à d'éventuels changements – mais sur des décennies, voire des siècles.

Pourtant, comme nous l'avons déjà dit, rassembler les données concernant les océans avec une précision et une couverture suffisantes pour détecter les changements climatiques s'avère plus difficile encore que sur terre. Ils sont vastes et largement inhabités et, si la surface et les faibles profondeurs sont facilement accessibles, il n'en va pas de même des grandes profondeurs (la profondeur moyenne des océans est de 3 700 mètres). Les satellites ne peuvent en mesurer la température qu'en surface ou juste au-dessus et ils ne le font que depuis moins d'un demi-siècle. Avant les satellites, il n'y avait que les mesures de surface ou par sondages, effectués par des bateaux (qui ne vont pas partout) et des bouées (situées dans quelques lieux fixes).

Lancé en 2000, le programme international Argo a pour objectif de développer un réseau de flotteurs automatiques dérivants et autonomes, mesurant en temps réel les caractéristiques des océans.[1] Le système a permis une couverture mondiale en 2005 et plus de 3 900 flotteurs couvrent désormais les océans du monde. Ces balises sont en général immergées à une profondeur de 1 000 m, mais tous les dix jours, elles plongent à plus de 2 000 m et mesurent le profil de température et de salinité de la colonne d'eau durant leur ascension de six heures quand elles remontent à la surface, d'où elles transmettent leurs résultats via un satellite avant de redescendre à 1 000 m de profondeur.

Le système Argo a énormément amélioré notre connaissance des conditions océaniques. Avant l'an 2000, on n'avait pas sondé plus de 40 % de l'océan à une profondeur de 400 m et moins de 10 % à plus de 900 m. Au cours des deux dernières décennies, Argo a spectaculairement amélioré cette couverture, 60 % de l'océan étant désormais sondé au moins une fois par an à une profondeur de 2 000 m.[2]

Si les données fournies par Argo joueront un rôle essentiel pour comprendre les changements des conditions marines au cours des prochaines décennies, les données concernant le passé sont limitées en couverture et en qualité. Nous pensons néanmoins que les océans se réchauffent depuis des décennies, si ce n'est des siècles. La Figure 1.6 repose, une fois encore, sur l'observation des anomalies – elle montre comment la chaleur contenue à diverses profondeurs de l'océan a augmenté ces soixante dernières années. Cette énergie thermique est mesurée en zetajoules (1 ZJ = 10^{21} joules) et les anomalies sont relatives à une référence 1958-1962. Les lignes pointillées indiquent l'intervalle de confiance à 95 % de la chaleur totale des océans – autrement dit, le graphique indique qu'il y a

---

1. "Current Status of Argo." Argo, January 1, 2000. https://argo.ucsd.edu/about/

2. Rhein, Monika, and Stephen R. Rintoul, et al. "Observations: Ocean." IPCC, 2013. https://www.ipcc.ch/site/assets/uploads/2018/02/WG1AR5_Chapter03_FINAL.pdf.

FIGURE 1.6
ÉNERGIE ABSORBÉE PAR LES OCÉANS (1960-2019)

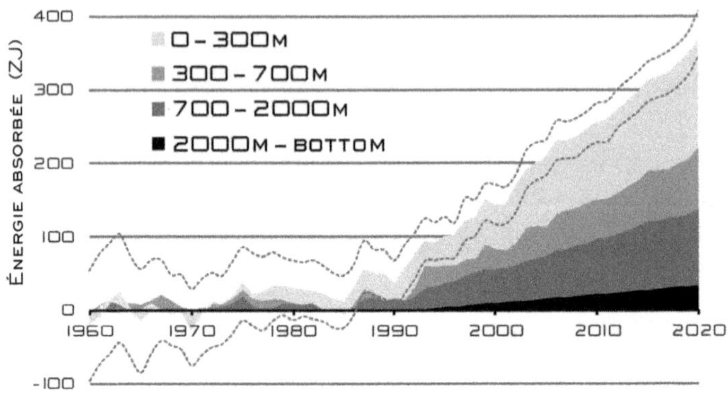

Énergie absorbée par les océans (1960-2019)
Les anomalies sont calculées par rapport à une référence de 1958-1962 et les séries temporelles sont lissées sur 24 mois. Les lignes en pointillés gris sont l'intervalle de confiance de la répartition totale de l'énergie absorbée par les océans.[1]

95 % de chances que la véritable valeur se situe entre ces lignes en pointillés. (Ces dernières sont plus écartées lorsqu'on remonte vers le passé, car nous disposons d'informations moins fiables, les incertitudes sont donc plus grandes.) Il existe une tendance claire à l'augmentation de l'énergie thermique de l'océan, les 300 mètres les moins profonds se réchauffant plus rapidement que les couches plus basses, comme on peut s'y attendre si l'énergie est absorbée via le réchauffement de la surface. Par contraste, les couches les plus profondes, qui changent lentement, reflètent mieux les conditions passées.

Des centaines de ZJ, cela semble beaucoup d'énergie, (et ça l'est effectivement, au moins à échelle humaine – toute

1. Cheng, L., John Abraham, Jiang Zhu, Kevin E. Trenberth, John Fasullo, Tim Boyer, Ricardo Locarnini, et al. "Record-Setting Ocean Warmth Continued in 2019." Advances in Atmospheric Sciences 37 (2020): 137-142. https://link.springer.com /article/10.1007/s00376-020-9283-7.

l'énergie dérivée annuellement des sources fossiles, nucléaires et renouvelables ne représente que 0,6ZJ. Cependant, quand cette chaleur se répartit sur la totalité de l'eau des océans, l'augmentation de température est très modeste : quelques centièmes de degré Celsius par décennie. Il n'en demeure pas moins que la hausse de la chaleur des océans est l'indication la plus sûre que la planète s'est bel et bien réchauffée au cours des dernières décennies.

Vous croyez cette affirmation scientifiquement établie ? Sachez alors qu'une autre analyse révisée par des pairs est parvenue à la conclusion que le contenu de chaleur des océans avait augmenté deux fois moins vite entre 1990 et 2015 que ne le montre la Figure 1.6, avec le même taux d'augmentation plus faible entre 1921 et 1946, époque où les influences humaines étaient beaucoup plus réduites. [1]Une autre étude est, elle, parvenue à la conclusion que les 2 000 m en surface s'étaient réchauffés entre 1750 et 1950 au rythme du tiers environ de ce que montre la figure.[2] Comme pour les températures de surface, la médiocrité des données historiques et la grande variabilité naturelle compliquent donc les efforts entrepris pour comprendre le rôle des influences humaines.

L'augmentation de la température des océans, en surface et en profondeur, n'est pas le seul indicateur d'un réchauffement récent de la planète. La calotte glaciaire de l'océan arctique et les glaciers de montagne se réduisent ; les saisons d'activité végétale se sont légèrement allongées. Les observations par satellite montrent que la basse atmosphère se réchauffe également. Les chapitres suivants reviendront plus en détail sur ces indicateurs.

1. Zanna, Laure, Samar Khatiwala, Jonathan M. Gregory, Jonathan Ison, and Patrick Heimbach. "Global reconstruction of historical ocean heat storage and transport." Proceedings of the National Academy of Sciences, January 2019. https://www.pnas .org/content/116/4/1126.

2. Gebbie, G., and P. Huybers. "The Little Ice Age and 20th-Century Deep Pacific Cooling." Science, January 4, 2019. https://science.sciencemag.org/content/363/6422/70.

Mais dans quelle mesure les activités humaines entraînent-elles ce réchauffement ? Pour répondre à cette question, on peut regarder le climat plusieurs siècles en arrière, quand les influences humaines étaient réellement négligeables. Nous avons vu qu'il y avait déjà eu des évolutions significatives de la température des océans bien avant que l'homme ne puisse exercer la moindre influence. À quoi ressemblait la courbe des anomalies de la température terrestre avant 1850, la date la plus ancienne de la Figure 1.1 ? Y avait-il des tendances à la hausse à long terme avant que les hommes n'influencent le climat ? Quelle était l'ampleur des zigzags de la courbe d'anomalies au fil des décennies en raison de causes naturelles et/ou de variabilité interne ? Il est essentiel d'apporter des réponses à ce genre de questions pour savoir comment le climat a déjà réagi aux influences humaines et comment il pourrait réagir à l'avenir.

S'il existait déjà des thermomètres rudimentaires au milieu du XVIIe, Daniel Fahrenheit n'a créé le premier instrument fiable qu'en 1714 et ce dernier n'a été largement répandu qu'au milieu du XIXe. Le climat des époques plus anciennes doit donc être inféré autrement. Nous disposons de données historiques comme des relevés météorologiques et le volume des récoltes remontant à quelques millénaires, même si, à l'évidence, leur abondance varie suivant le lieu et l'époque. Mais la paléoclimatologie permet d'inférer le climat de périodes encore plus lointaines grâce à des indices indirects – il s'agit, par exemple, de mesurer une propriété sensible à la température d'une matière préservée du passé.[1] On peut ainsi analyser l'épaisseur et la composition des anneaux de croissance qui se développent chaque année à mesure que grandit un arbre. Une autre méthode consiste à mesurer la température de l'eau puisée dans des trous forés profondément dans le sol en

1. NOAA. "What Are 'Proxy' Data?" National Climatic Data Center (NOAA), January 1, 2000. https://www.ncdc.noaa.gov/news/what-are-proxy-data.

divers lieux de la planète. Comme pour les océans, cette eau des profondeurs contient des informations sur les températures de surface à une époque plus lointaine.

La Figure 1.7 montre plusieurs reconstitutions indirectes de l'anomalie planétaire de température au cours des 1 500 dernières années, ainsi que nos observations instrumentales modernes, qui commencent à la fin du XIXe. Cette fois la référence est la température moyenne entre 1881 et 1980, représentée par la ligne en pointillés.

FIGURE 1.7
RECONSTITUTION DE LA TEMPÉRATURE DE SURFACE MOYENNE DEPUIS 500 AP. J.-C.

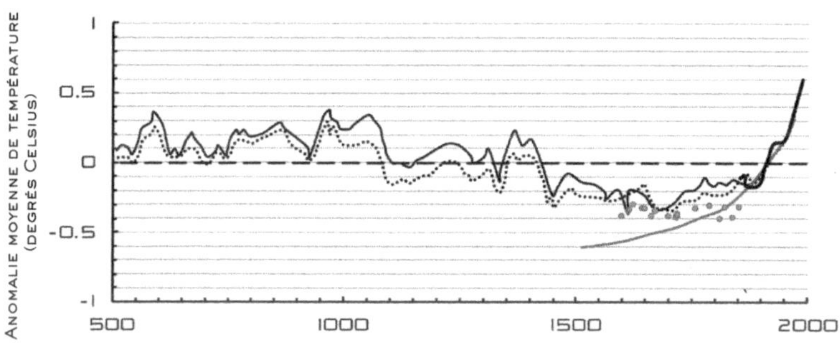

Les anomalies moyennes des températures de surface au cours des 1 500 dernières années sont reconstituées grâce à différentes méthodes indirectes, ainsi que grâce aux enregistrements instrumentaux modernes (ligne noire).
Les anomalies sont relatives à la période de référence 1881-1980 et ont été lissées pour réduire les variations intervenues sur des périodes inférieures à une cinquantaine d'années. [1]

Comme on le voit, des siècles de températures plus élevées ont progressivement, autour de l'an 1000, laissé la place au petit âge de glace, période inhabituellement froide entre 1450 et 1850. Cette période a été suivie par un réchauffement plus rapide qui s'est poursuivi jusqu'à aujourd'hui.

1. IPCC AR5 WGI, Figure 5.7. https://www.ipcc.ch/site/assets/uploads/2018/02 /WG1AR5_Chapter05_FINAL.pdf.

Les données fiables étant limitées, le rapport d'évaluation le plus récent (AR5, dont sont extraites les données de la Figure 1.7), n'a qu'une *faible confiance* que le réchauffement planétaire observé au cours des trente dernières années ait dépassé l'ampleur des températures reconstituées pour le passé plus lointain. Mais les données indirectes sont meilleures et plus abondantes pour l'hémisphère nord (où il y a plus de terres), de sorte que l'AR5 a une confiance moyenne que les trente dernières années sont vraisemblablement (deux chances sur trois) la période de trente ans la plus chaude des quatorze derniers siècles pour l'hémisphère nord.

Que se passe-t-il si nous braquons le projecteur sur des époques encore plus lointaines ? Les anneaux de croissance des arbres permettent de remonter de quinze mille ans, mais les carottes prélevées dans la glace de l'Antarctique ou du Groenland permettent de remonter beaucoup plus loin. Les calottes de glace se forment en effet par couches successives, année après année, et les propriétés de chacune de ces couches (y compris les gaz qu'elles enferment, leur composition isotopique et la poussière) offrent des informations sur les conditions climatiques de l'époque où elles se sont formées. Les analyses des couches profondes peuvent nous renseigner sur ce passé lointain – les plus anciennes remontent à près de trois millions d'années.[1] Quant aux carottes prélevées dans les sédiments des fonds marins, elles permettent de remonter jusqu'à cent millions d'années : les coquilles de micro-organismes marins tombent sans cesse de la surface et se déposent sur le fond, créant du même coup un enregistrement continu des conditions dans lesquelles ils sont nés et se sont développés.

En termes de température, aucun de ces témoins indirects ne vaut une mesure directe avec un thermomètre. Ils ne reflètent

1. Voosen, Paul. "Record-shattering 2.7-million-year-old ice core reveals start of the ice ages." Science, August 15, 2017. https://www.sciencemag.org/news/2017/08/record -shattering-27-million-year-old-ice-core-reveals-start-ice-ages.

directement les conditions qu'en un seul lieu et il s'avère parfois compliqué de les interpréter – par exemple, la croissance d'un arbre est sensible non seulement à la température, mais aussi aux précipitations. En outre, les incertitudes grandissent à mesure que l'on remonte dans le temps. Ils permettent néanmoins de déceler les grandes lignes des changements du climat avant que des hommes se mettent à observer la météo et à en enregistrer systématiquement les données.

La Figure 1.8 résume notre connaissance accumulée de la température de surface de la terre au cours des cinq cents derniers millions d'années, par le truchement des anomalies de la température de surface moyenne, en degrés Celsius, par rapport à la référence 1960-1990.[1] On distingue cinq grandes périodes, séparées par des événements géologiques significatifs. Chacune d'entre elles est environ dix fois plus courte que la précédente.

Au cours du dernier million d'années, qui commence à la seconde section en partant de droite, des périodes de réchauffement rapide ont alterné avec des périodes de refroidissement plus lent, environ tous les 40 000 ans au début, puis tous les 100 000 ans à partir d'il y a 500 000 ans. Ces variations ont été entraînées par de légers changements de l'orbite de la terre autour du soleil et de l'inclination de son axe ; la période chaude la plus récente avant l'actuelle a commencé il y a environ 127 000 ans et duré à peu près 20 000 ans. Durant cette période, l'anomalie de la température de surface était supérieure de 2°C (3,6 F°) à celle que nous connaissons aujourd'hui, de même que la température de la couche supérieure des océans, de 2 à 3°C (3,6 à 5,4°F).

Si l'on remonte encore plus loin, les trois sections de gauche révèlent des oscillations encore plus spectaculaires, dont certaines ont eu des impacts sur le monde moderne. Par exemple, l'ère carbonifère s'est étendue de -360 à -300 millions

1. Fergus, Glen. Adapted from https://en.wikipedia.org/wiki/File:All_palaeotemps.png

FIGURE 1.8
LA TEMPÉRATURE DE LA PLANÈTE TERRE

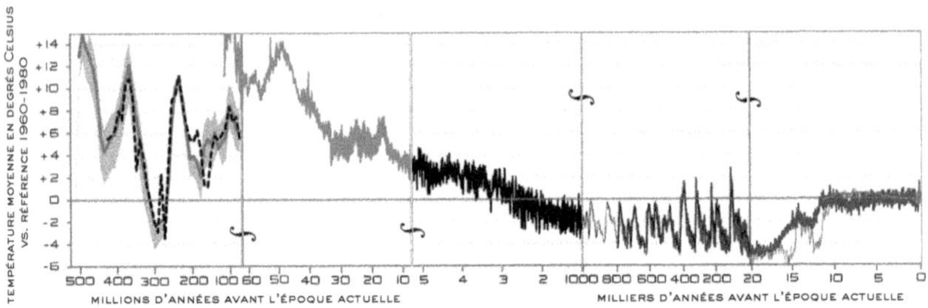

Anomalies de la température de surface moyenne déterminées par diverses observations géologiques indirectes au cours de cinq périodes remontant à cinq cents millions d'années.
Si l'on commence par la période la plus à droite (la plus récente), on constate que la terre s'est réchauffée d'environ 5°C (9°F) depuis 20 000 ans, de vastes calottes glaciaires couvrant encore, pour la dernière fois, une grande partie de la terre en début de période. La température relativement chaude et stable des dix mille dernières années a permis le développement rapide de la civilisation.

d'années, l'intervalle entre le moment où l'évolution a permis développement des espèces d'arbres et celui où elle a conduit à leur pourrissement. Comme il n'y avait rien à l'époque pour consumer le bois quand les arbres mouraient, les plus grands dépôts mondiaux de charbon se sont accumulés à cette époque. Cela fait réfléchir de constater que la figure tout entière ne montre que les 10 % les plus récents de l'histoire de la terre et que les êtres humains anatomiquement modernes ne sont apparus qu'au milieu de la seconde période la plus récente (il y a quelques centaines de milliers d'années).

J'espère que ce chapitre a permis une nouvelle appréciation de certains des nombreux paramètres impliqués dans la science du climat – et d'en tirer les conclusions. Nous avons exploré ces concepts et problèmes fondateurs dans le contexte du réchauffement planétaire. Les variations passées des températures de surface et de la chaleur contenue dans les océans ne disqualifient pas toutes la thèse selon laquelle l'augmentation d'environ 1°C (1,8°F) de l'anomalie de la température de surface depuis 1880 est due aux activités humaines, mais elles montrent bel et bien que de puissantes forces naturelles impactent également le climat et elles soulignent la nécessité scientifique de comprendre suffisamment bien ces influences naturelles pour identifier avec confiance la réaction du climat aux influences humaines. Autrement dit, la véritable question n'est pas de savoir si le globe s'est réchauffé récemment, mais plutôt de savoir dans quelle mesure ce réchauffement est causé par les hommes.

Pour y répondre, nous devons en savoir plus sur la façon dont les activités humaines influencent le climat (et à quel point) – tel est le sujet du prochain chapitre.

CHAPITRE 2

MODESTES INFLUENCES HUMAINES

Comme beaucoup de gens, je surveille mon poids. Je grossis quand je mange plus et quand je bouge moins, les kilos disparaissent quand je mange moins tout en étant plus actif. Mais ce ne sont pas les seules variables – d'autres facteurs comme la santé, les hormones et la génétique influencent la rapidité à laquelle je brûle ou stocke les calories. Néanmoins, l'équilibre entre les premières et les secondes joue un rôle essentiel et chaque fois qu'il est rompu, cela apparaît très vite sur la balance. De la même manière, la température de la terre résulte d'un équilibre crucial entre le réchauffement dû au rayonnement solaire et le refroidissement dû à celui de la terre qui renvoie de la chaleur dans l'espace.

Côté réchauffement, il y a l'énergie solaire que la planète absorbe. Elle émet alors vers l'espace des rayons infrarouges – l'élément refroidissant de l'équilibre. Une loi physique fondamentale – la loi de Stefan-Boltzmann – découverte dans les années 1880 par deux physiciens qui travaillaient en Autriche, affirme que la quantité de rayonnement infrarouge émise par un objet augmente de façon très prévisible avec sa température. Ainsi, lorsque la température d'une planète s'élève à cause de la chaleur du soleil, son refroidissement par rayonnement infrarouge augmente aussi jusqu'à ce qu'il soit égal au réchauffement solaire. Le terme technique pour désigner cette situation magique – où la planète ne gagne ni ne perd de l'énergie et où sa température est stable – est « l'équilibre radiatif ». La température à laquelle il se réalise, dite « température d'équilibre », dépend de plusieurs éléments, le plus évident étant la distance de la planète par rapport au soleil.

Regardons de plus près le côté réchauffement de cet équilibre – l'énergie solaire absorbée. Comme la terre n'est pas complètement noire, elle n'absorbe que 70 % de la chaleur solaire qui l'atteint ; les 30 % restants sont renvoyés dans l'espace par rayonnement et ne contribuent pas au réchauffement de la planète. Ce chiffre de 30 %, correspondant à la réflectance de la terre, s'appelle son « albédo » (du latin *albus*, blanc). Si l'albédo est plus élevé, la terre réfléchit davantage d'énergie solaire, elle refroidit donc un peu ; à l'inverse, quand l'albédo est plus faible, la terre absorbe davantage de rayonnement solaire, elle est donc plus chaude. Si l'albédo moyen de la planète est de 0,30, sa valeur à un moment donné dépend de la partie de la terre exposée au soleil (les océans sont plus sombres, la terre plus claire, les nuages encore plus clairs, la neige et la glace extrêmement clairs) et la moyenne mensuelle varie de ± 0,01 au fil des saisons (plus élevée en mars et plus faible en juin-juillet).

Connaissant l'albédo de la terre (en moyenne sur l'ensemble du globe et des cycles quotidiens et saisonniers), il est possible de déterminer sa température d'équilibre en mettant en regard le rayonnement solaire absorbé et le refroidissement par rayonnement infrarouge. Comme nous l'avons montré plus haut, ce refroidissement augmente à mesure que la température s'élève – si la terre se réchauffe, elle émet davantage de chaleur – cela fonctionne à la manière d'un thermostat. Déterminer la température d'équilibre de la terre est le problème classique proposé au début de tout cours sérieux sur le climat. Cela donne une température de surface moyenne de… -18°C (0°F).

Mais ce chiffre est très inférieur à la véritable température moyenne de la terre, 15°C (59°F). C'est dû au fait qu'il ne tient pas compte de l'isolation fournie par les gaz à effet de serre

CLAIR DE TERRE ET ALBÉDO

Il est important d'avoir des mesures précises de l'albédo de la planète pour comprendre le système climatique. Si l'albédo moyen passait de 0,30 à 0,31, par exemple en raison d'une augmentation de 5 % de la couverture nuageuse, cette réflectance additionnelle compenserait largement l'influence, en termes de réchauffement, d'un *doublement* du CO_2 contenu dans l'atmosphère.

Je me suis intéressé personnellement aux mesures de l'albédo en été 1991, quand j'ai participé (avec le physicien Freeman Dyson et l'astronaute Sally Ride) à une étude conduite par le comité JASON, groupe indépendant de scientifiques américains chargés de conseiller le gouvernement fédéral sur des questions sensibles et urgentes liées à la science et à la technologie. Cette étude portait sur l'utilisation éventuelle de petits satellites pour observer le climat.* Ils pourraient, entre autres, mesurer la fraction de rayonnement solaire qu'une parcelle donnée de la surface de la terre réfléchit dans l'espace. Si l'on disposait d'un nombre suffisant de satellites couvrant une partie suffisante de la planète, il serait possible de faire la moyenne de ces observations partielles pour déterminer l'albédo total de la terre. C'est d'ailleurs ainsi, en fait, que l'on mesure l'albédo depuis plus de quarante ans, sauf que l'on utilise un petit nombre de satellites gros et coûteux au lieu d'un grand nombre de petits satellites.**

L'étude de JASON, il y a trente ans, m'a aussi donné l'idée de revenir à une méthode plus ancienne et plus simple d'étudier l'albédo de la terre. André Danjon, astronome français, avait commencé à le mesurer au début des années 1930. Sa méthode, très astucieuse, consistait à observer le « clair de terre », c'est-à-dire la légère brillance (on parle de « lumière cendrée ») de la partie sombre du disque lunaire. Ce dernier, comme le montre la

* Banks, P., J. M. Cornwall, F. Dyson, S. Koonin, C Max, G. Macdonald, S. Ride, et al. "Small Satellites and RPAS in Global-Change Research Summary and Conclusions." JASON, The Mitre Corporation, January 1992. https://fas.org/irp/agency/dod/jason /smallsats.pdf

** National Aeronautics and Space Administration. "Measuring Earth's Albedo." NASA Earth Observatory, 2014. https://earthobservatory.nasa.gov/images/84499 / measuring-earths-albedo

Figure 2.1, est le plus visible quand la lune est moins d'à moitié pleine. Cette lumière provient de la lumière du soleil réfléchie par la terre puis réfléchie à nouveau par la surface de la lune – son éclat dépend de la réflectance de la terre, elle révèle donc l'albédo de la planète.

FIGURE 2.1

CLAIR DE TERRE ET ENSOLEILLEMENT VISIBLES SUR UN CROISSANT DE LUNE

En haut à droite de l'image, on remarque le mince croissant de lune illuminé par le soleil, facilement visible à l'œil nu. Un puissant filtre placé sur cette région (d'où la ligne traversant la partie inférieure de l'image), permet de voir le clair de terre sur le reste du disque lunaire.*

Comme Danjon parvenait à une valeur de l'albédo de 0,39, trop élevée pour être plausible, l'étude des clairs de terre devint une curiosité après 1950. Mais lors de l'été 1991, avec les participants du groupe JASON, nous avons réalisé que lorsqu'on réanalysait les données de Danjon en tenant compte de la porosité de la surface de la lune, qui augmente le réfléchissement du clair de terre, l'albédo de la terre devenait quasiment normal.** À partir de 1995, j'ai donc demandé à des collègues astronomes d'entreprendre des observations du clair de terre. L'un des avantages de

* Image publiée avec l'aimable autorisation de P. Goode et al., Big Bear Solar Observatory

** Flatte, S., S. Koonin, and G. MacDonald. "Global Change and the Dark of the Moon." JASON, The Mitre Corporation, 1992. https://fas.org/irp/agency/dod/jason /dark.pdf.

mesurer l'albédo via le clair de terre, c'est que cela ne demande qu'un petit télescope et un appareil photo ordinaire et que cela se calibre tout seul, puisqu'on compare l'éclat du clair de terre à celui du rayonnement solaire, dans la même image. De telles mesures pourraient donc être reproduites par de futurs chercheurs dans des décennies, voire des siècles, avec les instruments dont ils disposeront alors.

La précision des observations du climat, que ce soit par satellite ou d'autres moyens, passe souvent par un processus de raffinements successifs jusqu'à ce que les chercheurs aboutissent à un résultat satisfaisant. Notre étude du clair de terre n'a pas échappé à la règle. Mais nous avons fini par déterminer des albédos annuels moyens avec une précision de ± 0,003 de 1999 à 2014 qui ne révélaient aucune tendance significative tout en étant conformes aux valeurs calculées par satellite.* Notre marge d'incertitude est environ le double de celle des valeurs obtenues par satellite, mais le coût de la méthode est mille fois moins élevé. Comprendre les changements de la lumière réfléchie par la terre et visible sur la lune s'avère également un bon test de notre capacité à étudier d'autres planètes en orbite autour d'autres étoiles, visibles par le truchement de la lumière qu'elles réfléchissent.** La science réserve ainsi parfois de bonnes surprises.

* Palle, E., P. R. Goode, P. Montañés-Rodríguez, A. Shumko, B. Gonzalez-Merino, C. Martinez Lombilla, F. Jimenez-Ibarra, et al. "Earth's Albedo Variations 1998- 2014 as Measured from Ground-Based Earthshine Observations." Geophysical Research Letters, May 5, 2016. https://agupubs.onlinelibrary.wiley.com/doi/full/10.1002/2016GL068025.

** Turnbull, Margaret C., et al. Astrophysical Journal 644 (2006): 551. https://iopscience.iop.org/article/10.1086/503322/meta

présents dans l'atmosphère, qui élèvent la température de surface de la planète à sa valeur observée. Rien de tel qu'une anecdote pour montrer comment cela fonctionne.

En janvier 2010, alors sous-secrétaire pour la science au ministère de l'Énergie, j'ai eu le privilège d'aller au pôle sud.[1]

1. Clough, G. Wayne. "Antarctica!" Smithsonian Magazine, May 1, 2010. https://www. smithsonianmag.com/arts-culture/antarctica-13629809/.

Le ministère de l'énergie avait contribué à l'installation de trois éoliennes sur une crête entre la base antarctique américaine McMurdo et la base néozélandaise Scott, sur la périphérie de l'Antarctique. L'électricité ainsi générée devait réduire la quantité de fioul qu'il fallait apporter par pétrolier. Je faisais partie de la délégation qui devait participer à l'inauguration officielle.

J'ai pris l'avion de Washington à Los Angeles, puis à Christchurch, en Nouvelle Zélande, via Auckland. Là, on équipa les membres de notre délégation d'un harnachement dit ECW (pour *extreme cold weather*) destiné à nous protéger du froid polaire – combinaison isolante, parka, veste polaire, grosses bottes fourrées, bonnet de laine, gants et lunettes. Le lendemain matin, nous avons embarqué sur un avion cargo militaire appartenant à la Garde nationale de New York. Les cinq heures suivantes furent éprouvantes : nous devions porter notre équipement ECW au cas où l'avion aurait un problème et où nous devrions en sortir d'urgence. Ce long vol vers le sud nous amena sur la piste Pegasus, une trentaine de kilomètres de glace nous séparant encore de la base McMurdo.

Nous avons inauguré les éoliennes ce soir-là et le lendemain matin, nous sommes allés encore plus au sud, en avion à hélices, afin de voir le Pôle. Nous y avons passé huit heures, par une température de -33°C. J'ai pu vivre ce moment extraordinaire grâce à mes vêtements, qui interceptaient ma chaleur corporelle, l'empêchant de s'échapper dans l'air environnant.

Exactement comme ce harnachement, les gaz à effet de serre contenus dans l'atmosphère interceptent le flux de chaleur infrarouge émanant de la terre et l'empêchent de quitter sa surface pour s'échapper dans l'espace. Une partie de cette chaleur redescend en surface, y provoquant une nouvelle élévation de la température (l'effet de serre), comme le montre la Figure 2.2. On dit souvent que les gaz à effet de serre « piègent » la chaleur, ce qui donne l'impression que celle-ci ne s'échappe jamais. Mais, comme nous l'avons vu plus haut, pour maintenir l'équilibre énergétique de la planète, toute cette chaleur doit finir par être rayonnée dans l'espace. La chaleur ainsi rayonnée doit équilibrer très précisément l'énergie solaire absorbée, la différence devant rester inférieure à 0,5 %. Faute de quoi nous verrions la terre se réchauffer ou se refroidir beaucoup plus vite que ce n'est le cas. Il serait donc préférable d'utiliser une autre métaphore pour parler de l'effet des gaz à effet de serre sur la chaleur émanant de la surface de la terre. C'est la raison pour laquelle j'utiliserai des termes comme « intercepter » et « entraver » de préférence à « piéger ».

FIGURE 2.2
LES FLUX DE RAYONNEMENT SOLAIRE ET DE CHALEUR DANS LE SYSTÈME CLIMATIQUE DE LA TERRE

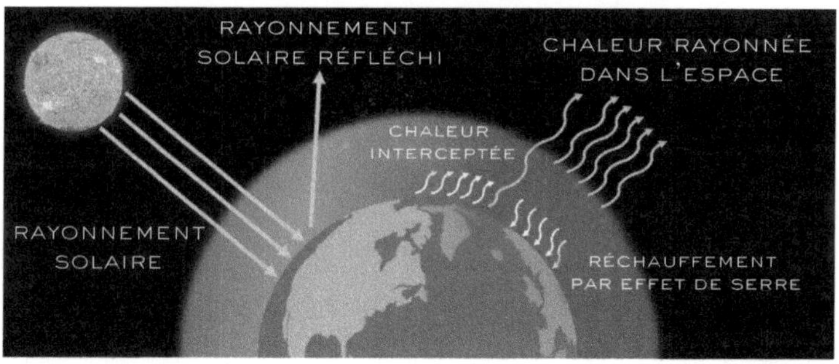

Trente pour cent environ du rayonnement solaire entrant est réfléchi, tandis que l'atmosphère intercepte plus de 80 % du rayonnement infrarouge émis depuis la surface terrestre.

Les gaz les plus communs entrant dans la composition de l'atmosphère sont l'azote (78 %) et l'oxygène (21 %). Ensemble, ils représentent 99 % de l'atmosphère sèche et, en raison des particularités de leur structure moléculaire, la chaleur les traverse facilement. La plus grande partie du 1 % restant est l'argon, gaz inerte. Mais s'ils sont encore moins abondants, certains des autres gaz – surtout la vapeur d'eau, le dioxyde de carbone, le méthane, l'oxyde d'azote et l'ozone – interceptent, en moyenne, 83 % de la chaleur émise par la surface de la terre.[1] De sorte que celle-ci émet bel et bien une énergie équivalente à celle qu'elle absorbe du soleil, mais au lieu de s'échapper directement dans l'espace, ce qui abaisserait la température de la planète jusqu'à une moyenne frisquette de -18°C, une bonne partie de cette énergie est interceptée par l'atmosphère qui nous enveloppe à la manière d'une couverture.

La vapeur d'eau est le plus important des gaz à effet de serre. À l'évidence, sa quantité dans l'atmosphère en un lieu et à un moment donnés varie énormément (l'humidité fluctue beaucoup en fonction de la météo). En moyenne, cependant, la vapeur d'eau ne représente que 0,4 % des molécules de l'atmosphère mais plus de 90 % de la capacité de cette dernière à intercepter la chaleur. John Tyndall, le physicien irlandais qui a été le premier à étudier les propriétés infrarouges des gaz, en a exprimé éloquemment l'importance dans une conférence en 1863 :

> *La vapeur [d'eau] est une couverture, plus nécessaire à la vie végétale en Angleterre que le vêtement ne l'est à l'homme. Supprimez une seule nuit d'été la vapeur d'eau de l'air qui s'étend sur ce pays, vous détruirez assurément toute plante capable d'être détruite par une température glaciale. La chaleur de nos champs et de nos jardins se répandrait sans retour dans l'espace et le soleil se lèverait le lendemain sur une île paralysée dans un étau glacial.*[2]

Le gaz à effet de serre le plus significatif, après la vapeur d'eau, est le dioxyde de carbone (CO_2), dont la concentration dans l'atmosphère, contrairement à celle de la vapeur d'eau, est pratiquement la même sur l'ensemble du globe. Le CO_2 représente actuellement environ 7 % de la capacité de

1. Harde, Hermann. "Radiation Transfer Calculations and Assessment of Global Warming by CO2 ." International Journal of Atmospheric Sciences, March 20, 2017. https://www.hindawi.com/journals/ijas/aip/9251034/

2. Baum, Rudy M. "Future Calculations." Science History Institute, April 19, 2019. https://www.sciencehistory.org/distillations/future-calculations

l'atmosphère à intercepter la chaleur. Il diffère aussi de la vapeur d'eau dans la mesure où les activités humaines ont affecté sa concentration. Depuis 1750, cette concentration est passée de 0,000280 (280 parts par million ou ppm) à 0,000410 (410 ppm) en 2019 et elle continue à augmenter de 2,3 ppm par an. Si la plus grande partie du CO_2 contenu aujourd'hui dans l'atmosphère est naturelle, il n'y a aucun doute que cet accroissement est et a été dû aux activités humaines, à commencer par le fait de brûler des combustibles fossiles.

Le CO_2 que les hommes ont ajouté à l'atmosphère au cours des 250 dernières années renforce la capacité de l'atmosphère à empêcher la chaleur de s'échapper (comme si cela épaississait la couche isolante) et exerce une influence croissante sur le réchauffement du climat. L'accroissement exact de cette isolation en un lieu et à un moment donnés dépend de la température, de l'humidité, de la couverture nuageuse, etc. Si l'on prend pour exemple des conditions de ciel clair (sans nuages) le CO_2 ajouté entre 1750 et aujourd'hui augmente la fraction de chaleur interceptée de 82,1 % à 82,7 %. Et si la quantité de CO_2 continue à progresser, l'aptitude de l'atmosphère à intercepter de la chaleur (d'où son influence en termes de réchauffement) augmente également, doublant la concentration en CO_2 à partir de sa valeur de 280 ppm en 1750 pour atteindre 560 ppm, soit 83,2 % par ciel clair. Une telle hausse représenterait une augmentation de juste 2,8 molécules pour 10 000 – autrement dit, moins de trois molécules de plus de CO_2 sur 10 000 molécules d'air augmenterait la quantité de chaleur interceptée de 82,1 % à 83,2 %, soit de 1 % environ.

Si vous avez suivi jusqu'ici, deux choses vous ont peut-être étonné. D'abord, comment le fait de changer moins de trois molécules sur 10 000, c'est-à-dire 0,03 %, peut-il accroître la capacité de l'atmosphère d'intercepter de la chaleur selon un multiple de trente (1 %) ? Et deuxièmement, comment une simple augmentation de 1 % de la capacité d'intercepter de la chaleur peut-elle entraîner de telles conséquences ?

La réponse à la première question dépend des détails du rayonnement infrarouge (chaleur) émis par la planète pour conserver sa fraîcheur. Si nous avons déjà évoqué la façon dont la quantité totale de ce rayonnement doit compenser la chaleur du soleil, il s'étale en fait sur un spectre de différentes longueurs d'ondes. On peut se les représenter comme des « couleurs », même si elles ne sont pas visibles par l'œil humain. La vapeur d'eau, le principal gaz à effet de serre, n'intercepte que certaines couleurs, mais comme elle les bloque à près de 100 %, ajouter davantage de vapeur d'eau dans l'atmosphère n'aboutirait pas à une couche isolante plus épaisse – ce serait comme ajouter une couche supplémentaire de peinture noire sur un carreau de fenêtre déjà peint en noir. Il n'en va pas de même du dioxyde de carbone. Cette molécule intercepte certaines couleurs qui échappent à la vapeur d'eau, ce qui signifie que quelques molécules de CO_2 peuvent avoir beaucoup plus d'effet (comme la première couche de peinture noire sur un carreau transparent). Ainsi, le potentiel supérieur d'une molécule de CO_2 dépend d'aspects relativement obscurs de la façon respective dont ce gaz et la vapeur d'eau interceptent le rayonnement de chaleur – ce qui montre, une fois encore, l'importance des détails quand on essaie de comprendre l'influence des activités humaines sur le climat.

La Figure 2.3 illustre certains de ces détails. Elle montre comment la quantité de chaleur quittant les hautes couches de l'atmosphère par rayonnement varie en fonction de la couleur de la radiation (autrement dit, le spectre du rayonnement infrarouge). S'il n'y avait pas d'atmosphère, le spectre correspondrait à la ligne grise, continue, du graphique, courbe décrite par les mécanismes d'action de la loi Stefan-Boltzmann. La zone située sous cette courbe correspond au potentiel de refroidissement du rayonnement. La ligne grise, en zigzags, montre ce à quoi ressemblerait le spectre si tous les gaz à effet de serre étaient présents *sauf le CO_2* (c'est-à-dire avec un CO_2 de 0 ppm). Ensemble, ces gaz réduisent le potentiel de refroidissement de 12,1 % environ. Les dents de scie proviennent des propriétés détaillées des diverses molécules de gaz à effet de serre, la vapeur d'eau étant le plus important, suivi du méthane et de l'ozone. La ligne noire continue montre une réduction supplémentaire de 7,6 % du pouvoir de refroidissement (augmentation de l'isolation) quand le CO_2 est présent à 400 ppm (à peu près la concentration actuelle). Enfin, la ligne noire en pointillés montre une diminution supplémentaire de 0,8 % du potentiel de refroidissement quand la concentration en CO_2 s'élève à 800 ppm, environ le double de sa concentration actuelle ; ce changement est à peine visible sur les côtés du grand creux.

FIGURE 2.3

EFFET DU CO_2 SUR LE SPECTRE DE CHALEUR DE LA TERRE

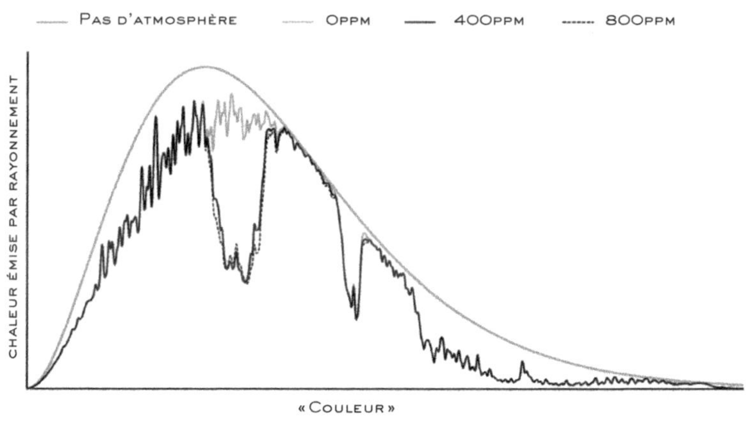

Le spectre de chaleur quittant les plus hautes couches de l'atmosphère

La ligne grise, lisse, correspond à l'absence d'atmosphère ; la ligne grise en dents de scie (0ppm) correspond à la présence, dans l'atmosphère, de tous les gaz à effet de serre (vapeur d'eau, méthane, ozone, et oxyde d'azote), à l'exception du CO_2. Les courbes noires continue et en pointillés montrent l'évolution du spectre quand on ajoute le CO_2 à des concentrations respectives de 400 et 800 ppm. Quand on ne voit qu'une seule courbe, c'est que toutes les courbes coïncident.[1]

1. Simulations courtesy of W. A. van Wijngaarden and W. Happer, corresponding to a clear atmosphere with a typical mid-latitude temperature profile and a surface temperature of 288.7 K. The methodology is described in https://arxiv.org /pdf/2006.03098.pdf

On peut tirer deux enseignements de ce graphique. Le premier, c'est la complexité des spectres – des centaines de milliers de propriétés moléculaires, dont beaucoup sont mesurées en laboratoire, entrent dans la création de ces spectres simulés, qui concordent très bien avec les observations des satellites. Le second, c'est que si l'effet du CO_2 à la concentration actuelle est significatif (7,6 %), doubler cette concentration ne change pas grand-chose (0,8 % de plus) car cela revient à l'effet « peindre en noir un carreau de fenêtre déjà noir » dont nous avons parlé.

Mais revenons à la seconde question que nous nous posions : comment se fait-il qu'un changement de 1 % de la chaleur interceptée puisse réellement tirer à conséquence ?

Les modèles climatiques du GIEC prédisent que si la concentration de CO_2 antérieure à l'industrialisation doublait – provoquant ainsi le changement de 1 % de l'interception de chaleur évoqué ci-dessus – cela provoquerait une hausse d'environ 3°C (5,5°F°) de la température moyenne de surface. Cette dernière étant, nous l'avons vu, de 15°C (59°F), une hausse de 3°C représenteraient donc une augmentation de 20 % de la température (3°C sur 15°C). Mais sur l'échelle Fahrenheit, ce même changement de température est de 5,5°F par rapport à une température moyenne de 59°F, soit une augmentation de 10 %. Pourquoi le taux du réchauffement dépendrait-il de l'unité de mesure utilisée ? Quoi qu'il en soit, ces deux pourcentages, 10 % ou 20 %, semblent trop élevés. Comment un changement de 1 % dans l'interception de chaleur au sein de l'atmosphère pourrait-il produire un effet si disproportionné ?

Les physiciens s'attendent généralement à ce que les changements soient proportionnés. Un changement de 1 % de l'interception de chaleur devrait donc produire quelque chose comme un changement de 1 % de la température et si ce n'est pas le cas, c'est qu'il nous manque un morceau du puzzle.

En l'occurrence, le morceau manquant est l'échelle de température. La loi de Stefan-Boltzmann qui, nous l'avons vu au début du chapitre, décrit la relation entre la chaleur rayonnée par la terre et sa température, est exprimée en termes de températures absolues, qui sont mesurées sur l'échelle Kelvin. Les échelles Celsius et Fahrenheit reposent toutes deux sur les propriétés de l'eau, qui gèle à 0°C (32°F) et bout à 100°C (212°F). L'échelle Kelvin repose sur le zéro absolu, la température à laquelle la matière est si froide qu'elle n'émet aucune chaleur (OK= -273,15°C ou -459,67°F). Les degrés Kelvin sont exactement identiques aux degrés Celsius (c'est-à-dire 1,8 degré Fahrenheit), de sorte que la température de surface moyenne de la terre de 15°C (59°F) correspond environ à 288 K. Une hausse de 3°C (ou 3 K ou 5,5° F) correspond donc à un réchauffement de 3K sur 288 K, soit environ 1 %, ce qui concorde avec le 1 % d'augmentation de la capacité de l'atmosphère à intercepter de la chaleur quand sa concentration en CO_2 double.

Ainsi, sur les échelles qui comptent pour nous, le système climatique est assez sensible – les quelques degrés de changement de la température moyenne de surface observés au cours des derniers siècles (et que nous pourrions enregistrer au cours du siècle présent) correspondent à des influences physiquement faibles (environ 1 %). Cela complique beaucoup la tâche de ceux qui cherchent à calculer la façon dont la planète réagira face à des niveaux croissants de gaz à effet de serre, d'autant que ce ne sont pas les seules influences qui s'exercent.

Comprendre la façon dont le système climatique réagit aux influences humaines ressemble fort, hélas, à une autre quête : celle d'essayer d'établir la relation entre l'alimentation humaine et la perte de poids – cette dernière n'étant, comme chacun sait, toujours pas établie. Imaginez une expérience consistant à faire ingérer au sujet un demi concombre par jour en sus de son alimentation habituelle. Cela ferait environ vingt calories de plus, soit une augmentation de 1 % par rapport aux 2 000 calories quotidiennes du régime alimentaire moyen d'un adulte. Disons que nous poursuivions cette expérience une année entière avant de voir si la personne a grossi et de combien. Bien entendu, il nous faudrait savoir beaucoup d'autres choses avant de pouvoir tirer des conclusions intéressantes du résultat obtenu : qu'avait-elle mangé d'autre ? Faisait-elle du sport, avec quelle assiduité ? Des changements en termes de santé ou d'équilibre hormonal étaient-ils susceptibles d'affecter la vitesse à laquelle elle avait brûlé les calories ingérées ? Si l'on pouvait penser que, toutes choses étant égales par ailleurs, les calories supplémentaires se traduiraient par une prise de poids, il faudrait mesurer précisément beaucoup de paramètres pour comprendre l'effet des concombres ajoutés.

Concernant l'augmentation de la concentration du dioxyde de carbone dans l'atmosphère due aux activités humaines et son effet sur le climat, le problème est que, comme dans l'expérience du concombre, toutes choses ne sont pas nécessairement égales par ailleurs. Il y a en effet d'autres influences (dites « forçages climatiques ») naturelles ou humaines, comme les émissions de méthane dans l'atmosphère (provenant des combustibles fossiles, mais surtout de l'agriculture) et d'autres gaz mineurs qui, ensemble, contribuent pratiquement autant au réchauffement de la planète que le CO_2 résultant des activités humaines.

Ces dernières ne n'exercent pas toutes dans le sens du réchauffement. Citons par exemple les aérosols, particules fines en suspension dans l'atmosphère, comme celles que produit la combustion de charbon de mauvaise qualité. Ils provoquent de graves problèmes de santé et contribuent à des millions de morts par an. D'un autre côté, ils augmentent la réflectance du globe, tant en réfléchissant directement le rayonnement solaire dans l'espace qu'en provoquant la formation de nuages, qui ont eux aussi une réflectance élevée.

Les aérosols résultant des activités humaines, ainsi que les changements affectant l'utilisation des sols, comme la déforestation (les pâturages sont plus réfléchissants que la forêt), augmentent l'albédo et exercent donc une influence refroidissante nette qui annule environ la moitié de l'influence inverse des gaz à effet de serre dus aux activités humaines.

Il y a aussi les forçages radiatifs naturels : les éruptions volcaniques projettent des aérosols très haut dans la stratosphère, où ils restent plusieurs années, réfléchissant un peu plus le rayonnement solaire qu'à l'accoutumée et exerçant ainsi une influence refroidissante. De telles éruptions sont imprévisibles, mais elles s'avèrent parfois d'une puissance telle qu'elles annihilent complètement les influences humaines durant quelques mois ; il faut donc les prendre en compte. (Par exemple, la terre s'était refroidie d'environ 0,6°C durant les quinze mois qui ont suivi l'éruption de Mt Pinatubo en juin 1991).[1] Et les changements affectant l'intensité de l'activité solaire (dus à sa propre variabilité interne), même de quelques dixièmes de pourcent pendant des dizaines d'années, peuvent modifier quantitativement le « *rayonnement solaire* » atteignant la terre, ce qui complique encore nos tentatives de prendre en compte tous les forçages humains et naturels affectant l'équilibre thermique délicat de notre planète. Mais si nous voulons comprendre la réaction du climat face à des niveaux croissants de CO_2, il est important de savoir ce que sont ces autres influences, leur importance respective, et à quel moment elles s'exercent.

Le flux d'énergie qui pénètre le système climatique et en sort est mesuré en watts par mètre carré (W/m^2). L'énergie solaire absorbée par la terre (et donc l'énergie thermique qu'elle rayonne à son tour) s'élève, en moyenne, à 239 W/m^2. Sachant qu'une ampoule électrique à incandescence émet, disons, cent watts (presque entièrement sous forme de chaleur), la planète rayonne de la chaleur comme si sa surface était parsemée d'un peu plus de deux ampoules électriques par mètre carré. Les influences humaines ne représentent aujourd'hui qu'un peu plus de $2W/m^2$, donc un peu moins de 1 % de ce flux naturel (à peu près la même influence qu'un demi concombre sur l'alimentation quotidienne d'un être humain).

Les gens sont souvent curieux de la chaleur introduite dans le système climatique par deux autres sources non solaires. L'une est la chaleur géothermique qui sort de la croûte terrestre. Si

1. NASA. "Global Effects of Mount Pinatubo." NASA, 2020. https://earthobservatory .nasa.gov/images/1510/global-effects-of-mount-pinatubo

elle peut être considérable à proximité de ses sources: volcans, geysers et cheminées de gaz très chauds dans les fonds marins, leur moyenne totale – 0,09 W/m^2 seulement – est trop faible pour entraîner un effet direct significatif sur l'équilibre thermique du climat. Il peut cependant y avoir des effets indirects, comme la fonte des glaces sous l'effet de volcans situés sous la calotte glaciaire de l'Antarctique.[1]

Une autre source de chaleur introduite au sein du système climatique est l'énergie tirée par les hommes des combustibles fossiles et du nucléaire. Une fois cette énergie utilisée pour le chauffage, la mobilité et pour générer de l'électricité, le deuxième principe de la thermodynamique garantit que pratiquement tout se retrouvera dans le système climatique sous forme de chaleur, cette dernière finissant par être rayonnée dans l'espace parallèlement aux émissions naturelles de chaleur de la terre. (Une infime partie finit par se transformer en lumière visible, qui s'échappe directement dans l'espace à travers l'atmosphère transparente, mais même cela finit par se retransformer en chaleur quelque part , on ne sait trop où.) Cette chaleur d'origine humaine peut effectivement affecter le climat local là où se concentre l'utilisation de cette énergie (par exemple dans les villes et près des centrales électriques). Mais en moyenne, sur toute la surface du globe, cela ne représente à l'heure actuelle que 0,03 W/m^2, dix mille fois moins que les flux naturels de chaleur du système climatique et environ cent fois moins que les autres influences humaines.

La totalité des influences humaines et naturelles sur le climat est représentée sur la Figure 2.4. Cette dernière illustre une bonne partie de ce que nous avons déjà évoqué. On voit le réchauffement dû aux gaz à effet de serre (essentiellement la concentration croissante de CO_2 et de méthane, mais aussi d'autres gaz à effet de serre émis par l'homme. On voit aussi

1. Iverson, Nels A., et al. "The first physical evidence of subglacial volcanism under the West Antarctic Ice Sheet." Nature, September 13, 2017. https://www.nature.com /articles/s41598-017-11515-3

que ceci a été partiellement compensé par l'accroissement du refroidissement par aérosols. Le refroidissement épisodique dû aux grandes éruptions volcaniques est également évident. On remarque aussi qu'avant 1950, le total des influences humaines (la somme du CO_2, des autres gaz à effet de serre et du refroidissement dû aux activités humaines) était inférieur au cinquième de leur niveau actuel.

La Figure 2.4 révèle aussi l'ampleur de nos incertitudes concernant ces divers forçages. Si le réchauffement causé par le CO_2 et les autres gaz à effet de serre est connu avec une marge d'incertitude de 20 %, l'incertitude liée à l'influence refroidissante des aérosols dus aux activités humaines est beaucoup plus élevée, ce qui porte à 50 % la marge totale d'incertitude concernant l'influence des activités humaines – autrement dit, le mieux que l'on puisse dire, c'est que l'influence humaine nette aujourd'hui se situe très vraisemblablement entre 1,1 et 3,3 W/m^2.

Le fait que les influences humaines ne représentent aujourd'hui que 1 % de l'énergie qui circule dans le système climatique a des implications importantes et signifie que nous sommes encore loin d'avoir tout compris. Pour les mesurer utilement, elles et leurs effets, nous devons observer et comprendre la plus grande partie du système climatique (les 99 % restant) avec une précision supérieure à 1 %. Les petites influences naturelles doivent être connues avec la même précision et nous devons avoir la certitude qu'elles sont toutes prises en compte. C'est un immense défi dans un système dont les observations sont limitées, couvrent une période elle aussi limitée et sur lequel nos incertitudes restent considérables.

Comparer les modèles climatiques avec et sans ces forçages permettra peut-être d'élucider le rôle que les influences humaines ont joué dans les changements climatiques récents – et suggérer la façon dont le climat pourrait encore changer à l'avenir à mesure que ces influences seront de plus en plus marquées. La plus forte influence humaine sur le climat, de loin – et celle sur laquelle pratiquement toute la politique s'est focalisée – est

FIGURE 2.4
INFLUENCES SIGNIFICATIVES SUR LE CLIMAT (1850-2018)

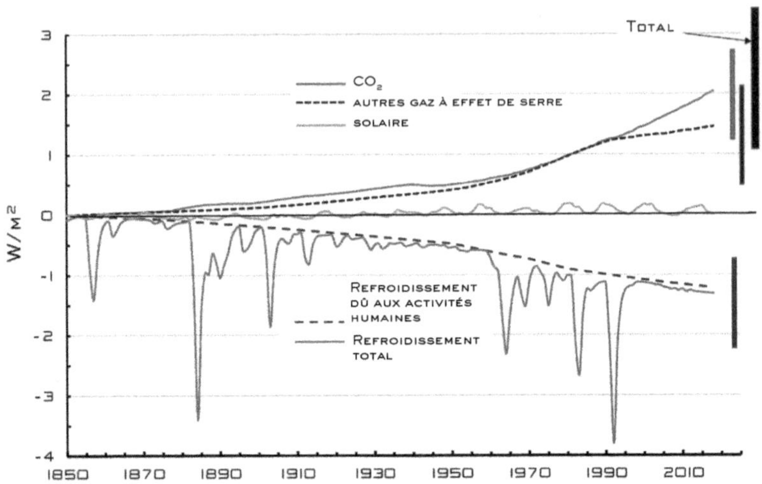

Influences naturelles et des activités humaines sur le climat, 1850-2018
Le CO_2 et les autres gaz à effet de serre (dont le méthane, les halocarbones, l'ozone et les oxydes d'azote) dont la concentration résulte des activités humaines exercent une influence dans le sens du réchauffement tandis que les aérosols résultant des activités humaines et les changements de l'albédo terrestre exercent une influence inverse. Le refroidissement épisodique causé par les grandes éruptions volcaniques et les petites variations de l'intensité des rayons solaires complètent le tableau. Les segments, à droite de la figure, révèlent une incertitude de 2σ concernant chacun de ces forçages aujourd'hui, ainsi que pour le total de tous ces forçages.[1]

l'émission de gaz à effet de serre. Mais la relation entre nos émissions de ces gaz et leur influence sur le climat est plus compliquée qu'on pourrait l'imaginer. Avant de nous tourner vers les modèles climatiques, regardons donc ces gaz de plus près et voyons où ils vont.

1. CMIP5 forcings downloaded from https://data.giss.nasa.gov/modelforce/.

CHAPITRE 3

LES ÉMISSIONS EXPLIQUÉES ET EXTRAPOLÉES

En 2008, j'étais directeur scientifique de BP et ma tâche consistait essentiellement à accélérer les technologies liées aux énergies renouvelables. J'ai été invité à un petit dîner organisé par le prince Philip. Je suis arrivé, en smoking, dans la cour de Buckingham Palace où m'avait déposé un taxi londonien. Après un rapide contrôle de sécurité, j'ai été introduit, avec les autres invités, dans une salle de réception où nous avons discuté à bâtons rompus en prenant l'apéritif. Ensuite, notre groupe de quatorze personnes, dont le prince Philip, la princesse Anne, John Browne (le PDG de BP), quelques universitaires de premier plan ainsi que certains notables du monde des affaires et du gouvernement, est passé dans une pièce plus vaste où nous nous sommes assis autour d'une grande table.

Les conversations ont cessé lorsque le prince Philip a prononcé un mot d'accueil, nous rappelant que nous étions là pour parler climat et énergie. Il a ensuite lancé la conversation en posant une question sur le rapport entre les émissions de dioxyde de carbone et le réchauffement climatique mondial. Les termes utilisés par le prince étaient suffisamment techniques pour qu'un silence gêné s'installe autour de la table – du moins jusqu'à ce que votre serviteur, l'impertinent scientifique américain, prenne la parole et son meilleur accent de Brooklyn pour délivrer une mini-conférence sur les molécules actives en infrarouge, l'effet « carreau noir » et le rapport entre la concentration atmosphérique et les émissions. J'y ai gagné un hochement de tête approbateur du duc d'Edimbourg, qui connaissait manifestement bien le sujet.

J'ai le sentiment que le duc connaissait déjà la réponse à sa question liminaire. Quoi qu'il en soit, la discussion animée qui a suivi, pendant que nous dégustions un excellent repas, a été semblable à beaucoup d'autres auxquelles j'ai eu l'occasion de participer. Les non spécialistes souhaitaient vivement comprendre les sujets complexes et nuancés du climat et de l'énergie, mais la confusion régnait quant à la nature et l'échelle du problème auquel nous étions confrontés.

Les principaux gaz à effet de serre résultant des activités humaines et exerçant une influence sur le climat sont le dioxyde de carbone (CO_2) et le méthane (CH_4). Leur concentration dans l'atmosphère augmente parce que nous en émettons – c'est la raison pour laquelle les efforts pour réduire les influences humaines se concentrent sur la réduction de ces émissions. Mais on se heurte à un problème crucial : le rapport entre les concentrations et les émissions n'est pas simple et, en particulier pour le CO_2, les complexités de cette relation accroissent considérablement la difficulté de réduire les émissions.

Ce chapitre fait la part belle au mouvement – surtout celui du carbone. Le CO_2 émis par l'homme est une addition relativement modeste à un vaste cycle naturel du carbone, ce dernier se déplaçant sur la croûte terrestre et dans les océans, les plantes et l'atmosphère. Comme on le verra, notre apport à ce cycle continuera à augmenter durant plusieurs décennies, quel que soit le scénario. Mais malgré la soi-disant précision des modèles climatiques, son impact sur le climat est très incertain.

Charles David Keeling, géochimiste au Scripps Institute of Oceanography de La Jolla, Californie, a commencé à mesurer avec précision la concentration atmosphérique du CO_2 dans les années 1950, époque à laquelle, après son doctorat, il était chercheur à Caltech. L'une de ses premières surprises a été de découvrir qu'elle avait augmenté de 1 % entre 1957 et 1959. Cette découverte l'a incité à mettre en place un programme plus concerté, à plus long terme, afin de suivre les concentrations en CO_2, étendu plus tard au suivi de la concentration d'autres gaz dans l'atmosphère. J'ai eu le plaisir de discuter avec le docteur Keeling (que tout le monde appelait « Dave ») une quarantaine d'années plus tard pendant l'un des étés que le comité JASON m'a fait passer à La Jolla. C'était, ai-je constaté, un homme calme, réfléchi, précis, attaché à faire très bien ce qu'il faisait, car il savait que c'était important pour le monde.

FIGURE 3.1
RELEVÉS MENSUELS DE LA CONCENTRATION EN CO_2 (1958-2020)

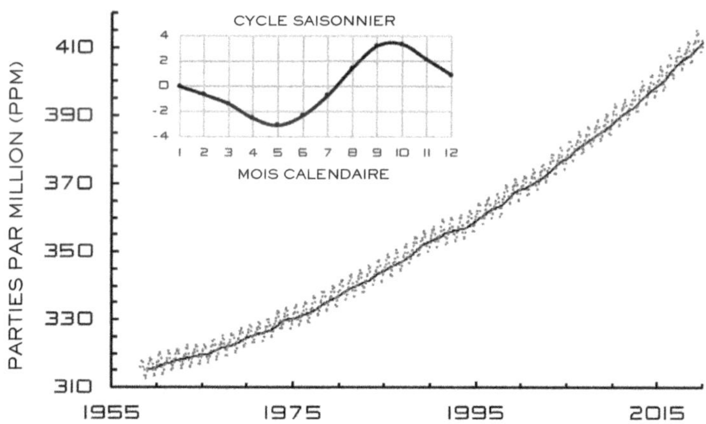

Moyenne mensuelle de la concentration du dioxyde de carbone d'après les mesures réalisées à Moana Loa, Hawaï, de 1958 à 2020. La vignette montre la variation saisonnière moyenne.[1]

1. Scripps Institution of Oceanography, UCSD. "Home: Scripps CO2 Program." Scripps CO2 Program, 2020. https://scrippsco2.ucsd.edu/

La Figure 3.1 reproduit ce que l'on appelle aujourd'hui la « courbe de Keeling », c'est-à-dire la concentration de dioxyde de carbone dans l'atmosphère mesurée chaque mois depuis l'observatoire de Moana Loa, Hawaï. Les données collectées dans cette île lointaine, très loin de sources locales significatives susceptibles de fausser les observations, est un bon indicateur de la concentration « de fond » du globe. Les relevés montrent une augmentation régulière, de 310 ppm en 1960 à 410 ppm en 2019 ; pendant la dernière décennie, on a enregistré une hausse de 2,3 ppm par an. Mais un cycle annuel se surimpose à cette tendance décennale – comme le montre la vignette insérée dans la figure, la concentration augmente et diminue, de façon saisonnière, de 2,4 ppm. La tendance de fond et le cycle saisonnier, mesurés dans de nombreux endroits disséminés de par le monde, contribuent à éclairer notre lanterne.

Commençons par le commencement. La terre s'est formée il y a 4,5 milliards d'année avec un capital fixe de carbone. Aujourd'hui, on en retrouve dans divers lieux un peu partout sur la planète – c'est ce que l'on appelle des « réservoirs ». Le plus important, et de loin, est la croûte terrestre, qui contient la quasi-totalité du carbone de la planète, environ 1,9 milliard de gigatonnes (1 gigatonne, [Gt] = un milliard de tonnes.)[1] Vient ensuite le carbone recélé par les océans, (40 000 Gt°) presque toujours très profondément sous la surface. Il y en a aussi environ 2100 Gt sur terre, dans le sol et les êtres vivants, et les 5 000 à 10 000 Gt de combustibles fossiles enfouis dans le sous-sol. Les 850 Gt, ou à peu près, contenus dans l'atmosphère, presque entièrement sous forme de dioxyde de carbone, représentent environ 25 % du carbone situé sur la surface de la terre ou non loin d'elle (dans les sols, les plantes, et les mers peu profondes), mais cela ne représente que 2 % du carbone contenu dans les océans.[2]

1. Amos, Jonathan. "Scientists estimate Earth's total carbon store." BBC.com, October 1, 2019. https://www.bbc.com/news/science-environment-49899039

2. Estimates from IPCC AR5, Chapter 6, Figure 6.1. https://www.ipcc.ch/site/assets /uploads/2018/02/WG1AR5_Chapter06_FINAL.pdf

De puissants processus naturels déplacent le carbone de la planète d'un de ces réservoirs à l'autre, souvent en modifiant sa forme chimique. Le plus important de ces processus est le flux saisonnier qui attire vers la surface environ le quart du carbone de l'atmosphère au moment de la croissance des plantes – la photosynthèse leur permet de transformer le CO_2 de l'atmosphère en matière organique ; après quoi elles renvoient ce carbone dans l'atmosphère par le truchement de la respiration quand leur matière organique se décompose. En fait, la croissance des plantes dans l'hémisphère nord est la cause de la diminution saisonnière de fond de la concentration de CO_2 mesurée à Moana Loa entre février et juillet, comme le montre la vignette insérée dans la Figure 3.1 ; c'est la « respiration » de la terre. D'autres processus, beaucoup plus lents, transportent le carbone de la surface des océans vers la profondeur et finissent par le transformer en roche, comme le grès et le marbre qui se forment à partir des coquilles de créatures marines.

Le CO_2 émis en brûlant des combustibles fossiles rompt l'équilibre de ce grand cycle annuel, puisque ce carbone est extrait en profondeur, dans le sous-sol, cet enfouissement l'isolant de ces processus naturels. La quantité de carbone ainsi ajoutée tous les ans au cycle naturel est actuellement d'environ 4,5 %. À peu près la moitié de cette quantité supplémentaire est absorbée chaque année par la surface (la hausse du CO_2 a stimulé la végétation sur une grande partie de la planète) et le reliquat reste dans l'atmosphère, augmentant du même coup sa concentration en CO_2. La situation n'est pas sans rappeler ce que nous avons déjà vu concernant les flux d'énergie de la planète– des influences humaines modestes, mais régulières, s'ajoutent progressivement à un processus naturel beaucoup, beaucoup plus considérable.

Les émissions mondiales de tous les gaz à effet de serre augmentent rapidement, comme le montre la Figure 3.2. Au cours des cinquante dernières années, elles ont progressé de 1,3 % par an, un peu plus lentement (1,1 % par an) au cours de la décennie qui s'est achevée en 2018. Si la tendance à long terme devait continuer, elles doubleraient, par rapport à leur niveau actuel, en 2075. La quasi-totalité de l'augmentation des émissions est due au CO_2 résultant de l'utilisation des combustibles fossiles (les changements d'utilisation du sol, comme la déforestation, émettent des quantités beaucoup plus faibles du carbone stocké dans les plantes et dans les sols). Le gaz à effet de serre le plus important, après le CO_2, est le méthane (CH_4). Le protoxyde d'azote (N_2O) et les gaz fluorés (les hydrofluorocarbures, HFC) ne représentent que des portions beaucoup plus faibles du total.

À ma connaissance, aucun expert ne conteste que l'augmentation de la concentration du CO_2 dans l'atmosphère au cours de 150 dernières années est due presque entièrement aux activités humaines – puisque cinq séries indépendantes de preuves corroborent cette conclusion.

La première de ces séries de preuves est le timing de cette augmentation – la concentration en CO_2 au cours des dix mille années dernières variait entre 260 et 280 ppm avant qu'une forte hausse ne commence au milieu du XIXe siècle. La seconde est que l'ampleur de cette augmentation correspond précisément à ce que l'on peut attendre du CO_2 émis en brûlant des combustibles fossiles. Troisièmement, ce phénomène précède d'environ deux ans, dans l'hémisphère nord, sa survenue dans l'hémisphère sud – la plupart des combustibles fossiles sont en effet brûlés dans l'hémisphère nord, qui a davantage de terres et de population – et l'écart se creuse à mesure que les émissions augmentent.

Une quatrième confirmation, plus subtile, nous est fournie par les isotopes du carbone – ces atomes de carbone, relativement rares, plus lourds d'environ 8 % que les atomes de carbone ordinaires. L'isotope ^{13}C représente environ 1,1 % de la totalité du carbone de la planète, le reste étant l'isotope ^{12}C, plus léger. Mais la proportion de ^{12}C et de ^{13}C n'est pas la même dans toutes les formes de carbone. En particulier, les réactions chimiques du vivant ont une très légère préférence pour le ^{12}C, de sorte que le carbone contenu dans les

FIGURE 3.2
ÉMISSIONS ANNUELLES DE GAZ A EFFET DE SERRE (1970-2018)

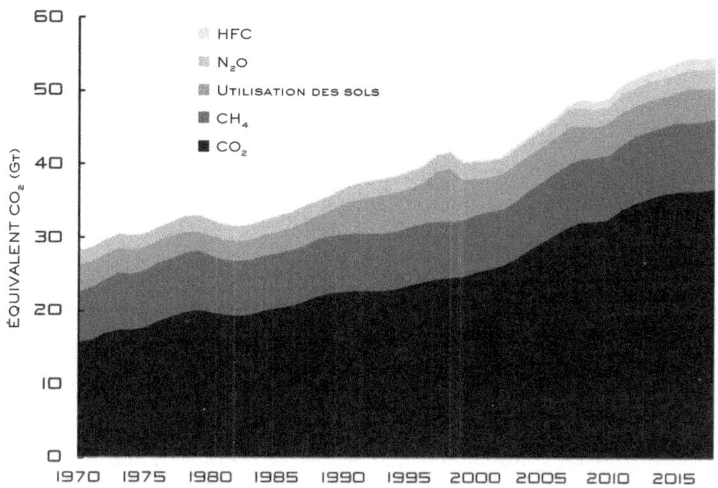

Les émissions de gaz autres que le CO_2 sont exprimées en équivalents CO_2.[1]

êtres vivants (par opposition au carbone minéral de la croûte terrestre) est « léger » ; autrement dit, la proportion du ^{13}C y est un peu plus faible. Le carbone du CO_2 de l'atmosphère s'étant progressivement allégé au fil des dernières décennies, on peut en déduire que cela résulte du fait que l'on a brûlé des combustibles fossiles qui, après tout, sont composés d'anciens êtres vivants. Les mesures prises au cours des trois dernières décennies ont révélé une diminution ténue, mais détectable et régulière, de la concentration d'oxygène dans l'atmosphère. Trop faible pour susciter la moindre inquiétude sur notre

1. Olivier, J.G.J., and J.A.H.W. Peters. "Trends In Global Co2 And Total Greenhouse Gas Emissions." PBL Netherlands Environmental Assessment Agency, The Hague, May 26, 2020. https://www.pbl.nl/sites/default/files/downloads/pbl-2020-trends-in -global-co2-and-total-greenhouse-gas-emissions-2019-report_4068.pdf

possibilité de respirer, elle correspond, en gros, à la quantité d'oxygène nécessaire pour transformer le carbone fossile en CO_2.

Comme cela arrive souvent en climatologie, braquer le projecteur sur les ères géologiques permet de découvrir une perspective tout à fait différente. Les processus naturels de déplacement du carbone de la terre étaient différents dans ce lointain passé, au point que par rapport aux normes d'alors, la terre manque aujourd'hui cruellement de CO_2 atmosphérique. La Figue 3.3 montre des estimations des concentrations de CO_2 à l'époque. L'échelle horizontale est le temps géologique, en remontant jusqu'à la période du Cambrien, il y a environ 550 millions d'années. L'axe vertical est le ratio des concentrations en CO_2 à ces époques lointaines par rapport à la concentration moyenne il y a quelques millions d'années (environ 300 ppm). Ces mesures indirectes découlent de l'analyse de la fraction de ^{13}C par rapport au ^{12}C dans les sédiments carbonés et les paléosols (sols fossilisés). D'autres mesures indirectes donnent des résultats qualitativement similaires.

Il n'est arrivé qu'une seule fois au cours des ères géologiques – durant la période du Permien, il y a 300 millions d'années – que les niveaux de CO_2 atmosphérique soient aussi faibles qu'aujourd'hui. La flore et la faune étaient florissantes alors que la concentration de CO_2 était cinq ou dix fois plus élevée qu'à l'heure actuelle. Mais il s'agissait de plantes et d'animaux différents. De sorte que si le dioxyde de carbone, en lui-même et par lui-même, n'est pas un problème particulièrement inquiétant pour la planète, ce qui pose bel et bien un problème c'est que, comme la vie a évolué pour s'adapter à une faible concentration atmosphérique en CO_2 (les êtres humains anatomiquement modernes ne sont apparus qu'il y a 200 000 ans, à l'extrême droite du graphique), les augmentations rapides enregistrées au siècle passé pourraient provoquer des perturbations. Des concentrations allant jusqu'à 1 000 ppm (2,5 fois supérieures à la norme actuelle en plein air) sont fréquentes dans les classes ou les auditoriums. Les êtres humains sombrent dans la somnolence au-dessus de ce niveau, alors, quand mes étudiants piquent du nez, j'aime à penser que c'est dû à ces 1 000 ppm et non à la qualité de mon cours. Des effets physiologiques plus sérieux commencent au-dessus de 2 000 ppm. Néanmoins, si les tendances de la dernière décennie se confirment, il faudra 250 ans avant que la concentration atteigne les 1000 ppm, ce qui se situerait au niveau de 3,3 sur notre diagramme.[1]

FIGURE 3.3

LA CONCENTRATION EN CO_2 EN REMONTANT SUR 550 MILLIONS D'ANNÉES

La concentration atmosphérique du dioxyde de carbone en remontant sur 550 millions d'années. Les valeurs, déterminées à partir du ratio isotopique des sédiments carbonés et des sols fossilisés sont relatives à la moyenne sur quelques millions d'années ; la concentration actuelle se situerait à environ 1,3 (en bas à droite).[2]

1. NOAA. "Atmospheric CO2 Growth Rates: Decadal Average Annual Growth Rates, Mauna Loa Observatory (MLO), 1960-2019." CO2 Earth, November 2020. https ://www.co2.earth/co2-acceleration

2. Berner, Robert A., and Zavareth Kothavala. "Geocarb III: A Revised Model of Atmospheric CO2 over Phanerozoic Time." American Journal of Science 301 (2001): 182-204. http://www.ajsonline.org/content/301/2/182.abstract.

Le dioxyde de carbone est le gaz à effet de serre provoqué par les activités humaines qui exerce la plus grande influence sur le climat. C'est aussi le plus inquiétant dans la mesure où il persiste très longtemps dans le cycle atmosphère/surface. Environ 60 % du CO_2 émis aujourd'hui sera encore présent dans l'atmosphère dans vingt ans, entre 30 % et 50 % le seront encore dans cent ans et entre 15 % et 30 % dans mille ans.[1]

Le simple fait que le dioxyde de carbone reste longtemps dans l'atmosphère est un obstacle fondamental à la réduction des influences humaines sur le climat. Toute nouvelle émission s'ajoute à la concentration existante qui continue à augmenter tant que les émissions continuent elles-mêmes. Autrement dit, le CO_2 n'est pas comme le brouillard de pollution, qui disparaît quelques jours après l'arrêt des émissions ; il faut des siècles pour que l'excès de dioxyde de carbone disparaisse de l'atmosphère. De modestes réductions des émissions de CO_2 ne feraient donc que ralentir l'augmentation de sa concentration, mais elles ne l'empêcheraient pas. Si l'on voulait simplement stabiliser la concentration de CO_2 pour limiter son influence sur le réchauffement, *il faudrait qu'il n'y ait plus du tout d'émissions, dans le monde entier*.

Le méthane, le second gaz à effet de serre causé par les activités humaine le plus important après le CO_2, a lui aussi augmenté au cours du siècle dernier et son influence contribue de plus en plus au réchauffement climatique. Comme pour le CO_2, ses concentrations (voir Figure 3.4) montrent une tendance ascendante à long terme et obéissent à un cycle annuel. La cause du plateau entre 1998 et 2008 est une incertitude de plus dans la science du climat. Les concentrations actuelles en méthane sont beaucoup plus élevées qu'il y a quelques millions d'années et elles ont commencé brusquement à augmenter il y a environ quatre mille ans.[2]

---

1. IPCC Fifth Assessment Report (AR5), WGI (The Physical Science Basis), WGI Box 6.1 Figure 1

2. National Research Council. Radiative Forcing of Climate Change: Expanding the Concept and Addressing Uncertainties. Washington, DC:

FIGURE 3.4
CONCENTRATIONS MENSUELLES EN MÉTHANE (1983-2020)

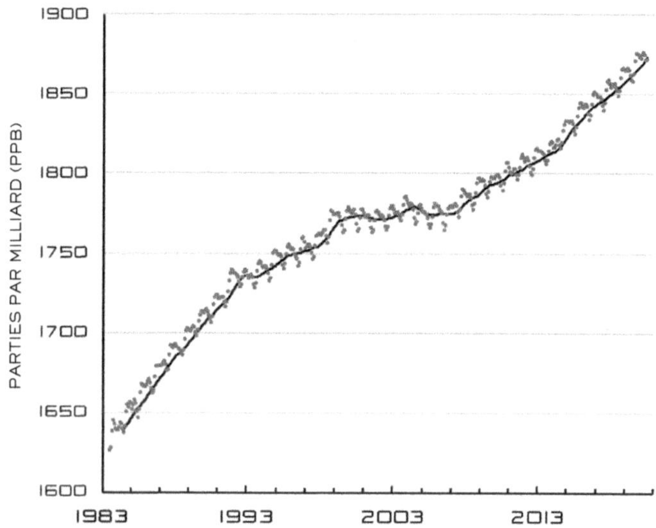

La concentration atmosphérique de méthane de 1983 à 2020. Les valeurs des moyennes mensuelles sont exprimées en parties par milliards (ppb). La ligne noire est une moyenne glissante sur les douze derniers mois.[1]

Mais il y a plusieurs différences importantes entre le méthane et le dioxyde de carbone. Pour commencer, les concentrations en méthane sont beaucoup plus faibles (2 000 parties par *milliard*, ce qui représente environ deux centièmes des 400 parties par million du CO_2) Seconde différence : une molécule de méthane ne reste dans l'atmosphère qu'une douzaine d'années – après quoi des réactions chimiques la convertissent… en CO_2. Troisième différence : en raison des

The National Academies Press, 2005: Figure 3-4. https://www.nap.edu/read/11175/chapter/5#73

1. US Department of Commerce, NOAA. "Global Monitoring Laboratory-Data Visualization." NOAA Earth System Research Laboratories, October 1, 2005. https ://www.esrl.noaa.gov/gmd/dv/iadv/graph.php?code=MLO&program=ccgg&type=ts.

FIGURE 3.5
LES SOURCES DES ÉMISSIONS MONDIALES DE MÉTHANE RÉSULTANT DES ACTIVITÉS HUMAINES EN 2010.[1]

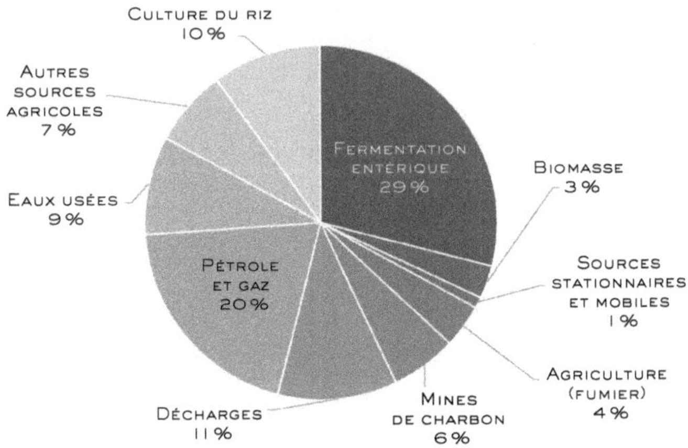

particularités de la façon dont les molécules interagissent avec les différentes couleurs du rayonnement infrarouge, chaque molécule additionnelle de méthane dans l'atmosphère contribue trente fois plus au réchauffement climatique qu'une molécule de dioxyde de carbone. Ces différences – concentrations plus faibles et durée de vie plus courte, mais pouvoir réchauffant plus grand – doivent être prises en compte lorsqu'on compare les émissions de CH_4 et de CO_2. Par exemple, les 300 millions de tonnes de méthane émis chaque année à l'occasion des activités humaines ne représentent que 0,8 % des 36 gigatonnes de CO_2 émis en brûlant des combustibles fossiles. Mais comme le montre la Figure 3.2, ce méthane a une influence disproportionnée sur le réchauffement de la planète – cela équivaut à dix gigatonnes de CO_2.

1. Motavalli, Jim. "Climate Change Mitigation's Best-Kept Secret." Climate Central, February 1, 2015. https://www.climatecentral.org/news/climate-change-mitigations-best-kept-secret-18613.

Une autre caractéristique du méthane surprend beaucoup de gens : comme on le voit sur la Figure 3.5, les combustibles fossiles ne représentent qu'environ le quart des émissions mondiales de méthane résultant des activités humaines. En fait, la plupart d'entre elles proviennent de la fermentation entérique (la digestion des bovins – surtout émises par l'avant et non l'arrière de l'animal) et d'autres activités agricoles, en particulier la culture du riz ; la décomposition des rebuts déposés dans les décharges en est également une source significative. Tout effort pour réduire drastiquement ces émissions doit donc aussi agir sur ces sources.

À l'avenir, le climat sera déterminé par la réaction aux influences humaines et naturelles, ainsi que par sa variabilité interne (comme nous l'avons vu, il est parfaitement capable de varier sans notre aide). Si nous ne disposons pas d'une connaissance approfondie et encore moins de la possibilité de contrôler la variabilité interne ou les influences naturelles (comme le climat, les volcans, le soleil, et les courants océaniques profonds sont incontrôlables), nous pouvons formuler des hypothèses plausibles sur la portée de ce que feront les hommes, en particulier concernant leurs émissions de gaz à effet de serre et d'aérosols.

Les futures émissions, et donc les influences humaines sur le climat, dépendront de ce que l'avenir nous réserve en termes de démographie, de progrès économique, de réglementation, ainsi que des technologies énergétiques et agricoles mises en œuvre. On peut combiner diverses hypothèses concernant chacun de ces facteurs pour prévoir les émissions de gaz à effet de serre, la concentration des aérosols et les changements affectant l'utilisation des sols. Les modèles climatiques ainsi élaborés peuvent donner une vague idée de la façon dont le climat pourrait réagir aux influences humaines dans les prochaines décennies.

Mais c'est là que le signal d'alarme devrait commencer à clignoter. Malgré l'assurance avec laquelle les prévisions nous sont présentées comme s'il s'agissait de faits, estimer les influences humaines comporte nécessairement une grande marge d'incertitude. Imaginons que nous soyons revenus en 1900 et que nous tentions de prévoir à quoi ressemblerait notre civilisation en l'an 2000. À l'époque, le premier vol dans un engin à moteur et la première automobile produite en masse étaient encore à venir, la radio venait juste d'être inventée, les rayons X d'être découverts ; quant aux antibiotiques, on ne les imaginait même pas. Le pronostiqueur le plus visionnaire, à l'époque, serait passé à côté de l'essentiel de ce qui s'est passé au vingtième siècle, au cours duquel la population mondiale a quadruplé, tandis que le volume de l'économie mondiale croissait d'un facteur quarante ! Il serait stupéfait de la rapidité avec lesquels les individus, les marchandises et l'information se déplacent d'un bout à l'autre de notre planète, de l'ampleur de ce phénomène, des techniques de production et des progrès réalisés par l'agriculture et la médecine.

En raison des grandes incertitudes planant sur les prochaines décennies, le GIEC, au lieu de formuler des prédictions précises sur les futures concentrations, a créé un ensemble de scénarios, intitulés « *Representative Concentration Pathways* », ou RCP , censés couvrir un éventail plausible de possibilités pour la population, l'économie, la technologie, etc.[1] Chaque RCP comporte un chiffre dénotant la quantité d'influences humaines ayant contribué au réchauffement prévu en 2100 ; ainsi RCP6 correspond à 6W/m^2 de forçage radiatif (réchauffement) induit par l'homme à la fin du siècle. (Les influences humaines nettes se traduisent actuellement, on s'en souvient, par un réchauffement d'environ 2,2W/m^2, comme on le voit Figure 2.4). Ces scénarios ne sont pas censés être des prédictions, mais des descriptions schématiques de mondes futurs distincts, mais plausibles. Les RCP sont désormais présentés sous la forme plus élaborée

1. van Vuuren, D. P., J. Edmonds, M. Kainuma, et al. "The Representative Concentration Pathways: An Overview." Climatic Change 109, 5 (2011). https://doi.org/10.1007 /s10584-011-0148-z.

de « Shared Socioeconomic Pathways », qui décrivent aussi la capacité de la société à réduire les émissions et s'adapter au changement climatique, mais il est possible de tirer les enseignements importants de la démarche en discutant des RCP, plus simples. [1]

Historiquement, les deux éléments qui ont le plus contribué à l'augmentation des émissions sont la croissance démographique et celle de l'activité économique. La Figure 3.6 illustre les hypothèses concernant ces deux facteurs dans quatre scénarios RCP. Dans le scénario retenant de faibles émissions, le RCP2,6, qui pose l'hypothèse d'un forçage radiatif de 2,6 W/m^2 à la fin du siècle, la population mondiale passe de 7,8 milliards d'individus aujourd'hui à 9 milliards en 2070, pour décliner ensuite de quelques centaines de millions avant 2100. À l'autre extrême, le RCP8,5 postule que la population augmentera régulièrement pour dépasser les 12 milliards en 2100. Tous les scénarios prévoient un PIB mondial réel en forte croissance durant le vingt et unième siècle, par un facteur six dans les scénarios des plus fortes émissions, mais par un facteur dix dans les scénarios des émissions les plus faibles, sans doute parce qu'un monde plus prospère peut se permettre d'accorder une plus grande priorité aux questions environnementales. Comme le multiple de la croissance du PIB est plus grand que celui de la population dans tous les scénarios, *toutes* les prévisions concluent à une plus grande prospérité per capita (détail souvent omis lors des discussions des résultats des modélisations).

La Figure 3.7 illustre les hypothèses des divers RCP concernant les émissions de CO_2, sa concentration dans l'atmosphère et le forçage radiatif total causé par les activités humaines, (ce dernier est l'effet net de tous les gaz à effet de serre et aérosols émis par l'homme.) La diversité des hypothèses d'émissions de

1. O'Neill, B. C., E. Kriegler, K. Riahi, et al. "A New Scenario Framework for Climate Change Research: The Concept of Shared Socioeconomic Pathways." Climatic Change 122, 387-400 (2014). https://doi.org/10.1007/s10584-013-0905-2.

FIGURE 3.6
POPULATION MONDIALE ET PIB RÉEL PRIS COMME HYPOTHÈSE PAR QUATRE RCP D ÉCRIVANT LES FUTURES ÉMISSIONS

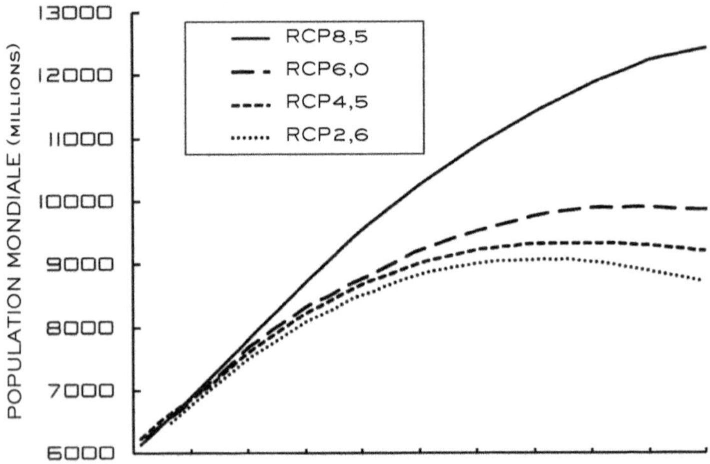

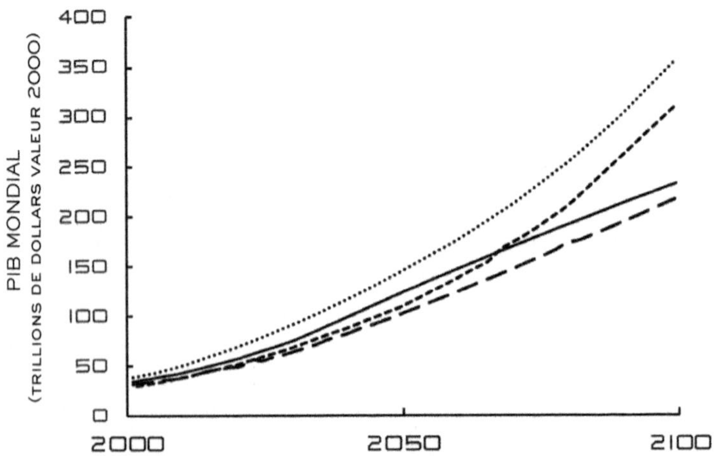

FIGURE 3.7

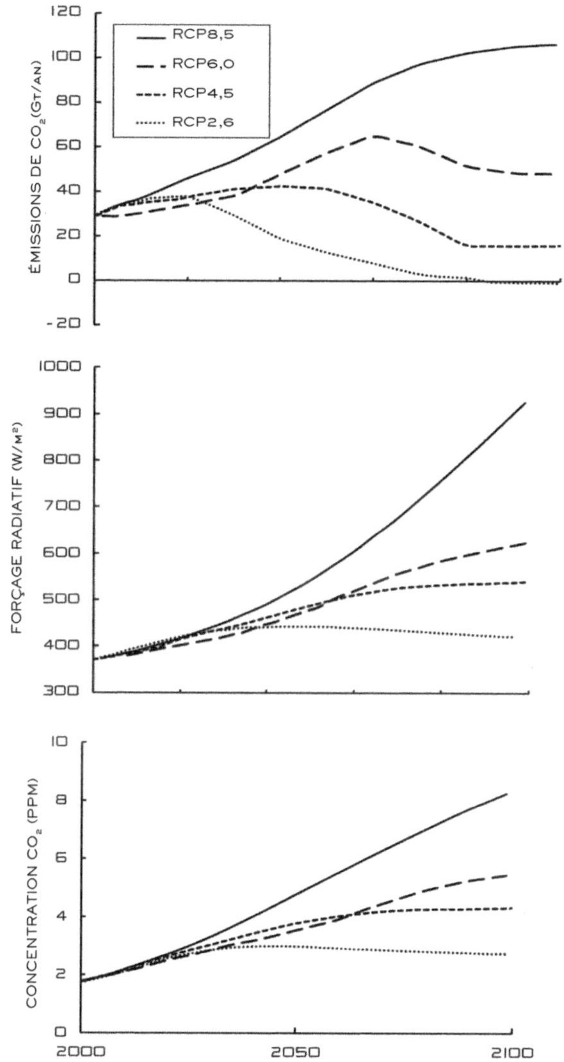

Prévisions des émissions humaines mondiales de CO_2 (diagramme du haut), de la concentration de CO_2 dans l'atmosphère (diagramme du centre) et du total des forçages humains (diagramme du bas). Ce dernier inclut tous les gaz à effet de serre et tous les aérosols.[1]

1. van Vuuren, D. P., et al. "The Representative Concentration Pathways: An Overview," Figure 11. https://doi.org/10.1007/s10584-011-0148-z.

chaque scénario conduit à une diversité similaire des influences humaines sur le climat à la fin du siècle. Comme on peut s'y attendre, des émissions plus faibles débouchent sur des concentrations également plus faibles, d'où une moindre influence humaine sur le climat (le forçage). Le monde surpeuplé, grand consommateur de charbon du RCP8,5 voit les émissions annuelles de CO_2 plus que tripler à la fin du siècle, la concentration bondissant à plus de 900 ppm et le forçage radiatif atteignant plus du triple de son niveau actuel. Par contraste, le monde prospère, faiblement peuplé du RCP2,6 voit les émissions de CO_2 disparaître vers 2080, de sorte que sa concentration et le forçage se stabilisent à leurs valeurs actuelles, pour décliner ensuite très lentement.

Les scénarios intermédiaires RCP 4,5 et 6,0 prévoient des comportements eux aussi intermédiaires en matière de concentration et de forçage. Une analyse récente des émissions entre 2005 et 2017 révèle que les scénarios de fortes émissions sont de moins en moins plausibles en raison du ralentissement de la croissance économique jusqu'en 2040 et de la réduction de l'utilisation du charbon jusqu'à la fin du siècle.[1]

Un point crucial à retenir de cette discussion est que *les influences humaines continueront à croître, dans tous les scénarios, sauf si l'on mettait fin à toutes les émissions.* Si les futures émissions ne sont réduites que modestement, les influences humaines sur le climat persisteront à se renforcer. Il y a quinze ans, quand j'étais dans le secteur privé, j'avais appris à dire que l'objectif de stabiliser les influences humaines sur le climat était « un défi », alors qu'au gouvernement, on appelait cela une « opportunité ». Maintenant que je suis revenu dans le monde académique, je peux dire carrément ce que c'est : une « impossibilité pratique », comme je vais le montrer dans la seconde partie de ce livre.

---

1. Burgess, Matthew G., et al. "IPCC baseline scenarios have over-projected CO2 emissions and economic growth." Environmental Research Letters, November 25, 2020. https://doi.org/10.1088/1748-9326/abcdd2.

Il est hors de doute que nos émissions de gaz à effet de serre, en particulier le CO_2, contribuent au réchauffement planétaire. Les influences humaines sur le climat ont augmenté au fil des dernières décennies et continueront à s'accroître dans tous les scénarios concernant les futures émissions, sauf les plus radicaux. Non seulement les influences humaines sont difficiles à distinguer des autres aspects du système climatique, mais la relation entre les émissions et les concentrations atmosphériques rend très difficile la baisse de nos influences.

Quand on introduit les influences humaines dans un modèle destiné à prévoir le climat, les résultats n'ont, à un certain niveau, rien de remarquable – des émissions plus importantes de gaz à effet de serre conduiront plus rapidement à une hausse des températures sur notre planète. Mais quantifier exactement ce réchauffement, dire quand et où il se produira, prédire quels autres changements pourraient survenir dans le système climatique et comment ces changements pourraient effectivement impacter la société exige une analyse beaucoup plus sophistiquée – tant dans la manière de la conduire que pour ce qu'elle nous dit réellement – tel est le sujet du prochain chapitre.

CHAPITRE 4

UNE MYRIADE DE MODÈLES FRAGILES

Vous avez certainement entendu parler des « modèles climatiques » qui nous prédisent tel ou tel avenir – preuves à l'appui, sans doute. Mais de quoi s'agit-il, au juste ? En un mot comme en cent, ce sont des programmes informatiques qui réalisent des simulations mathématiques du système climatique. Comme le disait en 1978 George Box, statisticien de l'université du Wisconsin, dans une phrase restée célèbre : « Les modèles sont tous faux, mais certains sont utiles tout de même. »

J'ai fait de l'informatique scientifique tout au long de ma carrière. J'ai appris à coder il y a plus de cinquante ans sur un IBM 1620, grâce à un programme de recherche de Columbia University. L'une de mes premières publications, en 1974, portait sur la modélisation informatique de la réaction nucléaire dans les étoiles qui produit l'oxygène de l'univers.[1] En 1981, j'ai eu la surprise de voir débarquer dans mon bureau un représentant d'IBM. Il m'apportait un cadeau – l'un des tout premiers PC – et ne me demandait qu'une seule chose : de m'en servir

---

1. Koonin, S. E., T. A. Tombrello, and G. Fox. "A 'Hybrid' R-Matrix-Optical Model Parametrization of the 12C(α, γ)16O Cross Section." Nuclear Physics A, available online October 26, 2002. https://www.sciencedirect.com/science/article/abs/pii /0375947474907155.

pour faire « quelque chose d'intéressant ». Enfin, j'ai créé à Caltech un cours de physique numérique – autrement dit, de modélisation informatique – et j'ai rédigé l'un des premiers manuels consacrés à cette discipline.[1] Près de quarante ans plus tard, je bois encore du petit lait quand un chercheur me dit combien ce livre l'a aidé à passer de la physique du tableau noir à d'utiles simulations.

Certaines de mes recherches les plus citées portaient sur le développement et l'utilisation d'algorithmes novateurs pour simuler des systèmes mécaniques quantiques comme les électrons dans un atome ou les protons et les neutrons dans un noyau. Enfin, ces trente dernières années, j'ai contribué à guider des simulations qui permettent aux États-Unis de vérifier l'efficacité de leurs différents modèles d'armes nucléaires sans les faire exploser pour les tester, ce qui est maintenant prohibé par les traités internationaux.

Cette expérience longue et variée m'a permis d'apprécier la puissance des modèles informatiques – mais aussi d'avoir conscience de leurs limites. Et de vérifier la pertinence de l'aphorisme du professeur Box.

La modélisation informatique joue un rôle essentiel en climatologie. Les modèles nous aident à comprendre le fonctionnement du système climatique, les raisons pour lesquelles il a changé par le passé et – surtout – comment il pourrait changer encore à l'avenir. Le rapport du GIEC AR5 WG1 (ce dernier acronyme désigne le « Working Group 1 » (groupe de travail 1), consacre quatre chapitres sur quatorze aux modèles et à leurs résultats qui sous-tendent les rapports des autres groupes de travail chargés d'évaluer les impacts du changement climatique sur les écosystèmes et la société.

---

1. Koonin, Steven E. 1985. Computational Physics. Benjamin-Cummings. Koonin, Steven E., and Dawn C. Meredith. 2018. Computational Physics: Fortran Version. Boca Raton: CRC Press. https://www.amazon.com/Computational-Physics-Fortran -Steven-Koonin-ebook/dp/B07B9YXMZ8.

J'ai découvert les détails de la modélisation climatique il y a près de trente ans, lors d'une étude JASON sur la façon dont les ordinateurs parallèles massifs, tout nouveaux à l'époque, coordonnant des milliers de processeurs travaillant sur le même problème, pourraient améliorer les capacités prédictives des modèles climatiques.[1] Cette promesse a effectivement été largement réalisée au cours des trois décennies suivantes. Attention, cependant : décrire utilement le climat de notre planète reste l'un des plus grands défis de la simulation scientifique.

Alors… que valent nos modèles climatiques ? Dans quelle mesure pouvons-nous croire ce qu'ils disent des climats de demain et d'après demain ? Pour répondre à ces questions, il nous faut creuser davantage et approfondir les détails.

CALCULER LE CLIMAT

Les ordinateurs que nous avons dans les laboratoires scientifiques sont des machines à faire de l'arithmétique – ils peuvent emmagasiner beaucoup, beaucoup de nombres (pour les plus grosses machines d'aujourd'hui, près de 10^{17}, c'est-à-dire 100 millions de milliards), qu'ils peuvent manipuler à une vitesse fulgurante (actuellement autour de 10^{18}, autrement dit un milliard de milliards d'opérations par seconde). Comme nous avons une solide connaissance des lois physiques qui gouvernent la matière et l'énergie, il est facile de se laisser séduire par l'idée qu'il est possible d'entrer simplement dans un ordinateur les données concernant l'état actuel de l'atmosphère et des océans, puis de formuler quelques hypothèses sur les futures influences humaines et naturelles, pour prédire avec précision le climat des futures décennies.

---

1. Abarbanel, H., P. Collela, A. Despain, S. Koonin, C. Leith, H. Levine, G. MacDonald, et al. "CHAMMP Review." fas.org. JASON, The Mitre Corporation, 1992. https://fas.org/irp /agency/dod/jason/chammp.pdf.

Ce n'est hélas qu'une chimère, comme les prévisions météorologiques – qui ne portent au maximum que sur une quinzaine de jours – le montrent bien. C'est pourtant un très net progrès par rapport aux prévisions d'il y a trente ans, largement imputable à la puissance de calcul accrue des ordinateurs, ainsi qu'à la meilleure qualité des observations de l'atmosphère (qui fournissent un meilleur point de départ aux modèles).[1] Mais la médiocre fiabilité des prévisions météorologiques à quinze jours reflète un problème fondamental qu'a décrit Ed Lorenz, au MIT, en 1961. La météo est chaotique – de petits changements dans la manière de lancer le modèle peuvent conduire à des prévisions très différentes quelques semaines plus tard. Ainsi, quelle que soit la précision avec laquelle nous spécifions les conditions observées au point de départ, l'incertitude de nos prévisions croit de façon exponentielle à mesure qu'elles portent sur un avenir plus lointain. Une plus grande puissance de calcul ne saurait surmonter cette incertitude fondamentale.

Mais ne l'oublions pas *le climat, ce n'est pas la météo.* Ce serait plutôt la moyenne des météos calculée sur plusieurs dizaines d'années, et c'est ce que tentent de décrire les modèles climatiques. Il y a des raisons de croire que c'est possible. Après tout, si nous ne pouvons pas prévoir en détail la façon dont les bulles individuelles monteront à la surface dans une casserole quand l'eau qu'elle contient se mettra à bouillir, nous *pouvons* prédire sans craindre de nous tromper de combien le niveau de l'eau contenue dans le récipient déclinera après toute cette ébullition. À l'évidence, le système climatique est beaucoup plus complexe qu'une casserole d'eau bouillante et une foule de problèmes pratiques récalcitrants conduisent à penser que les résultats des modèles climatiques doivent être présentés avec au moins une bonne pincée de sel, si ce n'est un paquet entier.

---

1. Buizza, R., and M. Leutbecher. "The Forecast Skill Horizon: ECMWF Technical Memoranda." European Centre for Medium-Range Weather Forecasts, June 2015. https://www.ecmwf.int/en/elibrary/8450-forecast-skill-horizon.

Parlons donc de ce que font, en fait, les modèles climatiques et ceux qui les élaborent.

Tous les modèles informatiques du climat, sauf les plus frustes, commencent par couvrir l'atmosphère de la terre d'une grille tridimensionnelle, typiquement vingt couches de cases empilées qui forment une grille de surface, constituée de carrés généralement de 100 km de côté, comme on le voit sur la Figure 4.1. Mais comme la hauteur de l'atmosphère que l'on doit modéliser est comparable à la taille d'un des carrés de la surface, les cases (on dit aussi « mailles ») empilées sur la grille ressemblent beaucoup plus à des galettes qu'aux cubes que l'on voit sur la figure (j'y reviendrai bientôt). La grille qui couvre les océans est similaire, mais les carrés en surface sont plus petits, typiquement 10 km sur 10 et il y a davantage de couches verticales (jusqu'à trente). Comme la planète est entièrement recouverte de ces empilements, il y a environ un million de cases pour l'atmosphère et cent millions pour l'océan.

Une fois la grille en place, les modèles informatiques utilisent les lois fondamentales de la physique pour calculer la façon dont l'air, l'eau et l'énergie contenue dans chaque case à un moment donné se retrouvent légèrement plus tard dans les cases voisines, la période pouvant être aussi courte que dix minutes. Répéter ce processus des millions de fois permet de simuler le climat d'un siècle entier (plus de cinq millions de fois pour une période de dix minutes). Cela peut demander des mois de calculs, même avec les supercalculateurs les plus puissants du monde ; le temps de calcul dépend du nombre de mailles et de la durée de la période retenus pour le modèle, ainsi que de la richesse de la description de ce qui se passe à l'intérieur des mailles de la grille (sa « physique »). Les chercheurs peuvent faire des arbitrages entre ces différents facteurs en fonction de l'objectif qu'ils fixent à leur modèle. Pour la même durée de calcul, un modèle moins sophistiqué peut utiliser des mailles plus fines et/ou simuler une période plus longue. Comparer les résultats de la simulation informatique avec ce que nous savons des climats du passé (en moyenne et par les

FIGURE 4.1
REPRÉSENTATION SCHÉMATIQUE DE LA GRILLE UTILISÉE POUR LES MODÈLES INFORMATIQUES DE L'ATMOSPHÈRE [1]

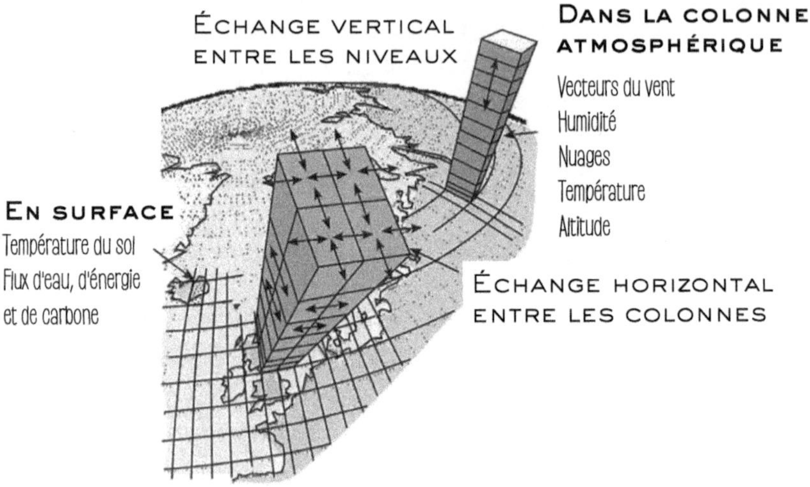

variations d'une année sur l'autre) permet de juger de la qualité du modèle. Une fois ces décisions prises, on lance les calculs afin de tenter de décrire le climat de l'avenir en fonction des hypothèses retenues sur les influences humaines et naturelles.

Tout cela semble fort simple, mais c'est loin d'être le cas. C'est même horriblement difficile et si quelqu'un vient vous dire que les modèles climatiques ne sont jamais « que de la physique pure », soit cette personne ne comprend pas ce dont il s'agit, soit son affirmation est volontairement fallacieuse. Une difficulté majeure, c'est que les modèles n'utilisent qu'une seule valeur de température, d'humidité, etc., pour décrire les conditions à l'intérieur d'une maille de la grille. Pourtant,

---

1. Adapted from Figure 5.2 of Kendal McGuffie and Ann Henderson-Sellars. The Climate Modelling Primer, 4th Edition. Hoboken, New Jersey: Wiley-Blackwell, 2014. https://www.wiley.com/en-us/The+Climate+Modelling+Primer%2C+4th+Edition-p -9781119943372.

de nombreux phénomènes importants se produisent à une échelle beaucoup plus réduite que ses 100 km de côté (il peut par exemple y avoir des montagnes, des nuages, des orages...), de sorte que les chercheurs doivent poser des hypothèses à une échelle inférieures à la grille – les hypothèses *subgrid* pour construire leur modèle. Par exemple, les nuages influencent les flux de rayonnement solaire et de chaleur dans l'atmosphère. Ils jouent un rôle clé – reflétant plus ou moins la lumière solaire ou interceptant des quantités variables de chaleur, selon leur type et leur formation. La physique nous dit que le nombre et le type de nuages présents dans chaque couche d'atmosphère au-dessus d'un carré de la grille (pile de mailles superposées) dépendent généralement des conditions qui y règnent (humidité, température, etc.) Néanmoins, comme le montre la Figure 4.2, les changements et les différences affectant les nuages se produisent à une échelle beaucoup plus réduite que celle d'une maille de la grille – il s'avère donc nécessaire de faire des hypothèses à plus petite échelle.

Si les chercheurs se fondent, pour ce faire, sur les lois fondamentales de la physique et sur l'observation des phénomènes météorologiques, leurs hypothèses reposent aussi, dans une mesure considérable, sur leur propre jugement. Et comme chacun formule ses propres hypothèses, les résultats peuvent varier énormément d'un modèle à l'autre. C'est loin d'être un détail sans importance, car les fluctuations habituelles de la hauteur et de la densité de la couverture nuageuse peuvent avoir autant d'impact que l'influence des activités humaines sur les flux d'ensoleillement et de chaleur. En fait, la plus grande incertitude pesant sur la modélisation climatique découle de la façon dont les divers modèles traitent les nuages.[1]

Alors, pourquoi ne pas utiliser une grille plus fine, ce qui réduirait l'ambiguïté des hypothèses *subgrid* ? – Cela

---

1. Schneider, T., J. Teixeira, C. Bretherton, et al. "Climate goals and computing the future of clouds." Nature Clim Change 7 (2017): 3-5. https://doi.org/10.1038/ nclimate3190.

FIGURE 4.2
LES NUAGES SONT BEAUCOUP PLUS PETITS QUE LES MAILLES DE LA GRILLE, CE QUI OBLIGE LES CHERCHEURS À FORMULER DES HYPOTHÈSES À PLUS PETITE ÉCHELLE

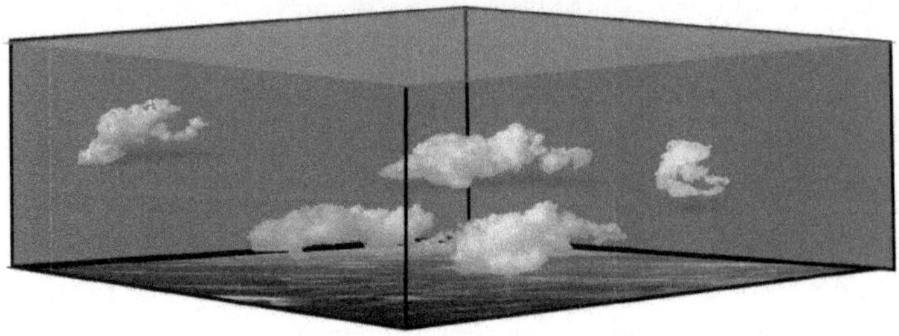

Notons que cette figure est trompeuse dans la mesure où les cases de la grille sont en réalité beaucoup plus minces que sur cette image.

augmenterait hélas énormément la quantité de calculs puisqu'à l'évidence, il faudrait traiter un plus grand nombre de mailles. Mais une grille plus fine entraîne une autre complication : le calcul n'est valable que si les choses ne changent pas trop durant le laps de temps retenu pour construire le modèle (autrement dit, si elles ne se déplacent pas plus que d'une maille). Si la grille est plus fine, ce laps de temps doit donc lui aussi être plus court, ce qui augmente encore le temps de calcul. Pour illustrer ce propos, une simulation qui demande deux mois de calcul avec des mailles de 100 km de côté demanderait plus d'un siècle si l'on utilisait des carrés de 10 km. La durée du calcul resterait de deux mois si nous disposions d'un supercalculateur mille fois plus rapide que ceux d'aujourd'hui – ce qui sera probablement le cas dans deux ou trois décennies.

Un autre problème découle du fait que notre grille découpe la terre en morceaux significatifs horizontalement, mais que verticalement, le découpage n'a rien d'évident. L'atmosphère et l'océan sont de minces enveloppes qui couvrent la surface de la terre – la profondeur moyenne de l'océan (4 km) est très faible par rapport au rayon de la terre (6 400 km) ; il en va de même de la hauteur de l'atmosphère (environ 100 km). Pour décrire correctement les variations verticales, il faut que les dizaines de cases empilées dans l'atmosphère au-dessus de chaque carré ressemblent davantage à des galettes très plates qu'à des cubes, typiquement une centaine de fois plus larges qu'épaisses. Pour prendre une comparaison, une pièce de 1 euro n'est que dix fois plus large qu'elle n'est épaisse.

Les cases en forme de galette permettent généralement de réaliser une simulation plus exacte quand des fluides se déplacent par couches dans l'atmosphère, par exemple dans les parties les plus hautes de la pile (ce n'est pas sans raison si l'atmosphère, en très haute altitude, s'appelle la stratosphère). En revanche, ces cases plates posent problème à une altitude inférieure à 10 km, zone où les turbulences météorologiques sont fréquentes. Des flux ascendants d'énergie et de vapeur d'eau (par exemple des cumulo-nimbus) se déclenchent au-dessus de zones beaucoup plus petites que les 100 km de notre grille. C'est particulièrement gênant dans les régions tropicales, où les flux ascendants jouent un rôle énorme en hissant l'énergie et la vapeur d'eau de la surface de l'océan dans l'atmosphère. En fait, le flux d'énergie ainsi remonté dans l'atmosphère par évaporation des eaux de l'océan est plus de trente fois supérieur aux influences humaines illustrées par la Figure 2.4. Les hypothèses à une échelle inférieure à la maille concernant cette « convection humide » – autrement dit la façon dont l'air et la vapeur d'eau se déplacent verticalement en traversant les mailles plates de la grille – sont donc cruciales pour construire des modèles corrects.

Toute simulation doit aussi être « initialisée » – autrement dit, il faut, d'une manière ou d'une autre, spécifier l'état de l'océan et de l'atmosphère au début du processus : la température, l'humidité, les vents, dans chacune des cases de la grille qui couvre l'atmosphère, ainsi que la température, la salinité, les courants, etc. dans chacune de celles qui couvrent les océans. Hélas, même nos systèmes d'observation sophistiqués ne nous permettent pas aujourd'hui de disposer de ce genre de détails, je ne parle même pas des quelques dernières décennies. Même si nous en disposions, le niveau de chaos au sein de la simulation est tel que la plupart de ces détails n'auraient plus le moindre intérêt au bout d'une quinzaine de jours. L'initialisation doit donc ne capter correctement que les grandes lignes du système climatique, comme le jet stream de l'atmosphère et les principaux courants des océans.

Même armés de nos grilles, des lois fondamentales de la physique, des hypothèses à petite échelle et de l'initialisation, nous ne sommes pas encore prêts à générer une simulation climatique utile. La dernière étape qui nous reste à franchir est de « régler » notre modèle. Chaque hypothèse à petite échelle comporte des paramètres numériques qu'il faut arrêter – d'une manière ou d'une autre. La couverture nuageuse et la convection ne sont que deux exemples parmi des dizaines. *Combien d'eau s'évapore de la surface des terres, compte tenu des propriétés du sol, de la couverture végétale et des conditions atmosphériques ? Combien de neige ou de glace y a-t-il sur la surface ? Comment les eaux des océans se mélangent-elles ?*

Les hypothèses à petite échelle sont inexactes par leur nature même – les auteurs du modèle ne peuvent tirer aucun « nombre » de la réalité. Ils fixent donc leurs paramètres à partir de leur connaissance de la physique, puis ils lancent les calculs. Comme les résultats ne ressemblent généralement guère au système climatique que l'on observe, ils ajustent ensuite (« règlent ») ces paramètres pour que leurs résultats soient plus conformes aux caractéristiques du système climatique réel. Le plus important, c'est de retrouver un équilibre presque parfait entre le réchauffement dû au rayonnement solaire et le refroidissement dû au rayonnement infrarouge évoqués au chapitre 2, et d'évaluer la température de surface telle qu'elle est déterminée par la façon dont l'ensoleillement et la chaleur fluctuent dans l'atmosphère.

Si ce « réglage » semble un détail mineur (on parle parfois de peaufiner) , il n'a rien de fin ni de mineur. C'est le processus qui consiste à ajuster le modèle pour éliminer les contradictions gênantes ou masquer les incertitudes agaçantes. Et il arrive parfois aux auteurs de modèles de régler leurs paramètres en utilisant des techniques qui, loin de reposer sur leur connaissance de ces paramètres, visent plutôt à produire un résultat désiré. Par exemple, des chercheurs britanniques ont réglé leur dernier modèle en partie en ajustant l'enneigement partiel, qui modifie l'albédo des forêts du nord (la neige est en effet plus réfléchissante que le sommet des arbres). Ils ont aussi décidé d'ajuster la quantité de sulfure de diméthyle produite par les micro-organismes flottant à la surface de l'océan – ce produit chimique produit des aérosols et augmente donc l'albédo sur les océans.[1] Qui eût cru que ces détails soient importants pour le climat ?

Quoi qu'il en soit, il est impossible –pour des raisons tant pratiques que fondamentales – de régler des dizaines de paramètres pour que le modèle corresponde aux propriétés observées, beaucoup plus nombreuses, du système climatique. Non seulement ceci jette un doute sur la confiance que l'on peut accorder aux conclusions du modèle, mais cela montre bien que nous ne comprenons pas les caractéristiques du climat avec la spécificité indispensable compte tenu de la modestie des influences humaines.

Parmi les choses les plus importantes qu'un modèle doit réussir, il y a les « rétroactions ». Les concentrations croissantes de gaz à effet de serre augmentent la température, mais peuvent également provoquer d'autres changements susceptibles d'amplifier ou de réduire cette influence directe. Par exemple, quand le globe se réchauffe, il y a moins de neige et de glace en surface, ce qui réduit l'albédo de la planète. La terre, moins réfléchissante, absorbe alors davantage de rayonnement solaire, ce qui accentue encore le réchauffement. Autre

---

1. Sellar, A. A., C. G. Jones, J. P. Mulcahy, et al. (2019). "UKESM1: Description and eEvaluation of the U.K. Earth System Model." Journal of Advances in Modeling Earth Systems 11 (2019): 4513-4558. https://doi.org/10.1029/2019MS001739

exemple de rétroaction : quand l'atmosphère se réchauffe, elle contient davantage de vapeur d'eau, ce qui augmente son aptitude à intercepter la chaleur. Mais une plus grande quantité de vapeur d'eau modifie aussi la couverture nuageuse, ce qui améliore à la fois l'interception de chaleur (nuages en altitude) et la réflectivité (nuages bas). Au final, c'est la réflectivité qui gagne et la rétroaction nette des nuages réduit un peu le réchauffement direct. La taille, et dans certains cas même le signe de ces effets « feedback » – autrement dit, savoir s'ils améliorent ou diminuent l'influence directe – ne peuvent pas être compris assez précisément à partir des premiers principes mais doivent émerger d'un modèle à mesure qu'il est réglé, et chaque modèle donne des réponses un peu différentes. La moyenne des résultats de nombreux modèles différents suggère que l'effet net de tous les feedbacks est de doubler ou de tripler l'influence directe du CO_2 en matière de réchauffement.

Le réglage est donc une partie nécessaire, mais périlleuse, de la modélisation du climat, comme il l'est dans la modélisation de n'importe quel système complexe. Un modèle mal réglé aboutit à une mauvaise description du monde réel, mais un réglage excessif risque de truquer les résultats, autrement dit de donner une réponse prédéterminée. Un article rédigé par quinze des plus grands auteurs de modèles climatiques explique la chose de la manière suivante :

> *Les choix et les compromis faits durant l'exercice de réglage peuvent affecter significativement les résultats du modèle... En théorie, le réglage doit être pris en compte dans toute évaluation, comparaison ou interprétation des résultats du modèle... Pourquoi un tel manque de transparence ? Peut-être parce que le réglage est souvent considéré comme une partie inévitable, mais peu glorieuse, de la modélisation climatique, plus proche de l'ingénierie que de la science, un bricolage qui ne mérite pas les honneurs des publications scientifiques. Peut-être craint-on aussi qu'expliquer la nécessité de ces réglages renforce les arguments de ceux qui contestent la validité des projections de changement climatique. Le réglage peut, à la vérité,*

être considéré comme une manière inavouable de compenser les erreurs des modèles.[1]

Comme en termes galants ces choses-là sont dites ! Un papier précisant les détails de l'un des modèles les plus estimés, celui de l'Institut Max Planck, Allemagne, explique que l'on avait réglé un paramètre *subgrid* (relatif à la convection dans l'atmosphère) d'un facteur dix car la valeur choisie à l'origine débouchait sur un réchauffement deux fois supérieur aux données observées.[2] Changer un paramètre d'un facteur dix par rapport à ce que l'on pensait au départ, on peut vraiment parler de bricolage.

UN LARGE ÉVENTAIL DE RÉSULTATS

Vous avez maintenant une assez bonne idée de la façon dont sont nés les modèles et des raisons pour lesquelles l'image qu'ils nous donnent de l'avenir est sans doute moins claire qu'on ne le voudrait. Mais regardons ces résultats. Sachant qu'aucun modèle n'a raison dans tous les domaines, les rapports d'évaluation établissent des résultats moyens à partir d'un « ensemble » de quelques dizaines de modèles construits par des groupes de chercheurs du monde entier. Le projet d'intercomparaison des modèles couplés (CMIP pour *Coupled Model*

1. Hourdin, Frédéric, Thorsten Mauritsen, Andrew Gettelman, Jean-Christophe Golaz, Venkatramani Balaji, Qingyun Duan, Doris Folini, et al. "The Art and Science of Climate Model Tuning." Bulletin of the American Meteorological Society 98 (2017): 589- 602. https://journals.ametsoc.org/bams/article/98/3/589/70022/The-Art-and-Science-of-Climate-Model-Tuning.

2. Mauritsen, Thorsten, Jürgen Bader, Tobias Becker, Jörg Behrens, Matthias Bittner, Renate Brokopf, Victor Brovkin, et al. "Developments in the MPI-M Earth System Model Version 1.2 (MPI-ESM1.2) and Its Response to Increasing CO2 ." Journal of Advances in Modeling Earth Systems 11 (2019): 998-1038. https://agupubs.online library.wiley.com/doi/full/10.1029/2018MS001400.

Intercomparison Project) – compile les ensembles.[1] L'ensemble CMIP3 informait le rapport d'évaluation AR4 du GIEC, le CMIP4 sous-tendait l'AR5 de 2013, et le CMIP6 constitue la base du rapport d'évaluation AR6.

Prenons le temps de réfléchir un peu. Ce que nous venons de voir implique que les modèles concordent généralement. Mais ce n'est pas du tout le cas. Les comparaisons entre les modèles appartenant à n'importe lequel de ces ensembles montrent qu'à l'échelle requise pour mesurer la réponse du climat aux influences humaines, leurs résultats diffèrent énormément les uns par rapport autres et par rapport aux observations. Mais pour s'en rendre compte, il faut lire le rapport du GIEC très attentivement et en profondeur. C'est l'unique manière de découvrir que les résultats présentés sont des modèles « moyens » dont les éléments sont en désaccord complet. (Signalons en passant que la discordance entre les membres individuels de l'ensemble est une preuve de plus que les modèles climatiques sont plus que « de la physique pure ». Si c'était le cas, il ne serait pas nécessaire d'avoir de nombreux modèles, puisqu'ils parviendraient tous virtuellement aux mêmes conclusions.)

Échec particulièrement cuisant : la température de surface moyenne (et non l'anomalie) simulée par les modèles varie d'environ 3°C (5,6°F), trois fois plus que la valeur observée du réchauffement enregistré au vingtième siècle qu'ils prétendent décrire et expliquer. Et deux modèles dont la température de surface moyenne diffère autant varient forcément aussi beaucoup dans les détails. Par exemple, comme on ne peut pas régler la température à laquelle l'eau gèle (puisqu'elle est déterminée par la nature), ils optent pour des quantités de neige et de glace, donc des albédos, très différents.

Les rapports d'évaluation minimisent ce problème gênant en mettant l'accent sur la hausse de la température moyenne et en

1. Coupled Model Intercomparison Project (CMIP). "A Short Introduction to Climate Models—CMIP & CMIP6." World Climate Research Programme, 2020. https://www .wcrp-climate.org/wgcm-cmip.

affichant les changements de température calculés par chaque modèle et non pas les températures elles-mêmes. Les différences entre les membres des ensembles sont, dès lors, moins visibles ; le résultat, c'est la Figure 4.3 (adaptée du rapport AR5). Ce graphique porte sur l'anomalie de la température de surface moyenne et permet de comparer les moyennes et les amplitudes des ensembles utilisés dans les rapports AR4 et AR5 aux valeurs observées (information offerte par la Figure 1.1). La concordance entre les moyennes des ensembles et les observations semble impressionnante, mais ces résultats doivent être pris avec un peu du sel déjà mentionné au début du chapitre. Citons l'un des spécialistes de modèles climatiques les plus accomplis du monde : « Il est raisonnable de penser qu'il y a dû y avoir du réglage, implicite ou explicite, pour les modèles qui coïncident bien avec [l'évolution historique des températures].[1] Les détails de la Figure 4.3 révèlent d'ailleurs quelques autres problèmes.

Un problème particulièrement étonnant est que l'amplitude de l'ensemble du CMIP5 dans les années postérieures à 1960 est plus importante que celle des modèles du CMIP3 – autrement dit, la génération la plus récente de modèles est en fait *plus* imprécise que la précédente. Voilà une surprise de taille : les modèles étaient de plus en plus sophistiqués – avec des grilles plus fines, des paramétrisations *subgrid* plus élaborées, etc. – mais l'incertitude a augmenté au lieu de diminuer. Le fait de travailler avec de meilleurs outils et une meilleure information *aurait dû* rendre les modèles plus précis et plus cohérents les uns par rapport aux autres. Ça n'a pas été le cas. Souvenez-vous en chaque fois que vous lisez : « Les modèles prédisent… » Le fait que l'écart de leurs résultats s'amplifie est

1. Voosen, Paul. "Climate scientists open up their black boxes to scrutiny." Science, October 2016. https://science.sciencemag.org/content/354/6311/401; Held, Isaac. "73. Tuning to the global mean temperature record." Isaac Held's Blog, GFDL, Princeton University, November 28, 2016. https://www.gfdl.noaa.gov/blog_held/73 -tuning-to-the-global-mean-temperature-record/.

une preuve, pas plus mauvaise qu'une autre, que la science du climat est loin d'être établie.

FIGURE 4.3
COMPARAISON DES RÉSULTATS DES MODÈLES ET DES OBSERVATIONS DE LA TEMPÉRATURE DE LA PLANÈTE

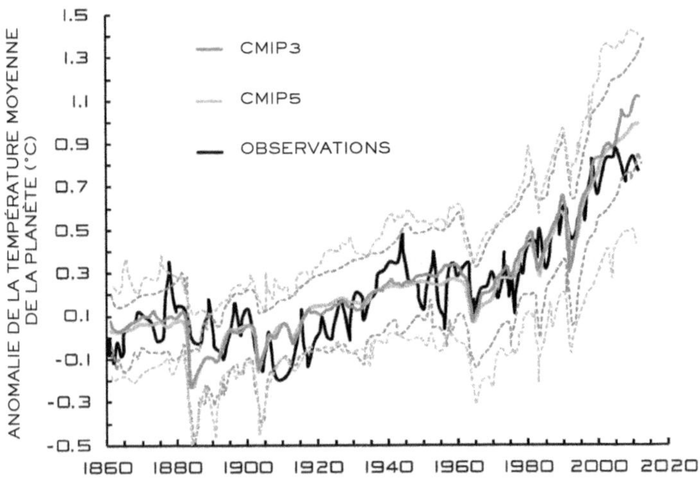

Anomalies de la température moyenne de surface simulées par les ensembles CMIP3 et CMIP5. La ligne grise continue montre les moyennes des ensembles, les lignes pointillées correspondantes montre les données de chacun de ces ensembles. La ligne noire montre les anomalies observées.[1]

Mais la Figure 4.3 révèle également un autre problème tout aussi sérieux : les ensembles n'ont pas réussi à reproduire le fort réchauffement observé entre 1910 et 1940. Durant cette période les modèles donnent en moyenne un taux de réchauffement de la moitié environ de ce qui a été observé. Comme l'a noté le GIEC en termes mesurés et assez aseptisés :

1. Adapted from IPCC Fifth Assessment Report (AR5), WGI (The Physical Science Basis), Figure 10.1.

> *Il reste difficile de quantifier la contribution respective à ce réchauffement de la variabilité interne et des forçages naturel et anthropogénique en raison des incertitudes touchant aux forçages et à la réponse du climat, ainsi qu'à une couverture observationnelle incomplète.*[1]

En clair : nous n'avons pas la moindre idée de ce qui provoque cet échec des modèles, incapables de nous dire pourquoi le climat a changé pendant les décennies en question. Et c'est profondément troublant, car le réchauffement observé au début du vingtième siècle est comparable à celui que nous avons observé à la fin du vingtième siècle, que les rapports d'évaluation attribuent avec une « confiance élevée » aux influences humaines.

La variabilité interne que le GIEC qualifie de contributeur « difficile à quantifier », comme si c'était une question mineure, est en fait un gros problème. Les observations du climat montrent clairement des phénomènes répétitifs au fil des décennies – et même des siècles. Certains d'entre eux, au moins, sont dus à des changements lents affectant les courants des océans et l'interaction entre l'océan et l'atmosphère. L'exemple le plus célèbre est El Niño (techniquement, l'oscillation El Niño sud), un changement de la température de l'eau de l'océan Pacifique qui se produit irrégulièrement, tous les deux à sept ans, et influence les schémas météorologiques du monde entier. L'AMO, pour *Atlantic Multidecadal Oscillation*, est un phénomène plus lent et moins connu qui entraîne des changements cycliques de température dans l'Atlantique nord.[2] Comme le montre la Figure 4.4, la périodicité de l'AMO, telle qu'on peut l'inférer

---

1. IPCC. AR5 WGI, 887.
2. Trenberth, Kevin, Rong Zhang, and National Center for Atmospheric Research Staff (eds.). "The Climate Data Guide: Atlantic Multi-decadal Oscillation (AMO)." NCAR—Climate Data Guide, January 10, 2019. https://climatedataguide.ucar.edu /climate-data/atlantic-multi-decadal-oscillation-amo.

à partir des températures de surface de la mer, se traduit par des cycles de soixante à quatre-vingt ans.

FIGURE 4.4
INDICE AMO (1856-2020)

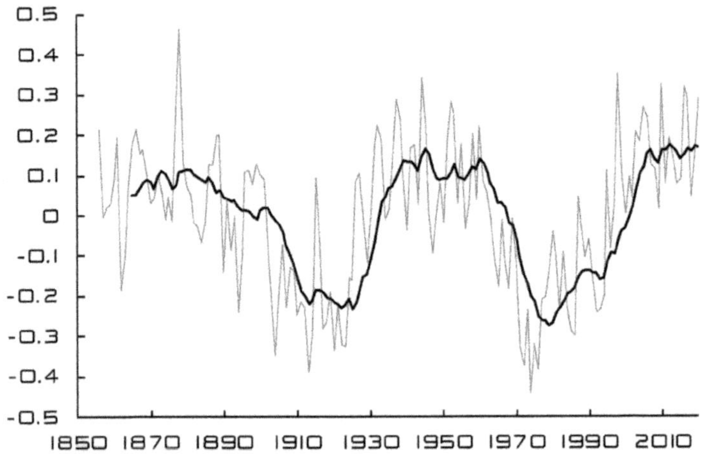

Indice de l'oscillation multidécennale atlantique (AMO), construit à partir des températures de la mer en surface dans l'Atlantique nord. La ligne noire est la moyenne glissante des dix dernières années.[1]

Il existe un phénomène cyclique similaire, même s'il n'y a pas de lien entre les deux, dans l'océan Pacifique – c'est le PDO, pour *Pacific Decadal Oscillation*, dont la périodicité est d'environ soixante ans. Comme nous ne disposons que de 150 ans d'observations fiables, les phénomènes systématiques dont la fréquence est plus longue sont moins bien connus – il pourrait y avoir (il y a même certainement) d'autres variations naturelles cycliques dont la périodicité est plus longue.

Des cycles comme ceux-ci influencent le climat régional et mondial et se surajoutent aux tendances dues aux forçages

1. Data from https://www.psl.noaa.gov/data/correlation/amon.us.long.data.

humains ou naturels comme les émissions de gaz à effet de serre et les aérosols volcaniques. Ils compliquent la tâche des chercheurs qui cherchent à distinguer, parmi les changements observés, ceux qui sont naturels de ceux qui résultent d'influences humaines. Par exemple, les pics de l'anomalie de température enregistrés en 1998 et en 2016 (cf. Fig. 1.1) sont imputables à des événements liés à El Niño particulièrement importants.

Si les modèles actuels peuvent simuler certains aspects des événements El Niño, ils peinent à reproduire la puissance, la durée, les zones habituellement concernées ou le timing des cycles plus lents. On peut lire dans l'AR5 que, si un grand nombre de modèles produisent quelque chose de similaire à l'AMO, leurs versions de ce phénomène diffèrent à de nombreux égards tant d'un modèle à l'autre que des observations. Pour en donner un exemple frappant, la périodicité des cycles de type AMO produits par les modèles s'échelonnait de quarante à cent ans, voire plus.[1] Les modèles ne parvenaient pas mieux à reproduire la variabilité multidécennale du bassin Pacifique.[2]

Et les modèles du CMIP6 qui informent l'AR6 ne sont pas meilleurs que ceux du CMIP5, au moins si l'on en juge par ces mesures. La Figure 4.5 compare les anomalies de température trouvées par les modèles du CMIP6 aux observations, comme la Figure 4.3 le faisait pour les ensembles du CMIP3 et du CMIP5. Une analyse de 267 simulations réalisées par vingt-neuf modèles différents du CMIP6 créés par dix neuf groupes de modélisation climatique de plusieurs pays montre qu'ils décrivent très mal le réchauffement observé depuis 1950 et continuent à sous-estimer son rythme au début du vingtième siècle.[3]

1. IPCC. AR5 WGI, 801.

2. IPCC. AR5 WGI, 9.5.3.6.

3. Papalexiou, S. M., C. R. Rajulapati, M. P. Clark, and F. Lehner "Robustness of CMIP6 Historical Global Mean Temperature Simulations: Trends, Long-Term Persistence, Autocorrelation, and Distributional Shape." Earth's Future, September 2020. https ://agupubs.onlinelibrary.wiley.com/doi/epdf/10.1029/2020EF001667

FIGURE 4.5
ANOMALIES DE LA TEMPÉRATURE

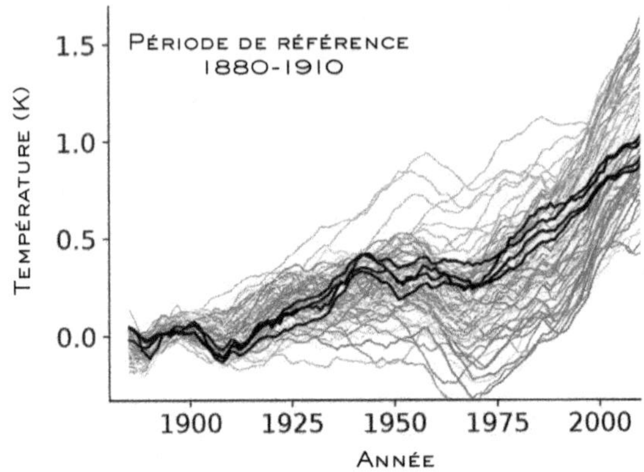

Anomalies de la température de surface moyenne d'après vingt-six modèles du CMIP6. Les lignes grises sont les tracés des modèles individuels, les lignes noires ceux de trois ensembles de données observées. Les anomalies sont relatives à la période de référence 1880-1910. Les courbes sont lissées sur des intervalles de onze ans. [1]

L'incapacité des modèles les plus récents à identifier un réchauffement suffisamment rapide au début du vingtième siècle permet de penser qu'il est possible et même probable que la variabilité interne – les flux et reflux naturels du système climatique – ait contribué de façon significative au réchauffement des dernières décennies.[2] **Cette incapacité des modèles à reproduire le passé est un immense chiffon rouge. Cela érode la confiance que l'on peut accorder à leurs projections du climat**

1. Femke, J. M., M. Nijsse, Peter M. Cox, and Mark S. Williamson. "Emergent constraints on transient climate response (TCR) and equilibrium climate sensitivity (ECS) from historical warming in CMIP5 and CMIP6 models." Earth System Dynamics 11 (2020): 737-750. https://esd.copernicus.org/articles/11/737/2020/.

2. Maher, Nicola, Flavio Lehner, and Jochem Marotzke. "Quantifying the role of internal variability in the temperature we expect to observe in the coming decades." Environmental Research Letters, May 12, 2020. https://iopscience.iop.org/article/10 .1088/1748-9326/ab7d02.

de l'avenir. En particulier, cela rend difficile de séparer le rôle de la variabilité naturelle de celui des influences humaines dans le réchauffement qui s'est produit depuis 1980.

Une mesure commune de la façon dont le système climatique réagit aux influences humaines - et une information importante que nous espérons tirer des modèles - c'est la sensibilité du climat à l'équilibre, dite ECS pour *equilibrium climate sensitivity*. Ce chiffre mesure l'augmentation de l'anomalie de la température de surface moyenne (rappelons que l'anomalie est la déviation par rapport à la moyenne attendue) dans l'hypothèse du doublement de la concentration du CO_2 par rapport à sa valeur préindustrielle de 280 ppm. Si les émissions continuaient au rythme actuel et que le cycle du carbone ne changeait pas beaucoup, cela se produirait dans le monde réel vers la fin du siècle en cours. Plus l'ECS est élevé (autrement dit, la hausse prévue de la température), plus le climat est sensible aux influences humaines (ou, au moins, à l'augmentation du CO_2).

Le « Charney report » de la National Academy a donné en 1979 une estimation de la sensibilité du climat qui peut servir de point de comparaison.[1] Cette assemblée savante a estimé que l'ECS devait se situer entre 1,5°C et 4,5°C, la valeur « la plus probable » étant de 3°C.[2] En 2007, le rapport AR4 du GIEC réduisait l'écart probable (de 2°C à 4,5°C), tout en donnant la même valeur « la plus probable » de 3°C. Sept ans plus tard, AR5 revenait à l'écart de 1,5°C à 4,5°C, mais ne donnait plus d'estimation de la valeur « la plus probable ». Nous n'avions

---

1. National Research Council. Carbon Dioxide and Climate: A Scientific Assessment. Washington, DC: The National Academies Press, 1979. https://www.nap.edu/catalog/12181 /carbon-dioxide-and-climate-a-scientific-assessment.

2. Climate Research Board. "Carbon Dioxide and Climate: A Scientific Assessment." National Academy of Sciences, 1979. https://www.bnl.gov/envsci/schwartz/charney _report1979.pdf, page 16.

donc en 2014 pas plus de certitudes sur la sensibilité climatique que nous n'en avions en 1979.

FIGURE 4.6
LA SENSIBILITÉ CLIMATIQUE DES MODÈLES DU CMIP6

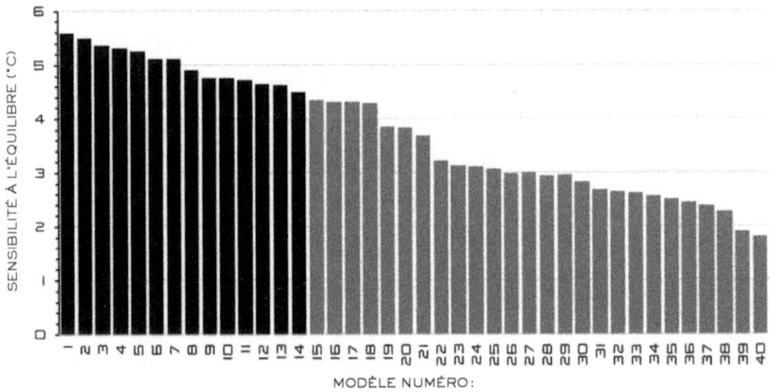

Sensibilité climatique à l'équilibre de 40 modèles de l'ensemble du CMIP6. Les modèles sont classés par ordre de sensibilité décroissante. Ceux qui sont en noir sont plus sensibles que la limite supérieure probable donnée par l'AR5.[1]

Le rapport AR6 du GIEC se fondera sur l'ensemble de modèles du CMIP6; la Figure 4.6 montre les valeurs ECS données par quarante de ces modèles dont les données ont été publiées en mai 2020. Environ le tiers d'entre eux (en noir sur la figure) débouchent sur des climats simulés *plus* sensibles que la limite supérieure vraisemblable de 4,5°C donnée antérieurement par le GIEC. Les modèles les plus sensibles concluent également à un réchauffement plus rapide[2-3] que les observa-

1. Hausfather, Zeke. "CMIP6: The Next Generation of Climate Models Explained." Carbon Brief, December 2, 2019. https://www.carbonbrief.org/cmip6-the-next -generation-of-climate-models-explained.

2. Tokarska, Katarzyna B., Martin B. Stolpe, Sebastian Sippel, Erich M. Fischer, Christopher J. Smith, Flavio Lehner, and Reto Knutti. "Past Warming Trend Constrains Future Warming in CMIP6 Models." Science Advances, March 18, 2020. https ://advances.sciencemag.org/content/6/12/eaaz9549.

3. Femke, J. M., et al. "Emergent constraints on transient climate response (TCR)."

tions réalisées au cours des décennies récentes et sont également en contradiction avec les données paléoclimatiques.[1]

Ces sensibilités plus fortes semblent provenir des représentations des nuages[2] à une échelle inférieure à celle de la grille et de leur interaction avec les aérosols.[3] Comme l'a dit l'un des chercheurs les plus affutés :

> *Les interactions entre les nuages et les aérosols sont à la limite de notre connaissance du fonctionnement du système climatique et il est difficile de modéliser ce que nous ne comprenons pas. Les chercheurs qui construisent ces modèles repoussent les limites de la compréhension humaine et j'espère que cette incertitude motivera une science nouvelle.*[4]

En d'autres termes, nous ne comprenons pas véritablement une influence sur le système climatique à peu près équivalente, en taille, à l'influence des activités humaines sur le réchauffement.

Nous ne devons pas non plus nous laisser rassurer par les modèles du CMIP6 dont les sensibilités sont plus conformes à celles de leurs prédécesseurs. Considérez cette déclaration des chercheurs qui construisent les modèles du Max Planck Institute.

---

1. Zhu, Jiang, Christopher J. Poulsen, and Bette L. Otto-Bliesner. "High Climate Sensitivity in CMIP6 Model Not Supported by Paleoclimate." Nature News, April 30, 2020. https://www.nature.com/articles/s41558-020-0764-6.

2. Zelinka, Mark D., Timothy A. Myers, Daniel T. McCoy, Stephen Po-Chedley, Peter M. Caldwell, Paulo Ceppi, Stephen A. Klein, and Karl E. Taylor. "Causes of Higher Climate Sensitivity in CMIP6 Models." Geophysical Research Letters, January 16, 2020. https://agupubs.onlinelibrary.wiley.com/doi/full/10.1029/2019GL085782.

3. Meehl, Gerald A., Catherine A. Senior, Veronika Eyring, Gregory Flato, Jean-Francois Lamarque, Ronald J. Stouffer, Karl E. Taylor, and Manuel Schlund. "Context for Interpreting Equilibrium Climate Sensitivity and Transient Climate Response from the CMIP6 Earth System Models." Science Advances, June 1, 2020. https://advances .sciencemag.org/content/6/26/eaba1981.

4. National Center for Atmospheric Research. "Increased Warming in Latest Generation of Climate Models Likely Caused by Clouds." Phys.org, June 24, 2020. https ://phys.org/news/2020-06-latest-climate-clouds.html.

> *Nous avons documenté la façon dont nous avons réglé le modèle de climat mondial MPI-ESM1.2 pour qu'il corresponde au réchauffement enregistré par les instruments ; cet effort a manifestement été couronné de succès. En raison de l'ordre historique des évènements, nous avons choisi de le faire pratiquement en visant un ECS d'environ 3K [3°C] en utilisant les feedbacks des nuages au lieu de régler le forçage par aérosol.*[1]

Autrement dit, les chercheurs ont réglé leur modèle pour que sa sensibilité aux gaz à effet de serre soit ce qu'ils pensaient qu'elle devait être. Vous avez dit bricolage ?

L'une des raisons pour lesquelles la sensibilité climatique est si imprécise, c'est que les aérosols provoquent généralement un refroidissement qui annule partiellement (ou masque) le réchauffement dû aux gaz à effet de serre. C'est évident dans la Figure 4.7, qui montre comment se comportent les anomalies de température de l'ensemble de modèles du CMIP6 quand les simulations sont conduites avec des forçages différents. Les gaz à effet de serre, à eux tout seuls, ont provoqué un réchauffement de 1,5°C depuis 1900, partiellement compensé par un refroidissement d'environ 0,6°C dû aux aérosols résultant des activités humaines (les variations solaires et les aérosols volcaniques n'ont guère d'effet à long terme). La courbe « historique » correspond à l'ensemble avec tous les forçages, naturels et causés par l'homme, qui ont joué un rôle. On voit l'impact refroidissant d'éruptions volcaniques particulièrement importantes, en particulier celle de l'Agung en 1963 et celle du Pinatubo en 1991 ; l'absence du réchauffement observé entre 1910 et 1940 est également évidente dans les simulations historiques.

---

1. Mauritsen, Thorsten, and Erich Roeckner. "Tuning the MPI-ESM1.2 Global Climate Model to Improve the Match with Instrumental Record Warming by Lowering Its Climate Sensitivity." Journal of Advances in Modeling Earth Systems 12 (2020): e2019MS002037. https://agupubs.onlinelibrary.wiley.com/doi/full/10.1029 /2019MS002037

FIGURE 4.7

ANOMALIES DE LA TEMPÉRATURE MOYENNE MONDIALE

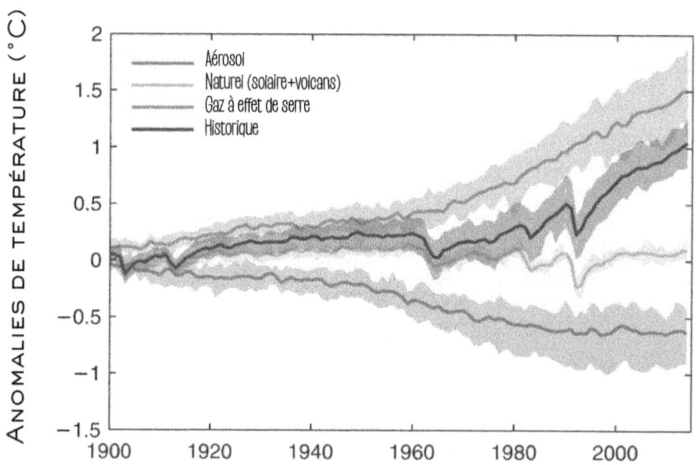

Anomalies de la température moyenne mondiale dans les modèles CMIP6 avec divers forçages naturels et résultant des activités humaines. Les lignes continues indiquent les moyennes de l'ensemble, les zones grisées révèlent un intervalle d'incertitude de 17 à 83 pour cent.[1]

En raison de ce refroidissement important, mais incertain, causé par les aérosols, un modèle comportant une sensibilité élevée tant aux aérosols qu'aux gaz à effet de serre pourrait décrire l'évolution historique à peu près aussi bien qu'un autre modèle comportant des sensibilités beaucoup plus faibles. Quand l'influence des gaz à effet de serre s'accentuera et sera dominante dans les décennies à venir (les aérosols sont une source importante de pollution locale de l'air, leur réduction

1. Reprinted with permission of AAAS from Tokarska, Katarzyna B., Martin B. Stolpe, Sebastian Sippel, Erich M. Fischer, Christopher J. Smith, Flavio Lehner, and Reto Knutti. "Past Warming Trend Constrains Future Warming in CMIP6 Models." Science Advances 6 (2020): eaaz9549. https://advances.sciencemag.org/content/6/12 /eaaz9549 © The Authors, some rights reserved; exclusive licensee American Association for the Advancement of Science. Distributed under a Creative Commons Attribution NonCommercial License 4.0 (CC BY-NC) http://creativecommons.org /licenses/by-nc/4.0/.

est une priorité partout), les estimations de l'ECS pourraient devenir plus précises.

Une façon très différente d'estimer la sensibilité du climat est de comparer l'augmentation de la température au cours des 140 dernières années aux forçages humains et naturels. Par exemple, comparer l'augmentation d'environ 1°C de la température depuis 1900 (Cf. Figure 1.1) à l'augmentation d'environ 2 W/m^2 du forçage total durant la même période (Cf. Figure 2.4) permet d'estimer à quel point le climat est sensible aux influences externes. Une telle approche est beaucoup plus simple et plus transparente que les modèles détaillés reposant sur des grilles (inutile d'avoir recours à des supercalculateurs !). Mais cette méthode présente ses propres difficultés – mis à part les incertitudes des températures et des influences, tant humaines que naturelles, il faut considérer la variabilité interne, ainsi que le décalage entre le forçage et la réponse climatique (les océans ne se réchauffent que lentement). Néanmoins, une fois que ces facteurs sont pris en compte, les sensibilités obtenues grâce à ces analyses du budget énergétique sont nettement plus faibles (les valeurs se situent à environ 1,5°C) que les valeurs données par les ensembles CMIP.[1]

Une étude co-signée par vingt auteurs et publiée en juillet 2020 combinait les deux approches (en y ajoutant quelques observations et informations paléoclimatologiques) dans l'espoir de cerner la sensibilité du climat.[2] Les auteurs avaient trouvé que l'ECS devait se situer entre 2,6 et 4,1°C – différence inférieure de moitié à celle de l'estimation fournie par l'AR5

1. Lewis, Nicholas, and Judith Curry. "The Impact of Recent Forcing and Ocean Heat Uptake Data on Estimates of Climate Sensitivity." Journal of Climate 31 (2018): 6051-6071. https://journals.ametsoc.org/jcli/article/31/15/6051/92230/The-Impact-of -Recent-Forcing-and-Ocean-Heat-Uptake.

2. Sherwood, S. C., M. J. Webb, J. D. Annan, K. C. Armour, P. M. Forster, J. C. Hargreaves, et al. "An assessment of Earth's climate sensitivity using multiple lines of evidence." Reviews of Geophysics 58 (2020): e2019RG000678. https://agupubs.onlinelibrary.wiley.com /doi/full/10.1029/2019RG000678.

(1,5 à 4,5°C) – ce qui veut dire que les valeurs extrêmement faibles ou extrêmement élevées étaient considérées comme moins probables.

Il faudra encore beaucoup travailler pour comprendre précisément à quel point le climat est sensible à diverses influences ; ce serait extraordinaire si l'on parvenait à la conclusion que le climat est beaucoup moins (ou beaucoup plus) sensible qu'on ne le suppose aujourd'hui.

La modélisation climatique laisse donc gravement à désirer. En dehors de la lourdeur technique de simulations qui peuvent prendre des mois sur les ordinateurs les plus puissants et les plus rapides du monde, citons l'ambiguïté des réglages, l'incapacité à quantifier la variabilité naturelle, et nombre de problèmes délicats comme l'équilibre plus ou moins précaire entre le réchauffement dû aux gaz à effet de serre et le refroidissement provoqué par les aérosols. Il n'est, dès lors, pas étonnant que nous ne sachions pas vraiment comment le climat réagira à des concentrations croissantes de gaz à effet de serre. Plus nous en apprenons sur le système climatique, plus nous réalisons à quel point il est complexe.

Les médias grand public évoquent rarement les faiblesses et les limites de nos modèles climatiques. Mais on peut parfois les entrevoir, si l'on fait bien attention. Ils apparaissent par exemple dans l'évaluation des effets de diverses stratégies, comme celle d'augmenter délibérément la réflectivité de la terre (son albédo) pour contrebalancer le réchauffement dû aux gaz à effet de serre – nous reviendrons au chapitre 14 sur ce type de « geoengineering ». Citons un rapport récent des Académies nationales :

> *Les incertitudes de la modélisation du changement climatique et des conséquences de la modification de l'albédo rendent aujourd'hui impossible de fournir des indications quantitatives fiables sur les risques relatifs, les conséquences et les bénéfices*

> *de la modification de l'albédo sur le système terrestre dans son ensemble, sans parler des bénéfices et des risques pour des régions spécifiques de la planète.*[1]

Si les « incertitudes de la modélisation » signifient que ces modèles sont incapables de nous donner des informations utiles sur les résultats d'une éventuelle modification de l'albédo, on voit mal pourquoi ils prédiraient mieux la réaction à d'autres influences humaines. Après tout, ce sont les mêmes modèles que ceux dont nous avons parlé dans ce chapitre, avec quelques modifications mineures (par exemple, diminuer de 1 % l'intensité du rayonnement solaire ou ajouter un peu d'aérosol dans la haute atmosphère) pour simuler le changement d'albédo.[2] Il est néanmoins difficile d'imaginer une affirmation comme celle qu'on vient de lire, en remplaçant la modification de l'albédo par celle des gaz à effet de serre. Voilà ce que cela donnerait :

> *Les incertitudes de la modélisation du changement climatique et des conséquences des futures émissions de gaz à effet de serre rendent aujourd'hui impossible de fournir des indications quantitatives fiables sur les risques relatifs, les conséquences et les bénéfices de l'augmentation des gaz à effet de serre sur le système terrestre dans son ensemble, sans parler des bénéfices et des risques pour des régions spécifiques de la planète.*

Je pense qu'on ne verra jamais ce genre d'affirmation dans les rapports du GIEC.

Comme ces derniers le précisent toujours eux-mêmes, les modèles sont le meilleur outil dont nous disposions et ils

---

1. National Research Council of the National Academies. Climate Intervention: Reflecting Sunlight to Cool Earth: "Comparison of Some Basic Risks Associated with Albedo Modification." The National Academies Press, 2015. https://www.nap.edu /read/18988/chapter/4#39.

2. Kravitz, B., A. Robock, S. Tilmes, O. Boucher, J. M. English, P. J. Irvine, A. Jones, et al. "The Geoengineering Model Intercomparison Project Phase 6 (GeoMIP6): simulation design and preliminary results." Geosci. Model Dev. 8 (2015): 3379-3392. https ://gmd.copernicus.org/articles/8/3379/2015/

se perfectionnent sans cesse. Mais ils sont encore, à l'heure actuelle, aux prises avec des myriades de problèmes. Comme tout le monde, j'aimerais qu'ils s'améliorent.

CHAPITRE 5

LA CHALEUR ET LES MÉDIAS EN ÉBULLITION

Aujourd'hui, les présentateurs de la météo se sont mués en présentateurs du *climat* et de la météo, imputant au dérèglement climatique nombre des événements météorologiques graves qu'ils évoquent. À la vérité, il est désormais *de rigueur*(en français dans le texte)* pour les médias, les hommes politiques et même certains scientifiques de pointer du doigt les influences humaines, présentées comme la cause des vagues de chaleur, sécheresses, inondations, tempêtes et toute autre catastrophe redoutée par le public. C'est du gâteau : le reportage sur les lieux du drame est frappant – souvent même émouvant – et notre mémoire défaillante rend le « sans précédent » tout à fait convaincant.

Ce n'est pas ce que nous dit la science. Les observations effectuées sur un siècle entier indiquent que la plupart des événements météorologiques extrêmes ne révèlent *aucun* changement significatif – certains étant même en fait moins fréquents ou moins sévères – alors même que les activités humaines exercent une influence croissante sur le climat. En règle générale, les tentatives de détecter les tendances des météos extrêmes s'accompagnent de hauts niveaux d'incertitude. Voici quelques extraits (peut-être surprenants) du rapport du WG1, premier groupe de travail du GIEC, dans l'AR5, indiquant ce que nous savons (ou ne savons pas) concernant certaines de ces tendances :

- « .... *Faible confiance* concernant le signe de la tendance en termes de magnitude et/ou de fréquence des inondations à l'échelle mondiale. »[1]
- « .... *Faible confiance* concernant la tendance observée à l'échelle mondiale de la sécheresse ou de la raréfaction des pluies depuis le milieu du 20e siècle... »[2]
- « .... *Faible confiance* concernant les tendances de phénomènes météorologiques sévères à échelle réduite comme la grêle et les orages... »[3]
- « .... La *confiance* concernant les changements de l'intensité des phénomènes à grande échelle comme les cyclones extratropicaux extrêmes depuis 1900 est *faible.* »[4]

De nombreuses raisons expliquent cette faible confiance accordée par la science à la détection de changements affectant les événements météorologiques extrêmes avant de les attribuer aux influences humaines. Nous les avons déjà toutes évoquées : données historiques de médiocre qualité, portant sur une courte période ; grande variabilité naturelle, influences naturelles déconcertantes et contradictions entre les nombreux modèles utilisés. Malgré cette absence de preuves de changements notables, les médias entretiennent néanmoins un flot d'« informations » connectant les événements météorologiques au climat – en s'appuyant en particulier sur les « études d'attribution des événements », constituant désormais une branche de plus en plus importante de la climatologie.[5]

1. IPCC. AR5 WGI Section 2.6.2.2.
2. IPCC. AR5 WGI Section 2.6.2.3.
3. IPCC. AR5 WGI Section 2.6.2.4.
4. IPCC. AR5 WGI Section 2.6.4.
5. National Academies of Sciences, Engineering, and Medicine. 2016. Attribution of Extreme Weather Events in the Context of Climate Change. The National Academies Press. https://www.nap.edu/catalog/21852/attribution-of-extreme-weather-events -in-the-context-of-climate-change.

Voici comment fonctionnent ces études d'attribution : après un évènement climatique extrême – tempête, inondation, sécheresse ou vague de chaleur – les chercheurs combinent la modélisation climatique et les observations historiques pour tenter de déterminer le rôle des influences humaines (en général vues comme un facteur du réchauffement) dans sa survenue ou dans sa sévérité. Chaque fois que vous voyez un article après un ouragan ou un évènement similaire affirmant que le changement climatique (traduire changement climatique causé par les activités humaines) a rendu l'évènement x fois plus probable ou y fois plus sévère, vous voyez le résultat d'une étude d'attribution.[1-2] Sans surprise, les études d'attribution se focalisent presque toujours sur les désastres météorologiques et non sur des événements bénins.

Inutile, sans doute, de préciser que ces études posent de multiples problèmes. De nombreux facteurs contribuent aux évènements extrêmes et il est forcément très difficile d'isoler le résultat des influences humaines dans tel ou tel cas. Le sommaire du chapitre 3 du rapport spécial sur les évènements extrêmes (SREX) publié en 2012 par le GIEC pose bien le problème :

> *De nombreux extrêmes météorologiques et climatiques résultent de la variabilité naturelle (dont des phénomènes comme El Niño) et des variations climatiques décennales ou multidécennales servent de toile de fond aux changements climatiques anthropogéniques [causés par l'homme]. Même si ces derniers n'existaient pas, une large variété d'événements météorologiques ou climatiques extrêmes se produiraient tout de même.*[3]

1. Fountain, Henry. "Scientists Link Hurricane Harvey's Record Rainfall to Climate Change." New York Times, December 13, 2017. https://www.nytimes.com/2017/12/13 /climate/hurricane-harvey-climate-change.html.

2. Risser, M. D., and M. F. Wehner. "Attributable human-induced changes in the likelihood and magnitude of the observed extreme precipitation during Hurricane Harvey." Geophysical Research Letters 44 (2017): 12, 457-12, 464. https://agupubs onlinelibrary.wiley.com/doi/full/10.1002/2017GL075888.

3. Intergovernmental Panel on Climate Change (IPCC). 2012. Managing the Risks of Extreme Events and Disasters to Advance Climate Change

L'Organisation Météorologique Mondiale va encore plus loin :

> *... Dans l'état actuel des connaissances scientifiques, aucun évènement individuel, comme un cyclone tropical sévère [ouragan ou typhon], ne saurait être attribué à un changement climatique induit par les activités humaines.*[1]

À en croire les praticiens, les études d'attribution sont le meilleur outil dont dispose la climatologie pour établir le lien entre la météorologie et le changement climatique. Mais en tant que physicien, je suis effaré que l'on ajoute foi à de telles études et atterré que les médias les publient. Ce qui caractérise la science, c'est que les conclusions sont systématiquement confrontées aux observations. Or c'est virtuellement impossible dans le cas des études d'attribution. C'est comme si une cartomancienne vous disait que son influence vous a aidé à gagner au Loto – après coup. La seule façon de vérifier cette prétention extraordinaire serait de jouer de nombreuses fois avec son aide (qui vous coûterait sans doute fort cher !) et de voir si vous gagnez plus que prévu. Les données sont la pierre angulaire de la science ; la seule façon crédible de vérifier l'attribution des événements météorologiques extrêmes serait de voir si leurs propriétés statistiques ont changé – éliminant du même coup la nécessité même des études d'attribution.

Conclusion : la science affirme que les événements météorologiques les plus extrêmes ne s'inscrivent dans aucune tendance à long terme pouvant être attribuée à des influences humaines. (Ce que les modèles peuvent prévoir en termes de futurs extrêmes est une affaire tout à fait différente, même s'il est fréquent qu'ils confondent prévisions et observations). Il n'en demeure pas moins que la perception populaire selon laquelle

---

Adaptation. Cambridge and New York: Cambridge University Press. https://www.ipcc.ch/site/assets/uploads /2018/03/SREX_Full_Report-1.pdf.

1. World Meteorological Society. Frequently Asked Questions (FAQ). Accessed November 20, 2020. https://www.wmo.int/pages/prog/wcp/ccl/faq/faq_doc_en.html.

les événements extrêmes sont de plus en plus fréquents et de plus en plus sévères reste bien ancrée. Ce n'est pas seulement le résultat de la multiplication des études d'attribution des événements, ni même du fait que les médias déforment le message – mais aussi parce que les rapports officiels ne sont pas transparents et parfois même pas exacts, sur ce que la science dit véritablement.

Dans les prochains chapitres, nous évoquerons la preuve spécifique de plusieurs phénomènes (dont certains événements météorologiques extrêmes) communément attribués au changement climatique causé par les activités humaines. Commençons, dans le présent chapitre, par un sujet qui apporte un éclairage intéressant sur la différence entre la perception populaire des événements extrêmes et la science. Il suffit en l'occurrence d'un minimum de science du climat pour illustrer la façon équivoque dont la science est présentée aux non-experts, y compris via des analyses factices, une présentation fallacieuse des résultats, des processus de révision incomplets et l'exagération des médias. C'est un sujet qui retient énormément l'attention : les températures record.

Tout le monde est d'accord : depuis plusieurs décennies, il fait plus chaud, partout dans le monde. Voici une autre citation du rapport AR5 du GIEC :

> *Depuis les années 1950, il est* très probable *que le nombre de journées et de nuits froides a diminué tandis que celui des journées et des nuits chaudes augmentait… On peut affirmer avec une* confiance moyenne *que globalement, la durée et la fréquence des périodes chaudes, y compris les vagues de chaleur, ont augmenté depuis le milieu du 20e siècle.*[1]

Quand la science évoque des périodes chaudes plus longues ou plus fréquentes comme les vagues de chaleur, elle inspire une

1. IPCC. AR5 WGI Section 2.6.1.

tiède « confiance moyenne », mais la mention d'une tendance générale au réchauffement des températures obtient du GIEC la mention « très probable », autrement dit le GIEC estime qu'il n'y a que dix pour cent de chances pour que ce ne soit pas exact.

Néanmoins, la perception publique selon laquelle les canicules *extrêmes* sont plus fréquentes – alimentée par des grands titres comme « Les records de température journalière se multiplient, le globe rôtit ! » – est tout simplement infondée. **Aux États-Unis, pays dont les données météorologiques sont les plus abondantes et les plus qualitatives, les records de froid sont effectivement plus rares, mais les records de chaleur ne sont pas plus fréquents qu'il y a cent ans.**

Les gros titres sur les records de chaleur (souvent flanqués de visuels de thermomètres écarlates et de paysages désertiques) ne sortent cependant pas de nulle part. Le rapport d'évaluation le plus récent du gouvernement américain, le Climate Science Special Report (CSSR), publié en 2017, est non seulement fallacieux, mais carrément erroné sur ce point. Je l'affirme, pour reprendre le jargon des rapports d'évaluation, avec *une confiance très élevée*, grâce à une enquête que j'ai menée au printemps 2019. Il en est sorti une illustration troublante de la façon dont on trompe les non-spécialistes et dont on présente la science dans le but de persuader et non d'informer. En fait, la synthèse présentant le rapport du CSSR affirme page 19 (bien en évidence et avec *une confiance très élevée*) :

> *Il y a eu des changements marqués dans les températures extrêmes relevées dans les états contigus des États-Unis. Le nombre de records de chaleur établis au cours des vingt dernières années dépasse de loin celui des records de froid.*

Et, pour conforter cette affirmation, elle l'illustre (Figure 5.1 ici, ES. 5 dans le rapport)

Les barres noires désignent une année au cours de laquelle il y a eu plus de records de chaleur que de froid, les barres grises les années au cours desquelles il y a eu plus de records

FIGURE 5.1
LES RECORDS DE CHALEUR DES TEMPÉRATURES JOURNALIÈRES SONT PLUS FRÉQUENTS

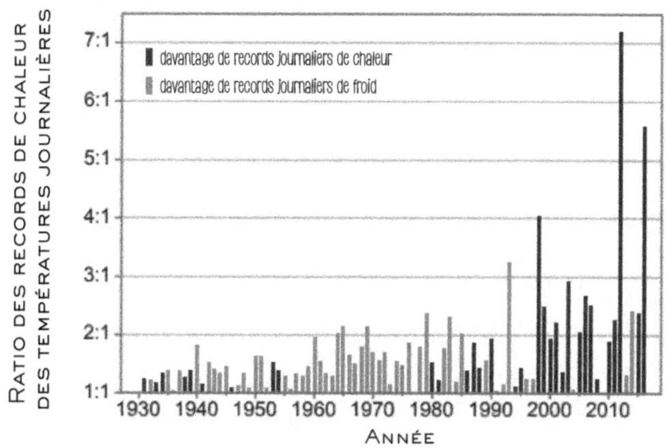

Ratio du nombre de records journaliers de chaleur sur le nombre de records journaliers de froid dans quarante-huit états contigus de 1930 à 2017.[1] (Figure ES.5 du CSSR)

de froid que de chaleur. La hauteur de la barre indique le ratio des records de chaleur sur les records de froid chaque année. Par exemple, un ratio de 2:1 pour une barre grise signifie que les stations météo ont enregistré deux fois plus de records journaliers de froid que de records journaliers de chaleur cette année-là.

Je suppose que la plupart des lecteurs ont été choqués par cette figure, comme je l'ai été la première fois que je l'ai vue. Qui ne le serait ? Un titre accrocheur (Les records de chaleur des températures journalières sont plus fréquents) étayé par des données en forte hausse au cours des années récentes (et, dans l'original, les années de records de chaleur étaient d'un rouge écarlate alarmant). À regarder ce graphique, on jurerait vraiment que les températures crèvent le plafond.

1. USGCRP. Climate Science Special Report: Fourth National Climate Assessment, Volume I: Executive Summary, Figure 5.

Mais j'ai été troublé par une contradiction apparente entre cette figure et d'autres, plus loin dans le rapport, particulièrement celle que reproduit ici la Figure 5.2. Cette dernière montre que la température moyenne la plus froide de l'année a clairement augmenté, alors que la température moyenne la plus chaude n'a pratiquement pas changé au cours des soixante dernières années et est à peu près la même aujourd'hui qu'en 1900. (Si vous regardez le graphique des températures les plus élevées (à droite), vous voyez aussi les années chaudes du « Dust Bowl », autour de 1930, époque à laquelle des pratiques agricoles trop intensives sur des emblavures beaucoup plus vastes dans les grandes plaines avaient augmenté la variabilité naturelle.)

FIGURE 5.2

TEMPÉRATURES LES PLUS FROIDES (À GAUCHE) ET LES PLUS CHAUDES (À DROITE) DE L'ANNÉE DEPUIS 1900, EN MOYENNE DANS LES QUARANTE-HUIT ÉTATS CONTIGUS DES ÉTATS-UNIS.

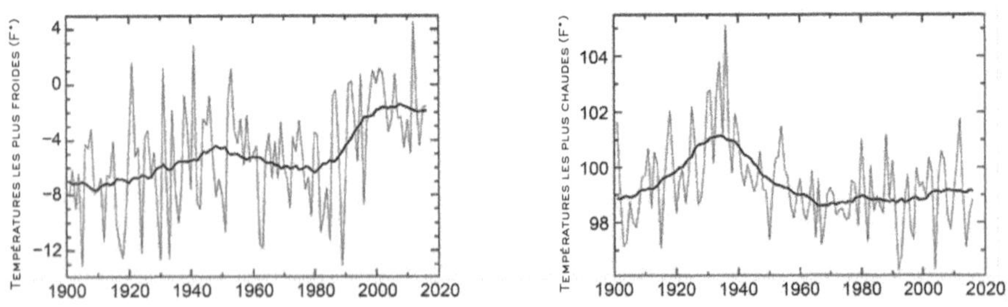

Les lignes grises, en zig-zag, indiquent les valeurs année par année, tandis que les lignes noires indiquent la température lissée. (Figure 6.3. du CSSR)[1]

Ces températures record moyennes annuelles ne sont évidemment pas la même chose que les températures journalières record enregistrées dans les stations météorologiques du

1. USGCRP. Climate Science Special Report: Fourth National Climate Assessment, Volume I: Chapter 6: Temperature Changes in the United States, Figure 6.3.

territoire pour construire la Figure 5.1. Mais il semblait certainement possible que les ratios de records de chaleur sur les records de froid de la Figure 5.1 aient augmenté non parce que les records de chaleur étaient plus fréquents, mais parce que les températures les plus basses s'élevant, le dénominateur du ratio (nombre de records journaliers de froid) diminue alors que le numérateur (le nombre de records journaliers de chaleur) n'a pratiquement pas changé au cours des dernières décennies.

Les contradictions, c'est du gâteau pour un scientifique. Les résoudre peut conduire à des découvertes majeures – et j'étais bien décidé à aller jusqu'au bout de celle-ci. Dans ce but, j'ai commencé par regarder les comptes-rendus de recherche décrivant la façon dont le CSSR déterminait l'incidence des extrêmes journaliers de température.[1-2] J'y ai constaté que la méthode consistait à compter les « records courants », c'est-à-dire à noter un record de chaleur journalière pour une station donnée, un jour de l'année donné, si la température, ce jour-là, dépasse celle de toutes les années antérieures. (De la même manière, un record de froid est enregistré si la température, ce jour-là, est plus basse que la température minimale, ce même jour, de toutes les années antérieures.) C'est le genre de record que l'on vous annonce quotidiennement au bulletin météo.

Mais il y a une autre manière de comptabiliser les records, illustrée par la Figure 5.3 pour les températures élevées. Dans une station donnée, à un jour donné de l'année, un « record courant » de chaleur est établi chaque année où la température maximale est supérieure à celle de toutes les années précédentes. Il y en a donc beaucoup durant une période d'observation (par exemple, dans la Figure 5.1, la période comprise

---

1. Meehl, G. A., C. Tebaldi, G. Walton, D. Easterling, and L. McDeaniel. "Relative increase of record high maximum temperatures compared to record low minimum temperatures in the U.S." Geophysical Research Letters 36, (2009): L23701.

2. Meehl, G. A., C. Tebaldi, and D. Adams-Smith. "US daily temperature records past, present, and future." Proceedings of the National Academy of Sciences, 2016.

entre 1930 et l'époque actuelle). Par contraste, un « record absolu » ne se produit qu'une seule fois durant une période d'observation, l'année où la température journalière la plus élevée a été enregistrée.

FIGURE 5.3
DIFFÉRENCE ENTRE RECORDS COURANTS ET RECORD ABSOLU

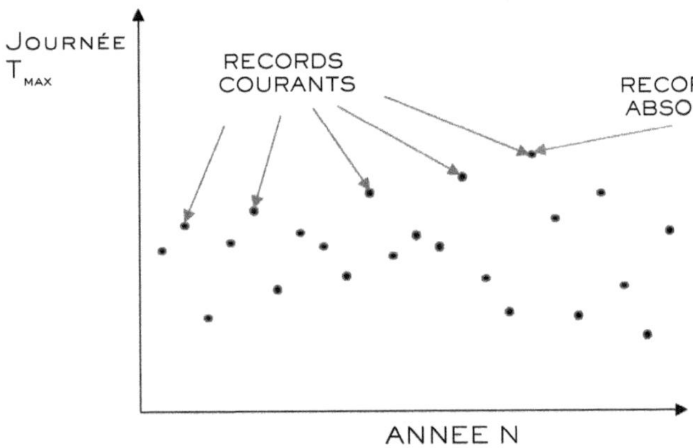

Différence entre records courants et record absolu, illustré par la température journalière la plus élevée dans une seule station. Chacun des records courants est plus élevé que celui de toutes les années antérieures, tandis que seul le record absolu est le plus élevé de toutes les années.

J'ai vite compris que les records courants posent un gros problème – ils tendent à s'espacer à mesure que les années passent car comme chaque nouveau record « monte la barre » un peu plus haut, il devient plus difficile d'en établir un nouveau. Réfléchissez-y : deux ans après le début de la période d'observation, il suffisait à une température journalière d'être plus élevée qu'en 1930 et 1931 pour être un « record de chaleur ». En 1980, il faut que la température soit plus élevée qu'aucune autre température enregistrée ce jour-là depuis cinquante ans. Et en fait, le déclin du nombre de records courants est bien visible sur la Figure 5.4, qui apparaît dans une référence citée par le CSSR.[1] La ligne noire montre le déclin attendu même en l'absence de tendance dans les données – par exemple, si les températures les plus basses ne s'élevaient pas, on s'attendrait à ce que l'incidence annuelle des records courants (les points sur notre figure) suive de près cette courbe descendante (d'un autre côté, si les températures basses baissaient fortement, elles seraient au-dessus de la courbe). On le voit, le nombre de records de chaleur et celui des records de froid déclinent tous deux vertigineusement entre 1930 et l'époque actuelle, le nombre de records de froid déclinant encore plus vite – ce qui explique que le ratio des records de chaleur sur les records de froid soit plus élevé au cours des années récentes, même si les deux types de record sont beaucoup moins fréquents que par le passé.

FIGURE 5.4

NOMBRE DE RECORDS DE TEMPÉRATURES JOURNALIÈRES EXTRÊMES AUX ÉTATS-UNIS

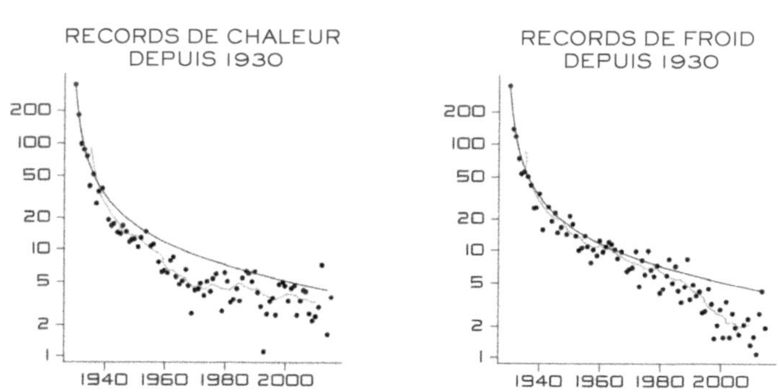

Nombre de records de températures journalières extrêmes aux États-Unis, calculé avec la méthode du « record courant » utilisée par le CSSR. Les points représentent l'incidence des températures record (élevées à gauche, basses à droite), la ligne grise étant la moyenne courante sur onze ans. La ligne noire montre le déclin attendu s'il n'y avait aucune tendance en matière de température.

1. Meehl, et al. "US daily temperature records past, present, and future."

Mais le graphique de ratios du CSSR (notre Figure 5.1) présente un autre problème : la méthode des records courants garantit une tendance plate les premières années, suivie plus tard de fluctuations spectaculaires.

Pour le voir, pensez à la seconde année de l'analyse (1931). Chacun des 365 jours de cette année-là, chaque station qui enregistre une température supérieure même d'un seul degré à celle enregistrée le même jour l'année précédente classera celle-ci comme « record de chaleur », ce que ne feront pas les stations enregistrant une température plus basse. Nous supposerons que le CSSR a utilisé 1 400 stations météorologiques (il ne précise pas ce chiffre, mais l'analyse de 2016[1] en avait utilisé 1408) ; comme la barre est basse pour établir un record et en raison des fluctuations aléatoires des variations de température, environ la moitié des stations enregistreront une température plus élevée ou plus basse que celle de l'année précédente, de sorte que 255 500 records de chaleur (365 × 1400/2) seront enregistrés cette année-là. Il en ira de même pour les records de froid, de sorte que le ratio des records de chaleur sur les records de froid sera proche de 1 en 1931 (et dans les quelques années suivantes). Comme il s'agit de grands nombres (ils le resteront les premières années), le ratio restera proche de 1/1 au début de la période d'observation. Cependant, au fil des années suivantes, à mesure que la barre s'élève pour établir un nouveau record, le nombre de records diminue beaucoup, de sorte que le ratio fluctue beaucoup plus. Le résultat, c'est qu'en utilisant la méthode des records courants, il est certain que la courbe des ratios montrera une longue période de valeurs proches de 1 au début de la période analysée, suivie de variations spectaculaires en fin de période, créant ainsi une impression de grands changements au cours des décennies les plus récentes, même si ce n'est pas le cas. Cela produit un visuel terrifiant, mais ce ratio n'a pratiquement rien à voir avec la façon dont les températures évoluent effectivement.

1. Meehl, et al. "US daily temperature records past, present, and future."

Ayant compris que la présentation du CSSR des records de température journalière était terriblement fallacieuse, j'ai naturellement voulu savoir ce que révèlerait une analyse convenable – utilisant les records absolus. J'avais également envie de savoir ce qui s'était passé, en termes de records absolus, avant 1930, car il était certainement possible d'accéder à des observations réalisées avant 1900.

Pour répondre moi-même à ces questions, il eût fallu que je commence à zéro, que je télécharge une grande quantité de données des stations météorologiques américaines, que je les nettoie, et que j'écrive le code permettant d'analyser les données. Mais l'avantage d'avoir un vaste réseau de contacts dans le monde scientifique, c'est que j'arrive presque toujours à trouver quelqu'un pour faire telle ou telle analyse plus vite (et mieux) que je ne pourrais la faire moi-même : j'ai donc contacté le professeur John Christy, de l'université de l'Alabama, à Hunstville, que j'avais rencontré lorsqu'il avait participé au groupe de travail de l'APS en 2014. John a accès à une vaste mine d'observations des stations météorologiques américaines et il excelle à les analyser de diverses manières. Il s'est très vite mis au travail.

Les chercheurs rigoureux veillent toujours à être capables de reproduire les résultats existants avant de s'attaquer à quelque chose de nouveau. C'était particulièrement important dans notre cas, puisque John ne m'a pas cru, au départ, quand je lui ai parlé des problèmes posés par la méthode des records courants utilisée par le CSSR. Il a donc commencé par démontrer qu'il pouvait reproduire la Figure ES.5 du CSSR avec ses propres données. Ensuite, il a procédé à une analyse en utilisant la méthode normale des « records absolus ». Les pointages de ces records absolus n'ont pas la diminution structurelle de la méthode des records courants ; si leur nombre varie de façon significative pendant la période d'observation, c'est à cause d'une tendance affectant les températures elles-mêmes.

L'analyse de Christy des records absolus de chaleur et de froid utilise les données de 725 stations météorologiques américaines à partir de 1895. C'est à peu près la moitié du nombre de stations utilisées par l'analyse du CSR à partir de 1930, car les stations disposant de données de qualité en remontant jusqu'à 1895 sont moins nombreuses. Ses résultats sont néanmoins très convaincants, comme le montre la Figure 5.5.

FIGURE 5.5
NOMBRE DE RECORDS DE TEMPÉRATURES JOURNALIÈRES EXTRÊMES AUX ÉTATS-UNIS

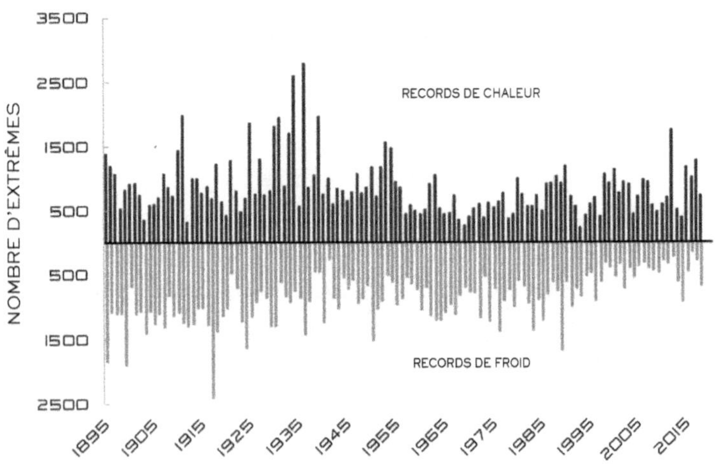

Nombre de records de températures journalières extrêmes aux États-Unis relevés dans 725 stations météorologiques américaines de 1895 à 2018, calculé par la méthode des «absolus». On voit en haut le nombre de records de chaleur (par 100000 observations) chaque année, en bas le nombre de records de froid.

Les records de chaleur révèlent clairement que les années 1930 ont été chaudes, mais il n'y a pas de tendance significative durant les 120 années d'observation, ni même depuis 1980, quand les influences humaines se sont fortement accrues. Par contraste, le nombre de records de froid des températures journalières décline sur plus d'un siècle et cette tendance s'accélère après 1985. **Ensemble, ces deux diagrammes montrent quelque chose de totalement contraire à la perception commune – à**

savoir que les températures extrêmes dans les états américains contigus sont moins fréquents et un peu moins marquées depuis la fin du dix-neuvième siècle.

Le sommaire du rapport du CSSR accorde pourtant une place importante au fallacieux graphique des ratios (notre Figure 5.1), avec la légende : « Les records de chaleur journalière sont plus fréquents que par le passé ». Même si, charitablement, vous dites que les auteurs ont oublié d'ajouter « … par comparaison avec les records de froid », il est incontestable que cette présentation est excessivement tendancieuse, surtout accompagnée du texte consacré aux températures extrêmes. Quand le graphique apparaît à nouveau dans le chapitre 6 du rapport, c'est à côté d'un texte affirmant que « le nombre de records de froid décline depuis la fin des années 1970 tandis que le nombre de records de chaleur augmente. » Mais à en croire la définition du CSSR lui-même, le nombre de records de chaleur a diminué.

Comment un rapport qui se proclame « conçu pour faire autorité sur la science du changement climatique » peut-il dénaturer les données à ce point ?[1] Après tout, le CSSR a été soumis à de multiples révisions, dont celle d'un panel d'experts convoqués par les Académies nationales des sciences, de l'ingénierie et de la médecine (NASEM, pour National Academies of Science, Engineering and Medicine).

En creusant un peu plus, j'ai découvert qu'en fait ce panel avait critiqué[2] la discussion des températures extrêmes dans une des dernières versions préliminaires du texte[3] du CSSR. Voici le Key Finding 2 du chapitre 6 de ce texte :

---

1. USGCRP. Climate Science Special Report: Fourth National Climate Assessment, Volume I: "About This Report." https://science2017.globalchange.gov/chapter/front-matter -about/.

2. National Academies of Sciences. "Review of the Draft Climate Science Special Report." The National Academies Press, March 14, 2017. https://www.nap.edu /catalog/24712/review-of-the-draft-climate-science-special-report.

3. Wuebbles, Donald, David Fahey, and Kathleen Hibbard (coordinating lead authors). "U.S. Global Change Research Program Climate Science

> *Accompagnant la hausse des températures moyennes, il y a eu – comme on pouvait s'y attendre – des augmentations des températures extrêmes presque partout sur le territoire des États-Unis. Depuis le début du vingtième siècle, la température des journées extrêmement froides à augmenté dans l'ensemble des états contigus, et celle des journées extrêmement chaudes a augmenté dans une grande partie de l'ouest. Au cours des années récentes, les vagues de froid intenses ont été moins fréquentes tandis que les vagues de chaleur intense ont, elles, été plus nombreuses.* (extrêmement probable, très haute confiance)

Le panel d'experts a critiqué cette affirmation avec le langage diplomatique d'une révision académique :

> *Par ailleurs, il est difficile de comprendre comment une affirmation incluant une augmentation des chaleurs extrêmes peut être associée à une qualification d'*extrêmement probable, *très haute confiance, sachant que la plupart des graphiques de ce chapitre révèlent une diminution de la chaleur extrême dans les données historiques.*

C'est, bien évidemment, la même contradiction qui avait inspiré mes propres suspicions.

Le haut fonctionnaire fédéral alors à la tête du CSSR (Michael Kuperberg, alors directeur exécutif du Programme de recherche sur le changement climatique mondial) répondit à la révision du chapitre 6 des académiciens en notant :

> *Presque toutes les recommandations du NAS ont été incorporées [dans la version finale]... et un nouveau chiffre a été ajouté concernant les changements des records de haute et de basse température.*[1]

Special Report (CSSR)." USGCRP, December 2016. https://biotech.law.lsu.edu/blog/Draft-of-the-Climate -Science-Special-Report.pdf.

1. Kuperberg, Michael, and CSSR Writing Team. Letter to Dr. Philip Mote (Chair) and the NAS Committee to Review the Draft Climate Science Special Report. November 2, 2017. https://science2017.globalchange.gov/PDFs/CSSR-NASresponse_110217.pdf.

Ce « nouveau chiffre », c'est l'abominable graphique des ratios, la Figure ES.5 du rapport final (ici Figure 5.1). Il semble improbable que le panel des Académies l'ait vu après son ajout – ses membres l'auraient certainement commenté et je doute qu'il aurait survécu et aurait été publié. Les problèmes de cette figure n'ont manifestement pas été signalés (à moins qu'ils n'aient été ignorés) dans les révisions internes ultérieures du gouvernement.

Telles sont les raisons pour lesquelles c'est avec une *très haute confiance* que j'identifie et corrige une importante représentation fallacieuse de la science du climat dans un rapport officiel du gouvernement. Ce n'est pas ergoter sur un minuscule détail, c'est vraiment important. La notion erronée que les records de chaleur sont plus fréquents aux États-Unis polluera vraisemblablement les prochains rapports d'évaluation qui citent invariablement les rapports antérieurs. Plus généralement, c'est important aux yeux de ceux qui sont soucieux de la qualité de la contribution des scientifiques aux décisions sociétales et de l'intégrité des processus par lesquels elle est générée. Cela devrait aussi être important pour ceux qui proclament l'autorité incontestable des rapports d'évaluation. Enfin, c'est important pour les représentations par les médias de la science du climat, qui prêtent leur voix à des « conclusions » aussi fallacieuses.

Les erreurs du CSSR concernant les températures record pourraient être imputables à l'incompétence, mais je soupçonne que ce n'est pas le cas. Il eût été plus naturel que le rapport présente séparément les chiffres des records de chaleur et de froid, au lieu de leur ratio, qui, comme nous l'avons vu, est assez factice. Mais cela aurait ressemblé un peu aux courbes déclinantes de la Figure 5.4 – il eût alors été difficile de pointer les extrêmes croissants de température comme preuve du dérèglement climatique. Je serais ravi que l'on m'explique comment cette analyse trompeuse visait à informer et non à persuader.

Il n'est pas surprenant que les médias diffusent sans relâche la désinformation du CSSR concernant les records de température.

Par exemple, en mars 2019, l'agence Associated Press a publié un article repris par de nombreux journaux sous le titre « Les records de chaleur tombent deux fois plus souvent que les records de froid, d'après Associated Press. »[1] Les journalistes de l'AP avaient utilisé des données de 424 stations météo pour prolonger l'analyse des records courants du CSSR en remontant jusqu'à 1920. Bizarrement, la figure illustrant leur texte ne commence qu'en 1958, omettant ainsi plus du tiers des années analysées (1920-1957) – peut-être parce que, comme le montre l'analyse de Christy, les années 1930 et 1940 auraient gêné leur thèse.

Nulle part dans l'article de l'Associated Press (sauf pour la légende de la figure) ils ne mentionnent que les chiffres sont en déclin *à la fois* pour les records de chaleur et pour les records de froid. Étonnamment, ils citent même un ancien météorologiste de la chaîne Weather Channel qui contredit directement leur propre figure : « Vous avez davantage d'extrêmes. Vos chances d'avoir des extrêmes plus dangereux augmentent au fil du temps. »

Bref, je résumerais les données sur les températures extrêmes par la phrase suivante. Elle a beaucoup moins de potentiel en termes de gros titres que celle du CSSR, citée au début de ce chapitre, mais elle a l'avantage d'être exacte :

> *Il y a eu des changements dans les extrêmes de température enregistrées dans les états contigus des États-Unis. Le chiffre annuel de records de chaleur ne montre aucune tendance significative au fil du siècle dernier, pas plus qu'au cours des quarante dernières années, mais le nombre annuel de nuits au cours desquelles on enregistrait des records de froid a décliné depuis 1895, un peu plus rapidement au cours des trente dernières années.*

1. Borenstein, Seth, and Nicky Forster. "Heat Records Falling Twice as Often as Cold Ones, AP Finds." Associated Press, March 19, 2019. https://apnews.com/7d00e38b 9ba1470fa526b1da739c5da8.

Bien entendu, les températures s'adoucissant de cette manière (moins d'hivers rigoureux et de soirées glaciales), cela donne une histoire très différente (et moins alarmante) que la fréquence accrue des étés torrides et des après-midi de plomb. Il se trouve que la hausse des températures les plus froides est parfaitement compatible avec le réchauffement du globe – simplement il n'est pas en train de « rôtir », se prêtant ainsi aux illustrations de thermomètres en folie.

CHAPITRE 6

TEMPÊTES ET TERREURS

> Cette succession d'ouragans meurtriers était censée être temporaire. Mais cela ne fait qu'empirer.
>
> *Forbes*, 7 octobre 2020[1]

Comme tout le monde, j'entends les médias marteler une version du texte ci-dessus chaque fois qu'un ouragan frappe les États-Unis. Le message est clair : les tempêtes sont de plus en plus fréquentes et de plus en plus intenses, et les émissions croissantes de gaz à effet de serre vont encore aggraver la situation. Mais les données et les publications des chercheurs contredisent formellement ce message. Les rapports d'évaluation du GIEC, qui présentent dans leur sommaire des conclusions contradictoires avec celles de leurs propres recherches, sont à l'origine de ce cafouillage. Je me propose, dans ce chapitre, de débusquer les faits, de faire éclater la vérité et de démontrer que l'évolution des ouragans et des tornades n'est en aucun cas imputable à des influences humaines.

1. Mack, Eric. "This Era of Deadly Hurricanes Was Supposed to Be Temporary. Now It's Getting Worse." Forbes, October 7, 2020. https://www.forbes.com/sites/eric mack/2020/10/07/this-era-of-deadly-hurricanes-was-supposed-to-be-temporary -now-its-getting-worse/.

Commençons par planter le décor. Techniquement, le terme « ouragan » désigne un cyclone tropical dans l'Atlantique ou dans l'est du Pacifique ; ces tempêtes prennent le nom de « typhons » dans l'ouest du Pacifique et de « cyclones » dans la baie du Bengale et dans le nord de l'océan indien. Négligeant ces distinctions, j'emploierai généralement le terme américain d'ouragan pour tous ces phénomènes. Ces systèmes dépressionnaires sévissent sur quelques centaines de kilomètres en formant des spirales d'orages et de tornades produisant des pluies torrentielles (dans le sens contraire aux aiguilles d'une montre dans l'hémisphère nord, dans le sens des aiguilles d'une montre dans l'hémisphère sud) autour d'un centre où la pression atmosphérique est extrêmement basse (c'est l'œil de la tempête). Plus la pression y est faible, plus les vents qui l'entourent sont violents. Les vents d'un ouragan soufflent à plus de 120 km/h ; s'ils sont plus faibles, on parle d'une tempête tropicale et, s'ils sont encore plus faibles, d'une dépression tropicale. Les ouragans sont classés en fonction de leur intensité via l'échelle Saffir-Simpson, graduée de 1 à 5.[1] Les ouragans majeurs (ceux des catégories 3 à 5) sont caractérisés par des vents soutenus de plus de 180 km/h.

Les ouragans se forment sur l'océan, le long de l'équateur, à partir de dépressions tropicales (zones de basse pression atmosphérique). Ils se déplacent ensuite vers les pôles, leur trajectoire précise dépendant des vents régionaux ; la plupart ne touchent jamais terre. On en dénombre environ quarante-huit par an pour l'ensemble du globe. Les deux tiers d'entre eux surviennent dans l'hémisphère nord (de juin à novembre) et un tiers dans l'hémisphère sud (de novembre à mai). En chiffres ronds, environ 60 % d'entre eux se situent dans le Pacifique, 30 % dans l'océan indien et 10 % dans l'Atlantique nord ; ils sont très rares dans l'Atlantique sud.

---

1. US Department of Commerce, NOAA. "Saffir-Simpson Hurricane Scale." National Weather Service, June 14, 2019. https://www.weather.gov/mfl/saffirsimpson

Non seulement les scientifiques ont enregistré le nombre d'ouragans chaque année, par catégorie et par zone géographique, mais ils ont également développé d'autres mesures de l'activité des tempêtes. Citons d'abord l'ACE, pour *Accumulated Cyclone Energy* (énergie cumulative des cyclones tropicaux), qui combine le nombre de tempêtes et leur intensité, évaluant chacune en fonction de sa puissance (l'indice ACE utilise la vitesse au carré des vents maximaux du système comme seul paramètre).[1] Il y a aussi le PDI, pour *Power Dissipation Index* (indice de dispersion de puissance), similaire à l'ACE mais qui pondère davantage les ouragans les plus violents (chacun est évalué par le cube de la vélocité du vent).[2]

Nous disposons de données de qualité concernant les ouragans depuis l'introduction de l'observation par satellites en 1966. Qui n'a vu ces images effrayantes d'un œil, entouré d'un ensemble circulaire de nuages ? Et, si elles sont loin d'être complètes, les observations par avion ont commencé dès 1944. Avant cette date, cependant, nous n'avons de données que sur les tempêtes ayant touché terre ou, à l'occasion, les témoignages des équipages dont le bateau avait eu la malchance d'en rencontrer une. Remonter plus loin suppose de s'appuyer sur des récits historiques et divers sources indirectes (la paléotempêtologie est le nom magnifique de cette discipline). De sorte que pour comprendre les tendances sur plus de soixante-dix ans (avant l'apparition d'influences humaines significatives), il nous faut corriger des observations imprécises et incomplètes (hélas trop communes en climatologie).

1. Climate Prediction Center Internet Team. "Background Information: North Atlantic Hurricane Season." NOAA Center for Weather and Climate Prediction, Climate Prediction Center, May 22, 2019. https://www.cpc.ncep.noaa.gov/products/outlooks /Background.html.

2. Villarini, Gabriele, and Gabriel A. Vecchi. "North Atlantic Power Dissipation Index (PDI) and Accumulated Cyclone Energy (ACE): Statistical Modeling and Sensitivity to Sea Surface Temperature Changes." Journal of Climate 25 (2012): 625-637. https ://journals.ametsoc.org/jcli/article/25/2/625/33791/North-Atlantic-Power-Dissipation -Index-PDI-and.

FIGURE 6.1

NOMBRE ANNUEL D'OURAGANS (1851-2020)

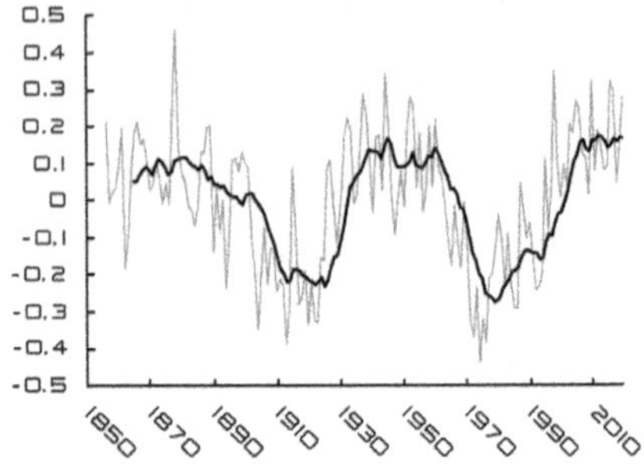

ÉNERGIE ACCUMULÉE PAR LES CYCLONES (ACE) (1851-2020)

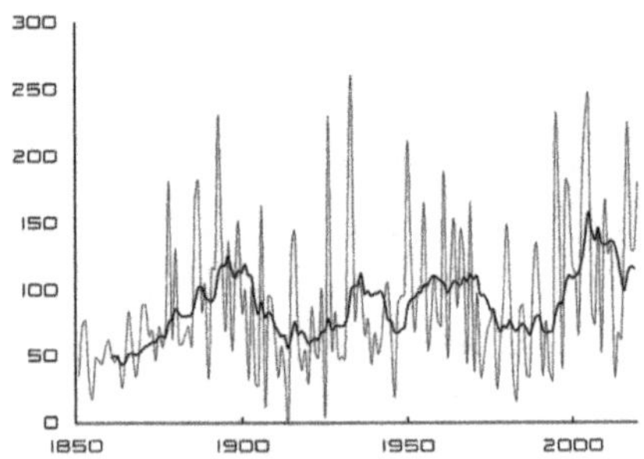

INDICE OAM (1856-2020)

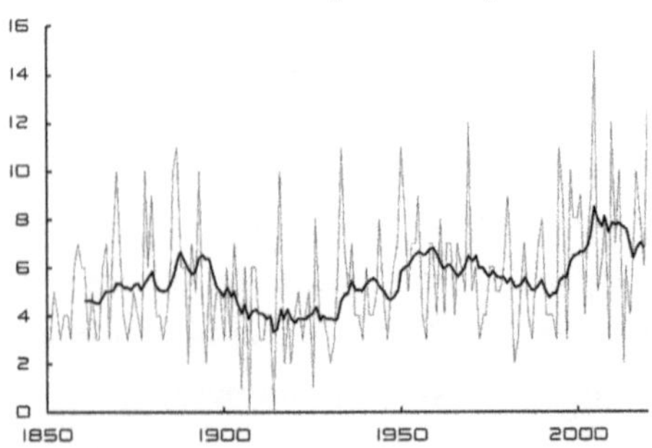

Nombre annuel d'ouragans (en haut) et énergie accumulée des cyclones (au centre) dans l'Atlantique nord chaque année de 1851 à 2020.
Le diagramme du bas montre l'indice OAM de la Figure 4.4. Dans chacun de ces diagrammes, les lignes grises indiquent les variations d'une année sur l'autre et les lignes noires la moyenne glissante des dix dernières années.[1]

1. Department of Atmospheric Science, Tropical Meteorology Project, Colorado State University. "North Atlantic Ocean Historical Tropical Cyclone Statistics." 2020. http://tropical.atmos.colostate.edu/Realtime/index.php?arch&loc=northatlantic.

Les dépressions se transforment en ouragans par suite de l'évaporation des eaux chaudes de surface; cette eau dégage de la chaleur quand elle se condense haut dans l'atmosphère. Ce même processus se développe et entretient l'ouragan une fois formé. On pourrait donc s'attendre à une augmentation régulière de l'activité des ouragans quand l'eau de surface s'est réchauffée. Ce n'est hélas pas si simple, comme on le voit sur l'enregistrement à long terme du nombre annuel et de l'ACE des ouragans de l'Atlantique nord, Cf. Figure 6.1. Les variations à long terme de l'Oscillation atlantique multidécennale ou OAM (en anglais AMO, pour Atlantic Multidecadal Oscillation, dont nous avons parlé chapitre 4) affectent la température de surface de l'océan dans la région où se forment les ouragans et peuvent ainsi augmenter ou supprimer l'activité des ouragans.

Même si la température de l'océan est favorable à la formation d'un ouragan, il faut des conditions atmosphériques bien précises pour que celui-ci s'amorce. La Figure 6.2 montre la variation de l'indice de dispersion (PDI) ainsi que la température des eaux de surface. Comme on le voit, la formation d'ouragans suit de près la température de surface jusqu'en 2008... après quoi ce n'est plus le cas. Ceci est dû à un certain nombre d'autres facteurs environnementaux,[1] dont l'importance du cisaillement du vent (variation de sa vélocité ou de sa direction en fonction de l'altitude)[2] et la présence de poussière du Sahara (ni l'un ni l'autre n'étant correctement décrit par les modèles climatiques).[3-4]

---

1. Emanuel, K. A. "Environmental factors affecting tropical cyclone power dissipation." Journal of Climate 20 (2007): 5497-5509. https://doi.org/10.1175/2007JCLI1571.1.

2. Kossin, J. "Hurricane intensification along United States coast suppressed during active hurricane periods." Nature 541 (2017): 390-393. https://doi.org/10.1038 /nature20783.

3. Evan, Amato T., Cyrille Flamant, Stephanie Fiedler, and Owen Doherty. "An Analysis of Aeolian Dust in Climate Models." Geophysical Research Letters 41 (2014): 5996-6001. https://agupubs.onlinelibrary.wiley.com/doi/full/10.1002/2014GL060545.

4. Vecchi, G. A., T. L. Delworth, H. Murakami, et al. "Tropical cyclone

Bien entendu, si la température n'est pas le seul facteur dans la formation des ouragans, cela ne veut pas forcément dire que le réchauffement climatique, qu'il soit naturel ou causé par les activités humaines, n'a pas eu d'effet.

Lorsque j'étais conseiller d'une agence du gouvernement américain, en été 2016, j'ai été amené à regarder si les influences humaines avaient contribué à aggraver les ouragans au cours des dernières décennies. J'ai consulté le National Climate Assessment (Évaluation nationale du climat) récemment publié par le gouvernement américain (NCA 2014). Voici son huitième Message clé :

> *L'intensité, la fréquence et la durée des ouragans de l'Atlantique nord, ainsi que la fréquence des plus violents d'entre eux (catégories 4 et 5) ont toutes augmenté depuis le début des années 1980. Les contributions respectives des causes humaines et naturelles de ces augmentations sont encore incertaines. Selon les prévisions, l'intensité des tempêtes et des précipitations associées aux ouragans devrait s'accroître à mesure que le réchauffement climatique se poursuivra.*[1]

Le rapport confirme visuellement cette affirmation à l'aide du graphique reproduit ici (Figure 6.3), qui montre une augmentation alarmante du PDI en Atlantique nord (c'est-à-dire des ouragans les plus puissants) depuis 1981. Si le déclin après 2005, évident dans la Figure 6.2, est également visible sur la Figure 6.3, la tendance à l'aggravation est mise en évidence, de sorte que pour un lecteur non initié, la situation semble inquiétante – et destinée empirer à l'avenir.

---

sensitivities to CO2 doubling: roles of atmospheric resolution, synoptic variability and background climate changes." Climate Dynamics 53 (2019): 5999-6033. https://link.springer.com /article/10.1007/s00382-019-04913-y.

1. Melillo, Jerry M., Terese (T. C.) Richmond, and Gary W. Yohe, eds. 2014. Climate Change Impacts in the United States: The Third National Climate Assessment. U.S. Global Change Research Program, 841. doi:10.7930/ J0Z31WJ2., 41.

FIGURE 6.2
ACTIVITÉ DES OURAGANS EN ATLANTIQUE NORD ET TEMPÉRATURE DE SURFACE DE LA MER (1949-2015)

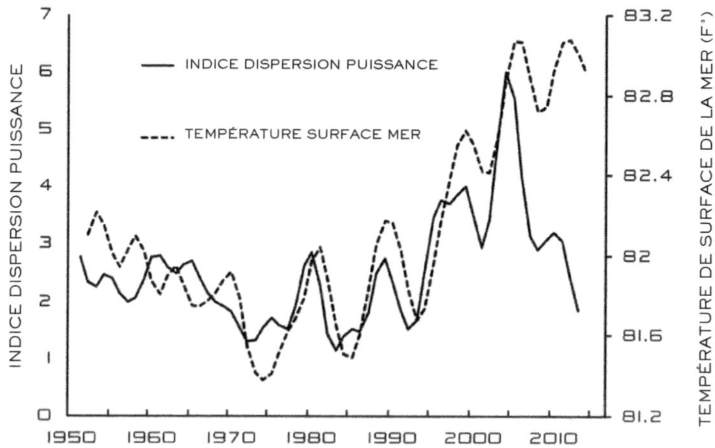

Variation de la température annuelle de surface de la mer et indice de dispersion de la puissance des ouragans dans l'Atlantique nord de 1949 à 2015. Les données sont lissées sur des intervalles de 5 ans.[1]

Mais comme ce graphique ne commence qu'en 1970, ma curiosité de scientifique m'a poussé, tout naturellement, à me poser deux questions : *À quel point cette tendance est-elle inhabituelle ? Que s'était-il passé au cours des années antérieures ?* On enregistrait les ouragans bien avant cette date et même si les données sont de plus en plus incertaines à mesure que l'on recule vers le passé, savoir ce que révèle ce passé pourrait nous aider à mieux comprendre les tendances du présent. Par exemple, l'augmentation du nombre d'ouragans au cours des dernières décennies a-t-elle des précédents à l'époque où les influences humaines étaient beaucoup plus réduites ? Les lignes droites

1. Emanuel, K. A. 2016. Update to data originally published in: Emanuel, K. A. 2007. "Environmental factors affecting tropical cyclone power dissipation." J. Climate 20 (22): 5497-5509. https://www.epa.gov/climate-indicators/climate-change-indicators -tropical-cyclone-activity.

FIGURE 6.3
INDICE DE DISPERSION DE LA PUISSANCE DES OURAGANS DANS L'ATLANTIQUE NORD

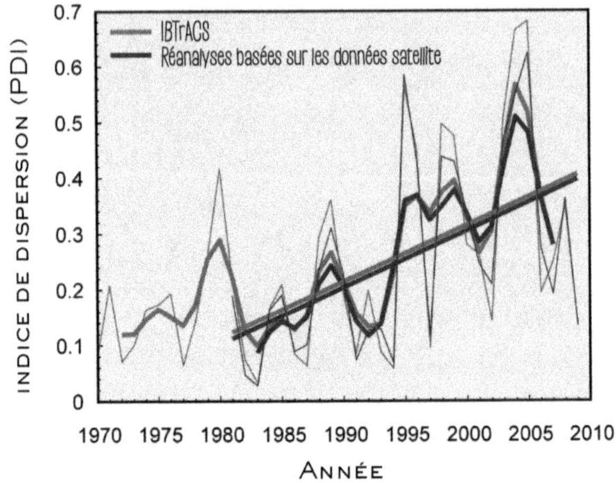

Indice de dispersion de la puissance des ouragans dans l'océan Atlantique nord. On voit ici deux analyses différentes des données. Les lignes droites indiquent la tendance. (NCA 2014, Figure 2.23.)

de la Figure 6.3 prédisent-elles réellement ce qui se passera à l'avenir ? Les données climatiques sont souvent contradictoires, mais elles ont un point commun : elles comportent énormément de hauts et de bas.

J'ai donc creusé le principal document de recherche cité dans le rapport. À ma grande surprise, j'ai découvert qu'il disait très explicitement qu'il n'y a *pas de tendances significatives* au-delà de la variabilité naturelle concernant la fréquence des ouragans, leur fréquence, leur intensité, les précipitations ou les inondations qu'ils provoquent.[1]

1. Knutson, Thomas R., John L. McBride, Johnny Chan, Kerry Emanuel, Greg Holland, Chris Landsea, Isaac Held, James P. Kossin, A. K. Srivastava, and Masato Sugi. "Tropical Cyclones and Climate Change." Nature Geoscience 3 (2010): 157-163. https ://www.nature.com/articles/ngeo779.

Ceci semblant absolument contradictoire avec la figure alarmante du rapport du NCA , je suis revenu à ce document pour l'étudier de plus près. J'y ai trouvé la phrase suivante, page 769, enfouie au fin fond du texte de l'annexe 3 :

> ***Il n'y a eu aucune tendance significative concernant le nombre total de cyclones tropicaux; aucune tendance n'a été identifiée non plus concernant le nombre d'ouragans touchant le territoire américain.***[1]

Je n'en revenais pas. C'était aussi surprenant qu'important. *Comment se faisait-il que ceci ne figure pas en bonne place, en message clé ?*

L'absence de tendances significatives au sein des données concernant les ouragans n'était certainement pas inconnue des experts à l'époque où le rapport du NCA de 2014 était en préparation. Le cinquième rapport du GIEC (AR5), publié fin 2013, affirme clairement que l'augmentation à long terme de l'activité des ouragans inspire une confiance faible. Et une reconstitution du PDI, réalisée en 2012 en remontant jusqu'en 1880, renforce la conclusion que les décennies récentes ne sortent pas de l'ordinaire, notant même qu'il y a eu « des périodes, avant 1949, relativement actives par comparaison avec la période post-1995 d'activité accrue. »[2] Autrement dit, il y a eu, avant que les influences humaines ne deviennent significatives, des périodes au moins aussi actives qu'aujourd'hui.

Que ce soit parce que le cycle OAM est actuellement à un point haut (comme nous l'avons vu Figure 6.1) ou pour

1. USGCRP. Climate Change Impacts in the United States: The Third National Climate Assessment. "Appendix 3: Climate Science Supplement," page 769. http://nca2014. globalchange.gov/report/appendices/climate-science-supplement.

2. Villarini, Gabriele, and Gabriel A. Vecchi. "North Atlantic Power Dissipation Index (PDI) and Accumulated Cyclone Energy (ACE): Statistical Modeling and Sensitivity to Sea Surface Temperature Changes." Journal of Climate 25 (2012): 625-637. https ://journals.ametsoc.org/jcli/article/25/2/625/33791/North-Atlantic-Power-Dissipation -Index-PDI-and.

une autre raison, l'activité des ouragans est plus forte depuis le milieu des années 1990 que dans les années 1970. Mais si l'on replace l'enregistrement des dernières décennies dans le contexte historique, la tendance de l'indice de dispersion de la puissance sur laquelle le rapport 2014 du National Climate Assessment insistait tant n'est pas particulièrement surprenante. La Figure 6.4 montre cet indice dans l'Atlantique nord tous les ans de 1949 à 2019. La ligne droite noire montre la tendance sur laquelle le rapport NCA de 2014 insistait tant. Compte tenu des grandes variations des données d'une année sur l'autre, on pourrait vraisemblablement tracer une droite de 1960 à 1985 dont la pente, tout aussi rapide, indiquerait une tendance *inverse.* Autrement dit, le rapport NCA 2014 n'a pas inclus les données concernant les années antérieures qui auraient rendu beaucoup moins significative la tendance qu'il souhaitait mettre en évidence.

Le rapport suivant, publié en 2017 sous le titre de Climate Science Special Report (CSSR) continua la pratique consistant à « noyer le poisson » en ce qui concerne les ouragans. Voici la conclusion clé du chapitre 9 :

> *Les activités humaines ont substantiellement contribué à la variabilité océan-atmosphère observée dans l'Océan Atlantique (confiance moyenne), et ces changements ont contribué à la tendance à la hausse observée dans l'activité des ouragans dans l'Atlantique nord depuis les années 1970 (confiance moyenne).*[1]

Cette affirmation est plutôt faiblarde pour une découverte clé – confiance moyenne que les activités humaines ont contribué à la variabilité (*de combien ?*), confiance moyenne également que la variabilité a contribué à une « tendance observée à la hausse » (*de combien ?*). Néanmoins, c'est beaucoup

1. USGCRP. Climate Science Special Report: Fourth National Climate Assessment, Volume I: Chapter 9. https://science2017.globalchange.gov/chapter/9/.

FIGURE 6.4
INDICE DE DISPERSION DE LA PUISSANCE DANS L'ATLANTIQUE NORD (1949-2019)

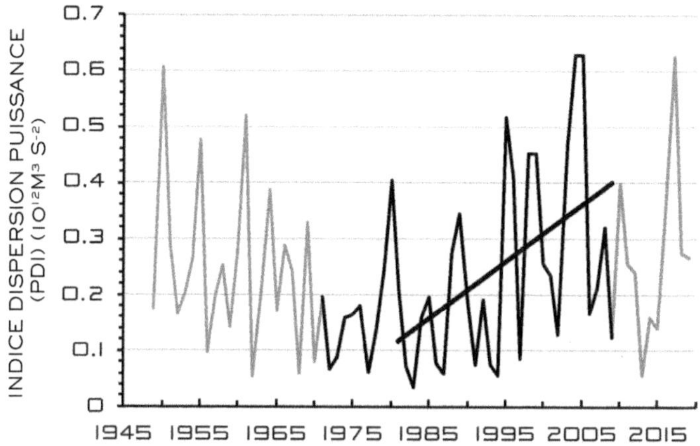

Les lignes noires et la ligne de tendance étaient mises en évidence dans le rapport 2014 du NCA (notre Figure 6.3); les lignes grises montrent les données des années antérieures à 1971 et postérieures à 2009.[1]

plus fort que l'on pourrait s'y attendre compte tenu du texte, trouvé dans la section 9.2 du CSSR, censé venir étayer cette thèse :

> *... C'est encore avec une faible confiance que l'on peut affirmer que l'augmentation à long terme (multidécennale, voire séculaire) de l'activité des cyclones tropicaux est robuste si l'on prend en compte les changements des capacités d'observation... Nous ne voulons pas dire par là qu'aucune augmentation de ce type ne s'est produite, mais que les données ne sont pas d'une qualité suffisante pour déterminer ceci avec une grande confiance. En outre, il a été affirmé qu'au sein de la période où les données sont de la meilleure qualité (depuis 1980 environ),*

1. Data prior to 2009 from Reference 14; data post 2008 as derived by Ryan Maue at www.climatlas.com from HURDAT2 data, https://www.nhc.noaa.gov/data /#hurdat.

les changements observés dans l'environnement de l'ensemble du monde ne confirment sans doute pas une tendance détectable concernant l'intensité des cyclones tropicaux. Autrement dit, le signal de la tendance n'a pas encore eu le temps de s'élever au-dessus de la variabilité des processus naturels qui en sont la toile de fond.

Wow ! Prenons le temps de digérer la fin : « les changements observés dans l'ensemble du monde… ne confirment sans doute pas une tendance détectable… le signal de la tendance n'a pas encore eu le temps de s'élever au-dessus de la variabilité des processus naturels qui en sont la toile de fond ». Déjà si nous ne pouvons pas affirmer avec certitude qu'il existe une tendance durable, a fortiori nous ne pouvons certainement pas l'attribuer avec certitude aux influences humaines.

La révision du CSSR par les scientifiques de l'Académie nationale reprochait également au CSSR de noyer le poisson.[1] Page 38, elle recommande au CSSR de mettre l'accent sur la récente tendance à la hausse du PDI (phénomène qui, comme le montre la Figure 6.4, n'est pas inhabituel), même si l'on n'en comprend pas les origines.

La discussion des ouragans dans le CSSR 2017 est une violation profonde de la mise en garde de Feynman par le truchement de son anecdote sur l'huile Wesson – à savoir qu'un scientifique doit « tenter de donner *toute l'information dont il dispose* afin d'aider les autres à juger de la valeur de sa contribution et non pas simplement l'information susceptible d'orienter le jugement dans un sens ou dans un autre. »

La recherche récente ne fait que confirmer l'absence de « nouvelles » sur les cyclones tropicaux. Une étude de référence, publiée en 2019 par onze experts des cyclones tropicaux, était inhabituelle dans la mesure où elle présentait la diversité

1. National Academies of Sciences. "Review of the Draft Climate Science Special Report." The National Academies Press, March 14, 2017. https://www.nap.edu /catalog/24712/review-of-the-draft-climate-science-special-report.

d'opinion de ces experts.[1] Ces auteurs ont constaté que l'indice *le plus fort* d'un changement détectable de l'activité des cyclones tropicaux était un changement d'orientation très lent, vers le nord, de la trajectoire moyenne des tempêtes dans le nord-ouest du Pacifique (0,19°± 0,125° de latitude par décennie au cours des soixante-dix dernières années, soit un résultat de 1 ½ σ). En outre, même pour ce changement lent et faible (21 km par décennie), huit auteurs sur onze n'exprimaient qu'une confiance faible à moyenne. Plus important encore, la majorité des auteurs avaient une faible confiance qu'aucun autre changement observé concernant les cyclones tropicaux ne dépassait ce que l'on pouvait imputer à la variabilité naturelle.[2]

Je n'ai trouvé aucune trace de cette étude dans les médias (pas même un communiqué de presse). Bien au contraire, ils continuent à proclamer un message alarmiste sans le justifier. Par exemple, pour annoncer la publication d'une autre étude, *USA Today* titrait « Le réchauffement climatique renforce les ouragans ».[3] Les chercheurs avaient utilisé, pour cette étude, une nouvelle méthode d'analyse de l'imagerie par satellite des cyclones tropicaux afin d'en déterminer l'intensité.[4] Ils avaient

1. Knutson, Thomas, Suzana J. Camargo, Johnny C. L. Chan, Kerry Emanuel, ChangHoi Ho, James Kossin, Mrutyunjay Mohapatra, et al. "Tropical Cyclones and Climate Change Assessment: Part I: Detection and Attribution." Bulletin of the American Meteorological Society 100 (2019): 1987-2007. https://journals.ametsoc.org/doi/abs/10.1175/BAMS-D-18-0189.1

2. For another recent analysis showing no long-term trends in Atlantic hurricanes over more than a century, see also Loehle, C., and E. Staehling. "Hurricane trend detection." Natural Hazards 104 (2020): 1345-1357. https://link.springer.com/article /10.1007/s11069-020-04219-x#Abs1.

3. Rice, Doyle. "Global warming is making hurricanes stronger, study says." USA Today, May 18, 2020. https://www.usatoday.com/story/news/nation/2020/05/18/global -warming-making-hurricanes-stronger-study-suggests/5216028002/.

4. Kossin, James P., Kenneth R. Knapp, Timothy L. Olander, and Christopher S. Velden. "Global Increase in Major Tropical Cyclone Exceedance Probability over the Past Four Decades." PNAS: Proceedings of the National Academy of Sciences 117 (22): 11975-11980. https://www.pnas.org/content/early/2020/05/12/1920849117.

découvert une tendance à court terme d'une intensité croissante des tempêtes dans le bassin de l'Atlantique nord et l'avaient associée à une variabilité multidécennale qui « complique la détection car les facteurs de cette variabilité ne sont pas complètement compris. » Voici leur conclusion :

> *En dernière analyse, de nombreux facteurs contribuent aux changements caractéristiques et observés dans l'intensité des cyclones tropicaux, et la présente étude ne cherche aucunement à démêler tous ces facteurs. En particulier, les tendances significatives identifiées dans ce travail empirique ne constituent pas une détection formelle traditionnelle et ne peuvent pas quantifier précisément la contribution de facteurs anthropogéniques.*

La seconde phrase de l'article d'*USA Today* affirme cependant sans équivoque : « Le réchauffement climatique causé par l'homme a renforcé la vitesse des vents qui se déchaînent dans les ouragans, les typhons et les cyclones sur l'ensemble de la planète. »

Il y a là davantage que l'imprécision qui caractérise si souvent les reportages sur le climat. De fait, s'il n'est pas déraisonnable de penser que le réchauffement pourrait effectivement finir par modifier, d'une manière ou d'une autre, l'activité des ouragans, rien, pour le moment, ne prouve que ce soit le cas. Certes, les dommages économiques consécutifs aux ouragans augmentent, mais c'est parce qu'il y a plus de monde et une infrastructure plus coûteuse près des côtes, pas parce que les caractéristiques des tempêtes changent à long terme.[1] Et s'il est possible que les tempêtes s'aggravent à l'avenir, une évaluation

---

1. Weinkle, Jessica, Chris Landsea, Douglas Collins, Rade Musulin, Ryan P. Crompton, Philip J. Klotzbach, and Roger Pielke. "Normalized Hurricane Damage in the Continental United States 1900-2017." Nature Sustainability 1 (2018): 808-813. https ://www.nature.com/articles/s41893-018-0165-2; Pielke, Roger. "Economic 'normalisation' of disaster losses 1998-2020: a literature review and assessment." Environmental Hazards, August 5, 2020. https://www.tandfonline.com/doi/abs/10.1080/17477891.2020.1800440?journalCode=tenh20.

de projections basées sur les modèles climatiques en cas de réchauffement causé par les activités humaines inférieur à 2°C montre des changements pouvant difficilement être qualifiés de catastrophiques – une augmentation de 10 à 20 pour cent de nombreuses mesures de l'activité des tempêtes, mais pas toutes, inspirant une moyenne à grande confiance.[1-2]

Quoi que le futur nous réserve, les descriptions des données concernant les ouragans dans les rapports d'évaluation trompent le public par omission. Elles violent le commandement célèbre d'Einstein, gravé sur les murs de l'Académie nationale à Washington : « Le droit de chercher la vérité implique aussi un devoir : ne rien cacher de ce que l'on a reconnu comme vrai. » Pour en revenir aux médias, citer les ouragans comme un exemple des ravages du changement climatique provoqué par les activités humaines est, au mieux, peu convaincant et, au pire, carrément malhonnête.

Les ouragans ne sont bien sûr pas les seules tempêtes à semer la désolation et à faire les gros titres. Si les tornades sévissent partout sur la planète, les États-Unis en comptent plus qu'aucun autre pays. Elles sont plus fréquentes au printemps, le long de « Tornado Alley », une bande qui s'étale du nord du Texas au sud du Dakota. Imprévisibles, elles surgissent et se déplacent de façon apparemment aléatoire en parcourant une distance de 8 km en moyenne. Elles sont très localisées (typiquement,

1. Knutson, Thomas, Suzana J. Camargo, Johnny C. L. Chan, Kerry Emanuel, ChangHoi Ho, James Kossin, Mrutyunjay Mohapatra, Masaki Satoh, Masato Sugi, Kevin Walsh, and Liguang Wu. "Tropical Cyclones and Climate Change Assessment—Part II: Projected Response to Anthropogenic Warming." Bulletin of the American Meteorological Society 101 (2020): E303-E322. https://journals.ametsoc.org/doi/pdf/10.1175 / BAMS-D-18-0194.1.

2. The 2020 North Atlantic season was active, with a record number of named storms, but was not unprecedented by almost all other measures. Its ACE was exceeded by 12 earlier years, half of those before 1950.

elles font 160 mètres de large, même si certaines peuvent faire plusieurs fois cette largeur, mais le long de cette voie étroite, les dégâts qu'elles causent sont sévères ; après la foudre, ce sont peut-être les plus « personnels » des événements météorologiques extrêmes.

Il est naturel de se demander si les tornades ont changé en réaction aux changements climatiques – et si elles pourraient changer encore à l'avenir, à mesure que les influences humaines sur le climat seraient de plus en plus marquées. Pour un scientifique, avant de répondre à ces questions, il est indispensable de regarder les données.

La Figure 6.5 montre le nombre annuel de tornades sur le territoire américain. Cela n'a pas l'air très encourageant : au cours des vingt dernières années, elles ont été plus de deux fois plus fréquentes qu'entre 1950 et 1970, le changement se produisant durant une période au cours de laquelle la planète a connu un réchauffement notable.

Mais ceci est une illustration parfaite des dangers de la corrélation. Une rapide recherche sur Google révèle que le nombre de bateaux de pêche et la violence au cinéma figurent tous deux parmi les choses qui ont doublé depuis 1950 et il est certain qu'aucune de ces deux tendances n'est due au changement climatique. Dans le cas des tornades, la clé de cette « tendance » est de savoir comment sont compilées les données – ce qui est souvent aussi important que les données elles-mêmes. Alors, comment compte-t-on les tornades ?

Aujourd'hui, les radars météorologiques peuvent détecter des tornades, même très faibles, à plus de 160 km de distance. Mais avant que le radar ne soit largement répandu, les tornades faibles n'étaient pas toujours enregistrées. Si les puissantes tornades laissent derrière elles une évidente traînée de destruction, les plus faibles peuvent aller et venir sans laisser la moindre trace, surtout dans les régions faiblement peuplées. Pour voir si le nombre de tornades au cours des soixante-dix dernières années a réellement changé, il faut donc corriger le biais d'observation favorisant les tempêtes les plus violentes en début de période.

FIGURE 6.5
DÉCOMPTE ANNUEL DES TORNADES AUX USA (1950-2019)

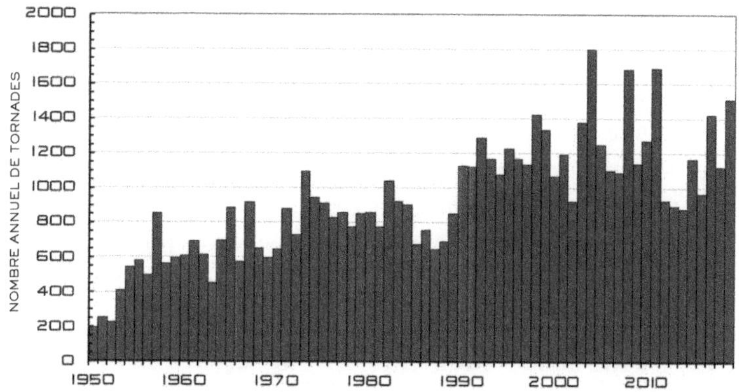

Nombre de tornades enregistrées par la NOAA (Agence américaine d'observation océanique et atmosphérique) chaque année de 1950 à 2019 dans les quarante-huit états contigus.[1]

On mesure la puissance des tornades sur l'échelle de Fujita améliorée (la première échelle de Fujita a été développée en 1971, la version améliorée – *Enhanced Fujita* – adoptée en 2007). Les catégories s'échelonnent de EF0 pour les tempêtes les plus faibles à EF5 pour celles dont les vents soufflent à plus de 260 miles à l'heure. Aux États-Unis, aujourd'hui, 60 % des tornades enregistrées relèvent de la catégorie EF0, alors qu'en 1950, ces faibles tempêtes ne représentaient que 20 % du total enregistré. Ceci permet de penser que la croissance du nombre des tempêtes enregistrées est due au fait que l'on a compté davantage de tempêtes de faible puissance au cours des dernières décennies, ce qui, de l'aveu même de la NOAA est effectivement le cas.[2]

1. NOAA National Centers for Environmental Information (NCEI). "Tornadoes— Annual 2019." National Climatic Data Center, January 2020. https://www.ncdc.noaa .gov/sotc/tornadoes/201913

2. NOAA NCEI. "Historical Records and Trends: Ratio of (E)F-0 Tornado Reports to Total Reports." National Climatic Data Center,

Il est possible de corriger le biais des observations passées en ne tenant compte que des tempêtes de catégorie EF1 et plus (les plus susceptibles de provoquer des dégâts). Ceci débouche sur les deux graphiques de la Figure 6.6. Celui d'en haut, décompte annuel des tornades américaines de puissance EF1 ou plus, ne révèle aucune tendance au cours des soixante dernières années, même s'il l'on relève une légère trace d'un cycle de quarante ans. Le graphique du bas ne concerne que les tornades les plus violentes (EF3 et plus) et montre que leur nombre *a diminué* d'environ 40 % au cours des soixante années postérieures à 1954. **Autrement dit, depuis que les influences humaines se sont accrues au milieu du vingtième siècle, le nombre de tornades importantes n'a pas beaucoup changé, mais les tempêtes les plus violentes sont moins fréquentes.**

Non seulement leur nombre total a diminué, mais elles se sont éloignées des grandes plaines du centre et du sud, sévissant davantage dans le Midwest et le Sud-est. [1] Les tendances concernant les autres propriétés des tornades sont moins certaines. Comme le note le CSSR, on a observé au cours des dernières décennies davantage de variabilité dans leur occurrence – elles surgissent moins de jours par an et il semble y avoir davantage de jours où apparaissent de multiples tempêtes.[2] C'est ce que montre la Figure 6.7, qui illustre l'activité annuelle des tornades aux États-Unis de 1955 à 2013.

Les causes naturelles ou humaines des changements observés au cours des dernières décennies restent mystérieuses. Les tornades elles-mêmes sont difficiles à prévoir : nous savons

---

2020. https://www.ncdc.noaa.gov /climate-information/extreme-events/us-tornado-climatology/trends.

1. Gensini, V. A., and H. E. Brooks. "Spatial trends in United States tornado frequency." npj Climate and Atmospheric Science 1 (2018). https://www.nature.com/articles/s41612 -018-0048-2.

2. USGCRP. Climate Science Special Report: Fourth National Climate Assessment, Volume I: Chapter 9: Extreme Storms. https://science2017.globalchange.gov/chapter/9/.

FIGURE 6.6
DÉCOMPTE ANNUEL DE TORNADES CLASSÉES EF1 ET + AUX USA (1954-2014)

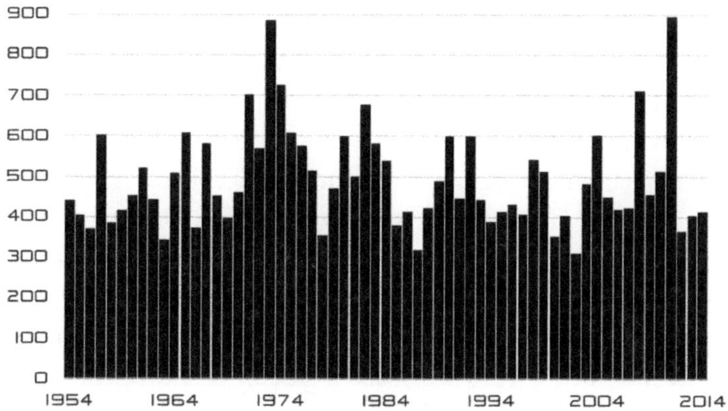

DÉCOMPTE ANNUEL DE TORNADES CLASSÉES EF3 ET + AUX USA (1954-2014)

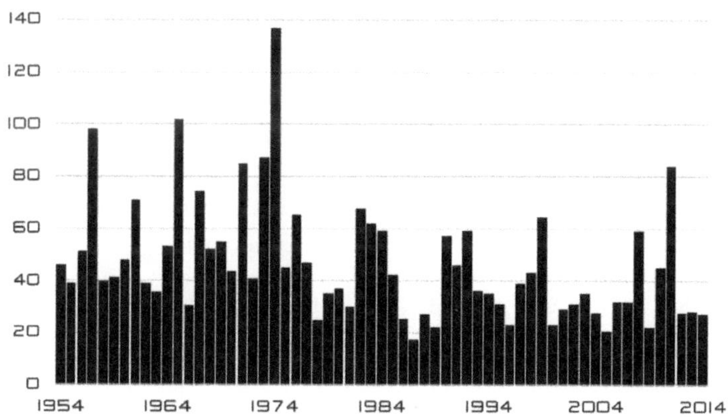

Nombre de tornades enregistrées par la NOAA chaque année de 1954 à 2014 dans les quarante-huit états contigus des États-Unis. Le diagramme du haut montre les tornades de la catégorie EF1 et plus, celui du bas ne retient que les tornades les plus violentes, classées EF3 ou plus.[1]

1. NOAA NCEI. "Historical Records and Trends: Ratio of (E)F-0 Tornado Reports to Total Reports."

qu'elles se forment à l'occasion d'orages, mais tous les orages ne donnent pas naissance à des tornades, même si les profils de température et d'humidité, le cisaillement du vent et la rotation sont favorables.

Nous pouvons cependant, sans craindre de nous tromper, imputer aux actions humaines un changement spectaculaire concernant les tornades, mais pas de la manière qui vient ordinairement à l'esprit : le nombre de victimes des tornades aux États-Unis a été divisé par dix depuis 1875 (il est actuellement d'environ 0,02 pour 100 000 personnes), largement grâce aux radars qui permettent de mieux les anticiper.[1]

Quant à savoir comment les tornades pourraient évoluer à l'avenir, nos discussions des modèles climatiques et des facteurs de la création des tornades montrent clairement que les prévisions, en la matière, ne peuvent être que très incertaines. Néanmoins, on ne s'en étonnera pas, les médias ne peuvent s'empêcher au moins de laisser entendre que la situation va se dégrader. C'est ainsi, par exemple, que le *New York Times* cite un climatologue de Stanford :

> *Nous disposons bel et bien de preuves convaincantes qu'à grande échelle, le réchauffement climatique augmentera probablement les environnements atmosphériques susceptibles de créer les violents orages qui produisent des tornades... Simplement, nous ne parvenons pas à distinguer le signal du bruit.*[2]

En même temps, le rapport spécial du GIEC publié en 2018 sur les événements extrêmes affirme dans le sommaire de son chapitre 3 :

---

1. Brooks, Harold E., and Charles A. Doswell III. "Deaths in the 3 May 1999 Oklahoma City Tornado from a Historical Perspective." Weather and Forecasting 17 (2002): 354-361. https://journals.ametsoc.org/waf/article/17/3/354/40162/Deaths-in-the-3-May -1999-Oklahoma-City-Tornado.

2. Pierre-Louis, Kendra. "As Climate Changes, Scientists Try to Unravel the Effects on Tornadoes." New York Times, August 8, 2018. https://www.nytimes.com/2018/08/08 /climate/tornadoes-climate-change.html

FIGURE 6.7
ACTIVITÉ ANNUELLE DES TORNADES AUX USA (1955-2013)

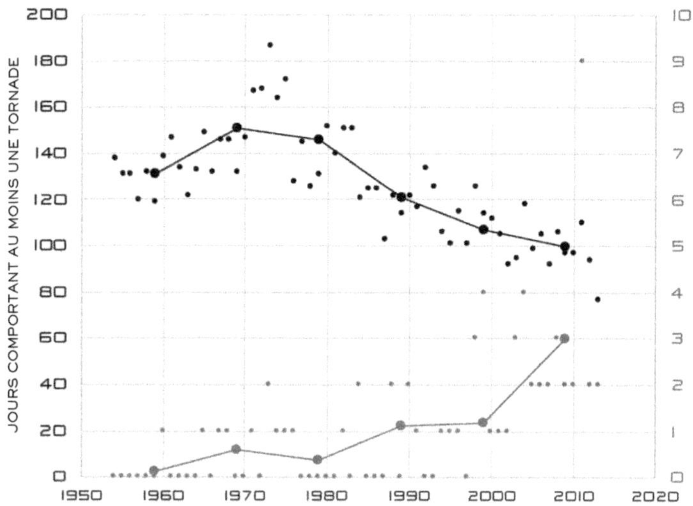

Activité annuelle des tornades dans les états contigus des USA. Les points noirs indiquent le nombre de jours par an marqués par au moins une tornade de force EF1 ou davantage ; les points plus gros et la ligne indiquent les moyennes décennales de ces jours de tornade. Les points gris indiquent le nombre annuel de jours marqués par plus de trente tornades de force EF1 ou plus et les points plus gros et la ligne correspondante désignent les moyennes décennales de ces flambées de tornades. (Adapté de la Figure 9.3 du CSSR)

Les projections de phénomènes à petite échelle comme les tornades inspirent une faible confiance car des processus physiques concurrents peuvent affecter les futures tendances et parce que les modèles climatiques ne simulent pas ce genre de phénomènes.

Toute projection crédible de changements futurs affectant les propriétés des tornades devrait être capable d'expliquer les tendances historiques, par exemple la diminution du nombre de tornades particulièrement puissantes. Aucune ne l'a encore fait à ma connaissance. Le mieux que l'on puisse dire est donc que, si elles ont changé, les tornades américaines ont perdu en violence au moment où la planète a connu le réchauffement que l'on sait au fil des soixante-quinze dernières années et que nous n'avons aucune méthode crédible pour prévoir d'éventuels futurs changements.

Hélas, cette dernière remarque n'est pas une situation inhabituelle en climatologie. Souvenez-vous en la prochaine fois que vous entendrez quelqu'un, que ce soit un scientifique, un présentateur du bulletin météo ou un homme politique proclamer que les activités humaines aggravent les tempêtes et la météo.

CHAPITRE 7

PRÉCIPITATIONS, INONDATIONS ET FEUX DE FORÊT

Quand je suis entré dans l'équipe d'Obama, en mai 2009, ma femme et moi nous sommes installés à Chevy Chase, agréable banlieue au nord de Washington. Le merveilleux printemps de cette année-là, l'été un peu moins merveilleux et le plaisant automne présageaient l'hiver le plus enneigé jamais enregistré dans la capitale. Et de fait, la plus grande tempête de neige, surnommée « Snowmageddon » par la presse locale, enfouit en deux jours la ville sous 70 cm de neige. À deux reprises, incapables de dégager la porte d'entrée, nous sommes restés enfermés plusieurs jours de suite dans la maison, sans électricité et sans chauffage, à part la plus ancienne des sources d'énergie, le bois dans la cheminée. Le gouvernement fédéral dut, lui aussi, interrompre ses activités plusieurs jours durant.

Comme à l'habitude chaque fois que la météo nous surprend par les temps qui courent, on usa et abusa du terme « changement climatique » pour décrire l'événement. Si certains affirmaient qu'il avait clairement joué un rôle, d'autres – particulièrement ceux qui considèrent toute preuve de changement climatique provoqué par les activités humaines comme montée de toutes pièces – présentèrent Snowmaggedon comme la « preuve » que la planète n'était, en fin de compte, peut-être pas l'objet du fameux réchauffement.

Des chercheurs en psychologie de Columbia University ont découvert que l'idée que nous nous faisons du changement climatique est influencée par la météo de façon assez simpliste : quand nous croyons qu'il fait plus chaud que d'habitude, nous avons plus de chances de nous inquiéter du réchauffement climatique et vice versa – et ce malgré le fait fondamental que, comme nous l'avons vu partout dans ces pages, la météo et le climat sont deux choses bien différentes.[1] Les rapports entre les deux sont compliqués, surtout pour les phénomènes météorologiques liés aux précipitations – en termes familiers la pluie et la neige. Par exemple, même si cela va à l'encontre de notre intuition, la hausse des températures peut bel et bien conduire à un surcroît de neige – par exemple, si elle empêche l'Océan arctique de geler l'hiver, davantage d'eau s'évaporera dans l'atmosphère.

Le climat étant un concept statistique portant sur plusieurs décennies, aucun évènement météorologique individuel ne peut être fermement imputé à des influences humaines, mais il est certainement possible que ces dernières aient – disons – « remis une couche » de neige à Snowmageddon. Une telle affirmation, comme toujours dans le domaine de la science, ne peut en dernière analyse être jugée vraie ou fausse qu'au terme d'une confrontation avec les observations– en l'occurrence, les changements à long terme de la météo moyenne.

Par chance, les tendances à long terme de cette dernière sont faciles à étudier pratiquement dans tous les lieux du monde développé. La Figure 7.1 montre les chutes de neige annuelles totales dans la région de Washington. La tendance est au déclin, avec une diminution d'environ 40 % au cours de la période de 130 ans (1889-2018) couverte par le diagramme. Mais les

1. Li, Ye, Eric J. Johnson, and Lisa Zaval. "Local Warming: Daily Temperature Change Influences Belief in Global Warming." Psychological Science 22 (2011). https://journals .sagepub.com/doi/abs/10.1177/0956797611400913.

moyennes sur quinze ans révèlent des hauts et des bas et la variation d'une année sur l'autre est encore plus spectaculaire.

FIGURE 7.1

CHUTES ANNUELLES DE NEIGE À WASHINGTON, DC (1889-2018)

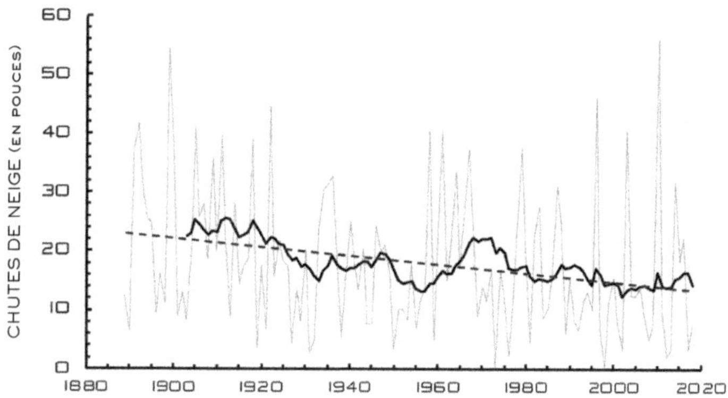

Total des chutes de neige hivernales à Washington de 1889 à 2018. La ligne en pointillés indique la tendance, la ligne continue la moyenne glissante des quinze dernières années Les observations sont datées de l'année comportant le mois de janvier.[1]

Alors, à quel point, précisément, Snowmageddon était-il inhabituel ? Nous pouvons en juger grâce à une liste des hivers les plus et les moins neigeux dans la capitale.[2] Il en ressort que l'hiver 2009-2010 est bel et bien celui où il a le plus neigé depuis 1888, comme le montre la Figure 7.1. Le second (de peu) est

1. Livingston, Ian. "Snowfall Shows a Sharp Long-Term Decline in the Washington Region, but Some Trends Are Surprising." Washington Post, November 29, 2018. https://www.washingtonpost.com/weather/2018/11/29/snowfall-shows-sharp-long -term-decline-washington-region-some-trends-are-surprising/.

2. Livingston, Ian, and Jordan Tessler. "Everything You Ever Wanted to Know about Snow in Washington, D.C., Updated." Washington Post, February 9, 2018. https ://www.washingtonpost.com/news/capital-weather-gang/wp/2018/02/09/everything -you-ever-wanted-to-know-about-snow-in-washington-d-c-updated/.

l'hiver 1898-1899, plus d'un siècle plus tôt et bien avant que les influences humaines sur le climat aient été significatives. Sept sur quinze, environ la moitié, des hivers les plus enneigés, se situent après 1950, ce que l'on peut considérer comme toutà fait normal en l'absence de toute tendance significative (les soixante-sept ans entre 1950 et 2017 représentent à peu près la moitié de cette histoire de 130 ans).

D'un autre côté, cinq sur quinze des années les *moins* neigeuses se situent juste dans les dix-huit ans après l'an 2000, alors que s'il n'y avait pas de tendance, on aurait pu s'attendre à ce qu'il y en ait deux [(18x15)/130]. En l'absence de tendance, il y aurait moins de 3 % de chances de trouver durant ces années-là cinq hivers ou plus parmi les quinze les moins neigeux de l'ensemble de la période. Le record de chutes de neige extrêmes confirme donc ce que suggère la tendance des totaux annuels – les influences humaines, si elles ont eu le moindre effet, ont diminué et non accru l'enneigement à Washington.

Bien entendu, dix-huit ans, ce n'est pas assez pour affirmer quoi que ce soit sur le climat, et encore moins sur d'éventuels changements. Et Washington n'est qu'un lieu sur une planète beaucoup plus vaste. Pour mieux juger de ces éventuels changements au sein des événements en lien avec les précipitations – pluie et neige, sécheresses et inondations, feux de forêt – il nous faut prendre du recul, étudier les précipitations contemporaines du réchauffement climatique des cent dernières années. Les sécheresses sont-elles plus sévères ? Les inondations plus ou moins fréquentes ? Les feux de forêt plus ou moins communs ?

C'est dans les données que nous chercherons la réponse à ces questions et nous nous demanderons ce que ces réponses suggèrent pour répondre à des questions plus complexes comme : Que pourrait-il se passer à l'avenir quand les activités humaines exerceront davantage d'influence ?

La quantité d'eau sur la planète est essentiellement fixe. La quasi-totalité se trouve dans les océans (97 %) et presque tout le reste sur terre – sous forme de glace et de neige (surtout dans les calottes glaciaires du Groenland et de l'Antarctique), dans les lacs, les rivières et les nappes phréatiques. Mais comme nous l'avons vu Chapitre 2, le un centième de mille d'eau terrestre qui réside dans l'atmosphère joue un rôle crucial pour le climat – la vapeur d'eau est en effet le plus important des gaz à effet de serre et les nuages constituent l'essentiel de l'albédo de la terre.

L'énergie solaire déplace l'eau de l'un à l'autre de ces divers réservoirs pour former ce que l'on appelle le « cycle hydrologique ». La partie la plus importante et la plus dynamique de ce cycle est le flux qui s'élève de la surface de la terre et part dans l'atmosphère (85 % de ce flux vient de l'évaporation des océans, les 15 % restants de la terre émergée, une bonne partie étant transpirée par les plantes). Cette eau reste en l'air dix jours en moyenne avant de se condenser et de retomber à la surface sous forme de pluie ou de neige (dont 77 % tombe sur l'océan et 23 % sur la terre ferme).

Les précipitations dépendent à la fois de la quantité de vapeur d'eau contenue dans l'air et de la température de ce dernier. Elle se condense sous forme liquide ou sous forme de glace – et tombe quand la température baisse. C'est pourquoi vous voyez votre souffle, chaud et humide, quand il fait froid. C'est aussi la raison pour laquelle, si les précipitations moyennes sur la planète sont de 980 mm d'eau – si tous les lieux de la terre en recevaient la même quantité chaque année, c'est à peu près ce que nous aurions tous – en pratique, cela varie énormément en fonction de la météo, de la saison et, surtout, de la situation géographique.[1] En gros, il pleut beaucoup près de l'équateur (où

1. New, Mark, Martin Todd, Mike Hulme, and Phil Jones. "Precipitation measurements and trends in the twentieth century." International Journal of Climatology 21 (2001): 1889-1922. https://rmets.onlinelibrary.wiley.com/doi/pdf/10.1002/joc.680.

revient une grande partie de l'eau évaporée quand l'air chaud et humide monte dans l'atmosphère et s'y refroidit) mais très peu quand c'est de l'air sec qui redescend, créant les bandes désertiques qui bordent l'équateur. Le lieu le plus sec de la terre se trouve en Amérique du sud, sur le bord nord du désert Atacama, au Chili. Il s'agit d'Arica, où les moyennes annuelles de pluie sont de 0,6 mm. Le plus humide est Mawsynram, en Inde, avec une moyenne annuelle de 11 871 mm.

Toutes choses étant égales par ailleurs, on s'attend à ce que le cycle hydrologique s'intensifie à mesure que la planète se réchauffera : il y aura davantage d'évaporation, l'air plus chaud pourra donc contenir davantage d'eau, ce qui entraînera davantage de précipitations. On pense également que les précipitations seront plus concentrées, les zones sèches devenant encore plus sèches, les humides encore plus humides, avec davantage de périodes de pluie diluvienne. Ceci pourrait entraîner davantage d'inondations dans certaines régions, mais comme les températures plus élevées augmenteraient aussi l'évaporation des sols, les sécheresses pourraient aussi se multiplier. Il y a peu de consensus entre les modèles climatiques sur la question de savoir exactement comment, où et quand ces changements pourraient intervenir.

Malheureusement, non seulement ces attentes sont incertaines, mais il est difficile d'acquérir et d'analyser les données indispensables pour les vérifier, même pour répondre à une question toute simple comme : « Comment les précipitations moyennes ont-elles changé ? » Contrairement aux anomalies de température, les précipitations peuvent varier énormément sur des périodes et des distances courtes – quand il pleut quelque part, il peut parfaitement ne pas tomber une goutte à vingt (voire deux) kilomètres de là. C'est, comme nous l'avons dit plus haut, que la pluie suppose un changement soudain des propriétés de l'eau : en fonction de la température et de la quantité de vapeur d'eau, elle se condense et tombe, ou non. Contrairement à la température, donc, en matière de précipitations, il n'y a pas de manière facile de combiner les données émanant de stations météo éparses pour avoir une vision d'ensemble.

FIGURE 7.2
ANOMALIE DES PRÉCIPITATIONS SUR LA TERRE FERME (1901-2015)

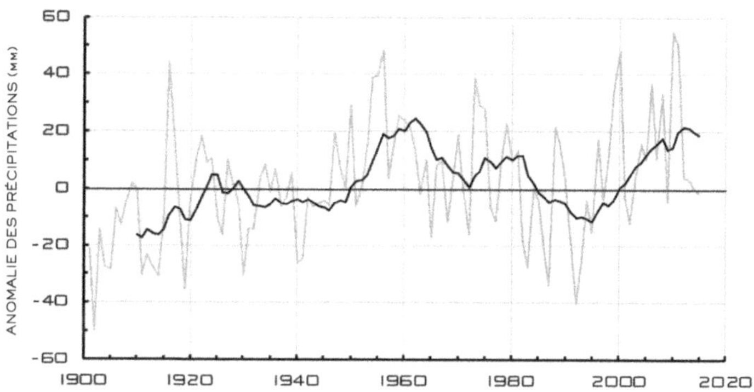

Anomalies des précipitations sur la terre ferme de 1901 à 2015. La ligne grise indique les valeurs annuelles, la noire la moyenne glissante sur les dix dernières années. Les précipitations annuelles moyennes sur la terre ferme sont de 818 mm.[1]

Néanmoins, une combinaison d'observations au sol et par satellite peut déboucher sur une image globale à long terme, plus précise pour les régions terrestres, où les stations météo sont plus nombreuses. La Figure 7.2 montre que les anomalies (déviations par rapport à la moyenne) des précipitations mondiales y ont augmenté au rythme moyen de 0,2 % par décennie depuis 1901. Mais cette affirmation n'est pas très robuste à cause de la grande variabilité des précipitations, du fait que les données ne sont pas abondantes et du fait qu'il s'agit de petits changements ; en fait, comme on le voit, parler d'une

1. United States Environmental Protection Agency (EPA). "Climate Change Indicators: U.S. and Global Precipitation." December 17, 2016. https://www.epa.gov/climate-indicators/climate-change-indicators-us-and-global-precipitation.

tendance régulière décrirait mal les données. Comme le notait le cinquième rapport du GIEC (AR5) en 2013 :

> *Le changement des précipitations moyennes sur les zones terrestres depuis 1901 inspire une faible confiance avant 1951 et une confiance moyenne après cette date. Si l'on fait la moyenne sur les zones terrestres de latitude intermédiaire de l'hémisphère nord, les précipitations ont augmenté depuis 1901 (moyenne confiance avant 1951, grande confiance après cette date). Pour les autres latitudes, les tendances positives ou négatives à long terme en moyenne par zone inspirent une faible confiance.*[1]

Cette citation montre que nous avons des preuves crédibles d'une augmentation régionale des précipitations sur la terre ferme dans la partie de l'hémisphère nord incluant les USA, l'Europe et l'Asie tempérée, surtout depuis 1951, mais nous ne disposons tout simplement pas d'une image plus globale. Une étude publiée en 2018 renforce cette dernière conclusion en analysant plus de trente-trois ans d'observations satellite de grande qualité couvrant la planète entre 60° S et 60° N (c'est-à-dire partout sauf les régions polaires) :

> ***… Il ne semble pas y avoir de tendances positives détectables et significatives dans la quantité de précipitations mondiales due à l'élévation, maintenant bien établie, de la température terrestre. Il y a certes des tendances régionales, mais aucune preuve de l'augmentation des précipitations à l'échelle mondiale en réponse au réchauffement climatique observé.***[2]

Ceci ne concorde pas avec la notion selon laquelle le réchauffement climatique accélérera forcément le cycle

1. IPCC. AR5 WGI, Section B.1 of Summary for Policymakers.

2. Nguyen, Phu, Andrea Thorstensen, Soroosh Sorooshian, Kuolin Hsu, Amir Aghakouchak, Hamed Ashouri, Hoang Tran, and Dan Braithwaite. "Global Precipitation Trends Across Spatial Scales Using Satellite Observations." Bulletin of the American Meteorological Society 99 (2018): 689-697. https://journals.ametsoc.org/bams /article/99/4/689/70305/ Global-Precipitation-Trends-across-Spatial-Scales.

FIGURE 7.3
ANOMALIE DES PRÉCIPITATIONS DANS LES 48 ÉTATS CONTIGUS (1901-2015)

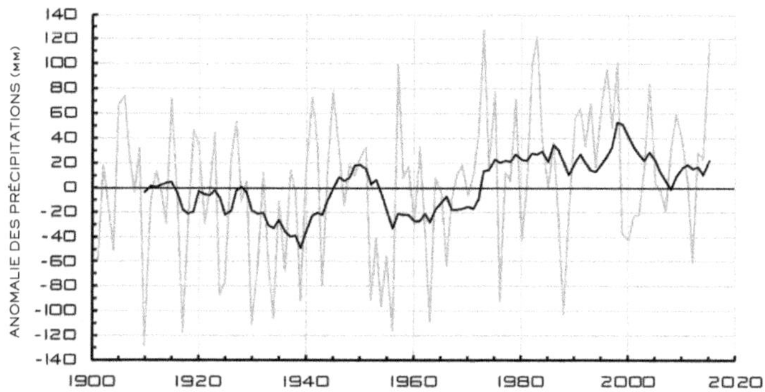

Anomalies des précipitations dans les 48 états contigus des États-Unis de 1901 à 2015. La ligne grise désigne les valeurs annuelles, la ligne noire la moyenne glissante sur les dix dernières années. La moyenne des précipitations annuelles s'élève à 767 mm.[1]

hydrologique – c'est-à-dire un surcroît de pluies et d'inondations. Pour en être certain, cependant, on aimerait disposer de données couvrant les régions polaires et s'échelonnant sur plus de trente-trois ans.[2]

Mais que dire des augmentations régionales ? Les précipitations annuelles, aux États-Unis, ont augmenté de 0,6 % par décennie depuis le début du vingtième siècle, comme le montre la Figure 7.3 (les précipitations annuelles moyennes, aux États-Unis, s'élèvent à 767 mm). Mais, on le voit, une simple tendance ne décrit pas non plus vraiment les données, ici : le changement global est faible par comparaison avec les fluctuations spectaculaires d'une année sur l'autre.

1. EPA. "Climate Change Indicators: U.S. and Global Precipitation."

2. Huntington, Thomas G. "Climate Warming-Induced Intensification of the Hydrologic Cycle: An Assessment of the Published Record and Potential Impacts on Agriculture." Advances in Agronomy 109 (2010): 1-53. https://www.sciencedirect.com /science/article/pii/B9780123850409000013.

De plus, comme le note le rapport 2017 du CSSR, il y a des différences significatives, régionales ou saisonnières, dans la façon dont les précipitations ont changé dans différentes régions du pays.[1] Depuis 1901, le Nord-est, le Midwest et les grandes plaines ont vu les précipitations augmenter, tandis que certaines parties du Sud-ouest et du Sud-est les ont au contraire vu diminuer. Autrement dit, s'il est vrai que les précipitations ont augmenté un peu dans l'ensemble, comme elles varient à la fois au fil des années et en termes de localisation beaucoup plus que la tendance elle-même, il est difficile de tirer des conclusions nettes sur les rôles respectifs des influences humaines et de la variabilité naturelle.

Un changement détectable est cependant intervenu concernant les précipitations sur le territoire américain : au fil des quarante dernières années, elles se sont agglutinées – il y a davantage d'épisodes de pluies torrentielles ou représentant une portion démesurée du total des précipitations annuelles, comme le montre la Figure 7.4. C'est dans le Nord-est et dans le nord du Midwest que l'augmentation a été la plus marquée, elle est beaucoup plus faible dans l'Ouest. Le rapport AR5 note, plutôt faiblement, que quelque chose de similaire est vrai pour l'ensemble de la planète :

> *... il est vraisemblable que depuis 1951, il y a eu des augmentations statistiquement significatives du nombre d'événements marqués par de très fortes précipitations (au-dessus du 95e centile) dans davantage de régions qu'il n'y a eu de diminutions statistiquement significatives, mais les tendances sont marquées par de fortes variations régionales et subrégionales.*[2]

Le manteau neigeux, qui augmente l'albédo du sol, est un autre aspect des précipitations d'une importance particulière pour le système climatique. Il dépend bien évidemment des

---

1. USGCRP. Climate Science Special Report: Fourth National Climate Assessment, Volume I: "Chapter 7: Precipitation Change in the United States." https://science2017.global change.gov/chapter/7/.
2. IPCC AR5 WGI Section 2.6.2.1.

FIGURE 7.4
PRÉCIPITATIONS EXTRÊMES DANS LES 48 ÉTATS CONTIGUS (1910-2015)

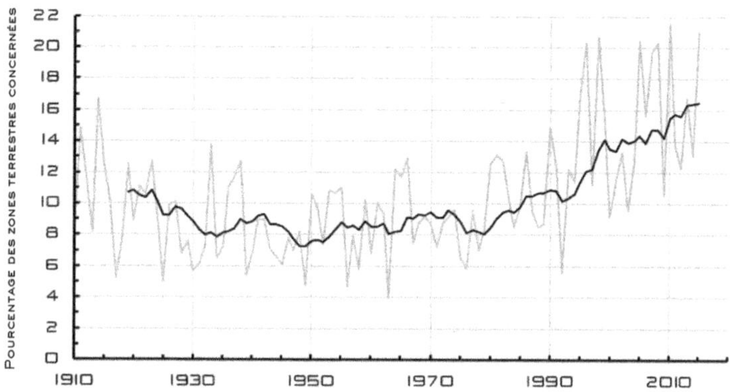

Pourcentage du terrain des quarante-huit états contigus où une portion beaucoup plus importante que la normale de précipitations annuelles a résulté d'événements extrêmes, en un seul jour. La ligne grise représente les années individuelles, la noire indique la moyenne glissante sur les dix dernières années.[1]

chutes de neige, mais aussi de la température. La quasi-totalité (prés de 98 %) du manteau neigeux de la planète concerne des terres de l'hémisphère nord. Quantitativement, il obéit à un cycle saisonnier, avec des maxima en hiver et des minima en été. Voici une observation clé du chapitre 7 du rapport du CSSR :

> *La superficie de la couverture neigeuse, au printemps, dans l'hémisphère nord, l'épaisseur maximum du manteau neigeux en Amérique du nord, l'équivalent en termes de fonte des neiges dans l'ouest des États-Unis et les années de chutes de neige extrêmes ont tous décliné, alors que les années de chutes de neige extrêmes dans certaines parties du nord des États-Unis ont augmenté (confiance moyenne).*

On procède à des observations par satellite de la couverture neigeuse dans l'hémisphère nord depuis 1967 – la Figure 7.5

1. EPA. "Climate Change Indicators: U.S. and Global Precipitation."

récapitule ces données sur quarante ans. Comme le note le CSSR, on observe effectivement un net déclin de la couverture neigeuse au cours du printemps (ainsi, dans une certaine mesure, qu'en été), ce qui n'a rien de surprenant compte tenu du réchauffement climatique, d'autant que ce dernier, comme nous l'avons vu au chapitre 5, se traduit par une augmentation des températures les plus basses,– tandis que la couverture neigeuse durant l'automne et l'hiver a augmenté modestement.

FIGURE 7.5

SUPERFICIE MOYENNE DE LA COUVERTURE NEIGEUSE DANS L'HÉMISPHERE NORD (1967-2020)

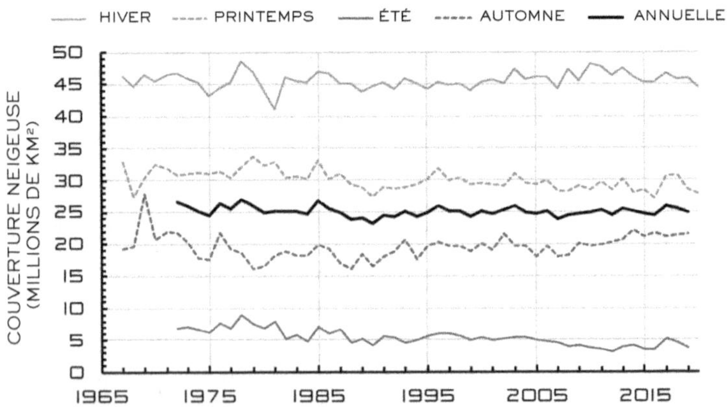

Superficie déterminée par les observations satellite de la couverture neigeuse saisonnière sur les terres de l'hémisphère nord entre 1967 et 2020.[1-2]

1. Estilow, T. W., A. H. Young, and D. A. Robinson. "A Long-Term Northern Hemisphere Snow Cover Extent Data Record for Climate Studies and Monitoring." Earth System Science Data 7 (2015): 137-142. https://essd.copernicus.org/articles/7/137/2015/essd-7 -137-2015.html.

2. National Snow and Ice Data Center. "SOTC: Northern Hemisphere Snow." November 1, 2019. https://nsidc.org/cryosphere/sotc/snow_extent.html.

FIGURE 7.6
ANOMALIES DU MANTEAU NEIGEUX
DE L'HÉMISPHÈRE NORD (1967-2020)

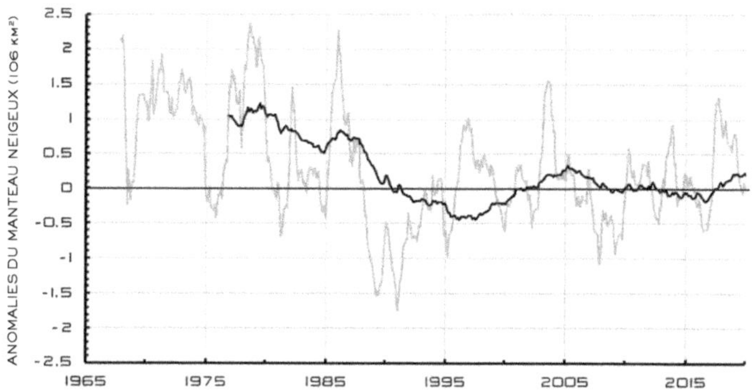

Anomalies de l'étendue de la couverture neigeuse, 1967-2020. La ligne grise, en dents de scie, désigne la moyenne sur douze mois des valeurs mensuelles, tandis que la courbe noire représente la moyenne glissante sur les dix dernières années. Les anomalies sont relatives aux années de référence 1981-2010.[1]

Ces tendances saisonnières contrastées se combinent pour produire une couverture neigeuse annuelle qui change plus lentement, comme le montre, plus en détail, la Figure 7.6. On observe semble-t-il une diminution d'environ 0,8 millions de km^2 (3 % de la moyenne annuelle de 25 millions de km^2) entre les valeurs relativement constantes enregistrées avant et après 1989. Une fois encore, la diminution du manteau neigeux est cohérente par rapport au réchauffement climatique, même si la poussière et la suie sur la neige, qui en accélèrent la fonte en absorbant davantage le rayonnement solaire, peuvent aussi avoir joué un rôle. Cependant, une ligne droite représentant une tendance ne décrirait pas vraiment les données, puisque la moyenne sur dix ans n'a pas changé au cours des trente

1. Data from NOAA. "Sea Ice and Snow Cover Extent." NOAA National Centers for Environmental Information, December 8, 2020. https://www.ncdc.noaa.gov/snow -and-ice/extent/snow-cover/nhland/0.

ans écoulés depuis 1990, alors même que la température de la planète a augmenté de 0,5°C. Je suis étonné de ne pas avoir vu ceci dans les observations clés du rapport du CSSR (ni, en fait, nulle part ailleurs dans le texte).

Ce sont évidemment les extrêmes associés aux précipitations – inondations et sécheresses – qui propulsent le « climat » à la une des journaux. Les changements modestes des pluies sur le territoire américain au cours du siècle passé n'ont pas modifié l'incidence moyenne des inondations. Les tendances en la matière varient néanmoins d'une région à l'autre, certaines ayant connu davantage d'inondations, d'autres moins, comme le montre la Figure 7.7, qui localise ces changements dans un sens ou dans l'autre.

Quant aux changements éventuels des inondations à l'échelle mondiale, l'AR5 exprime « *une faible confiance* » sur le sens de la tendance concernant leur ampleur et/ou leur fréquence. » Autrement dit, nous ne savons pas si les inondations, dans l'ensemble de la planète, augmentent, diminuent ou restent stables. Le rapport propose une perspective à plus long terme dans la conclusion de la section 5.5 :

> ***En bref, nous pouvons affirmer avec une confiance élevée que des inondations plus importantes que celles qui ont été enregistrées depuis le vingtième siècle se sont produites au cours des 500 dernières années en Europe du nord et en Europe centrale, dans la région de l'ouest de la méditerranée et en Asie orientale. Mais nous ne pouvons affirmer qu'avec une confiance moyenne que dans le Proche orient, en Inde, au centre de l'Amérique du nord, les grandes inondations modernes sont comparables en magnitude et en fréquence aux inondations historiques, quand elles ne les surpassent pas.***

Les sécheresses sont encore plus difficiles à évaluer que les inondations, car elles ne résultent pas uniquement des précipitations (ou plutôt de leur absence). Elles impliquent une combinaison de température, de précipitations, du ruissellement et de l'humidité des sols. Les activités humaines, comme l'irrigation

FIGURE 7.7
CHANGEMENT DE MAGNITUDE DES INONDATIONS FLUVIALES AUX ÉTATS-UNIS (1965-2015)

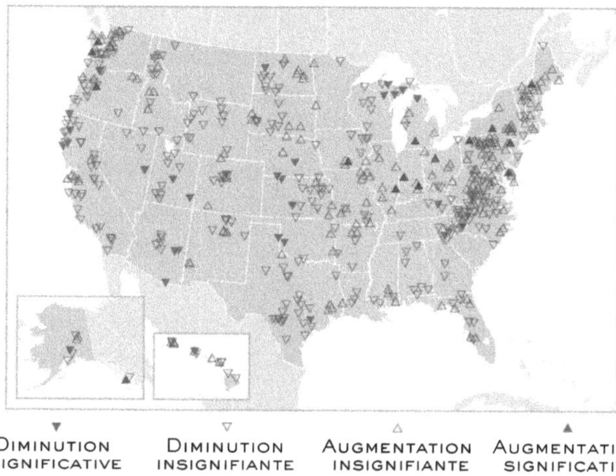

Évolution de l'ampleur des débordements de fleuves et de rivières aux États-Unis entre 1965 et 2015. Les symboles pointant vers le haut indiquent des endroits où les inondations sont plus importantes qu'auparavant, ceux qui pointent vers le bas indiquent ceux où elles ont diminué. Les symboles colorés en noir représentent les stations où le changement a été statistiquement significatif.[1]

qui vide les nappes phréatiques ou la surexploitation agricole qui a provoqué le *Dust Bowl* des Grandes plaines américaines durant les années 1930, peuvent aussi jouer un rôle.[1]

On mesure habituellement les sécheresses par le biais de l'indice PDSI, pour Palmer Drought Severity Index, qui estime la sécheresse en combinant des données facilement disponibles : la température et les précipitations.[2]Le PDSI d'un lieu

1. EPA. "Climate Change Indicators: River Flooding." December 17, 2016. https://www .epa.gov/climate-indicators/climate-change-indicators-river-flooding.

2. Dai, Aiguo, and National Center for Atmospheric Research Staff. "Palmer Drought Severity Index (PDSI)." NCAR—Climate Data Guide, December 12, 2019. https //climatedataguide.ucar.edu/climate-data/palmer-drought-severity-index-pdsi.

géographique peut s'échelonner de -10 (très sec) à + 10 (très humide), mais la plupart des valeurs se situent entre -4 et +4. S'il est loin d'être parfait, le PDSI a raisonnablement bien réussi à quantifier la sécheresse à long terme.

La Figure 7.8 montre les valeurs annuelles du PDSI de 1895 à 2015, en moyenne pour les quarante-huit états américains contigus. S'il y a eu de brèves variations régionales durant cette période et si les cinquante dernières années ont été légèrement plus humides que la moyenne, il est difficile de déceler beaucoup de changement à long terme. L'AR5 dit à peu près la même chose pour l'ensemble de la planète et exprime – sans doute à la grande surprise de nombreuses personnes – *une faible confiance* concernant la tendance à la sécheresse à l'échelle mondiale depuis le milieu du vingtième siècle. »

FIGURE 7.8

CONDITIONS MOYENNES DE SÉCHERESSE DANS LES 48 ÉTATS CONTIGUS (1895-2015)

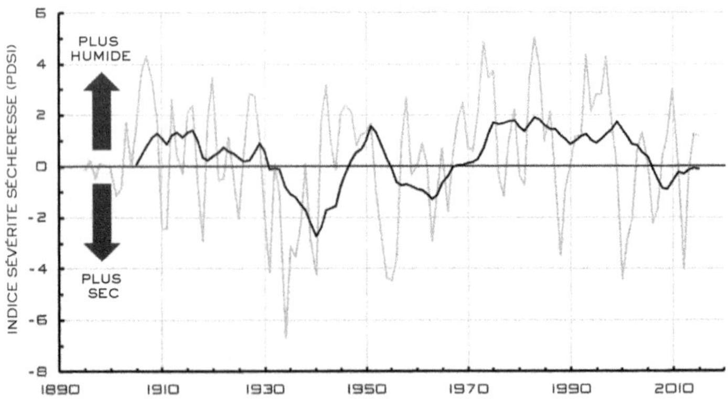

Valeurs annuelles de l'indice de sécheresse de Palmer (PDSI) en moyenne dans les 48 états contigus, de 1895 à 2015. La ligne noire représente la moyenne glissante sur les dix dernières années.[1]

1. EPA. "Climate Change Indicators: Drought." December 17, 2016. https://www.epa.gov /climate-indicators/climate-change-indicators-drought.

FIGURE 7.9
VALEURS ANNUELLES DE L'INDICE DE SÉCHERESSE

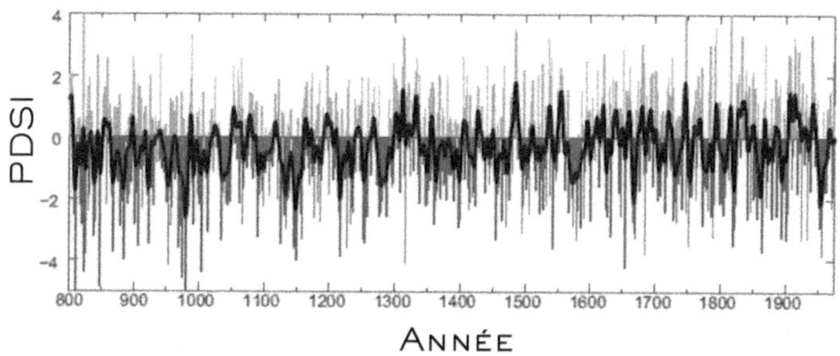

Valeurs annuelles de l'indice de sécheresse PDSI dans le Sud-Ouest des États-Unis. La ligne noire désigne des valeurs lissées sur des intervalles de neuf ans. (AR5 WGI, Figure 5.13)[1]

Mais la sécheresse est réellement, depuis des millénaires, un grave problème dans certaines régions des États-Unis. Cela apparaît clairement dans la Figure 7.9, qui retrace les sécheresses dans les états du sud-ouest sur une période de plus de 1 200 ans. Les observations, principalement l'analyse des anneaux annuels de croissance des arbres, révèlent de nombreuses sécheresses ayant duré des dizaines d'années. Avant 1900, aucune ne peut résulter d'influences humaines et les « megasécheresses », entre 900 et 1300, sont, pense-t-on, associées au fait que la planète était plus chaude à l'époque.[2]

Les modèles prédisent que le sud-ouest va s'assécher régulièrement en raison du réchauffement climatique mais les observations du vingtième siècle s'inscrivent parfaitement dans le contexte historique et, comme le note l'AR5, l'impact actuel des influences humaines semble faible par comparaison avec

1. AR5 WGI Figure 5.13. https://www.ipcc.ch/site/assets/uploads/2018/02/Fig5-13.jpg.

2. Cook, Edward R., Connie A. Woodhouse, C. Mark Eakin, David M. Meko, and David W. Stahle. "Long-Term Aridity Changes in the Western United States." Science, November 5, 2004. https://science.sciencemag.org/content/306/5698/1015.

la variabilité naturelle.[1] Une étude publiée en 2020 confirme que la principale cause des sécheresses ayant duré plusieurs années aux USA au cours du dernier millénaire est la variabilité interne de l'atmosphère.[2]

FIGURE 7.10
LE DÉBIT DU COLORADO

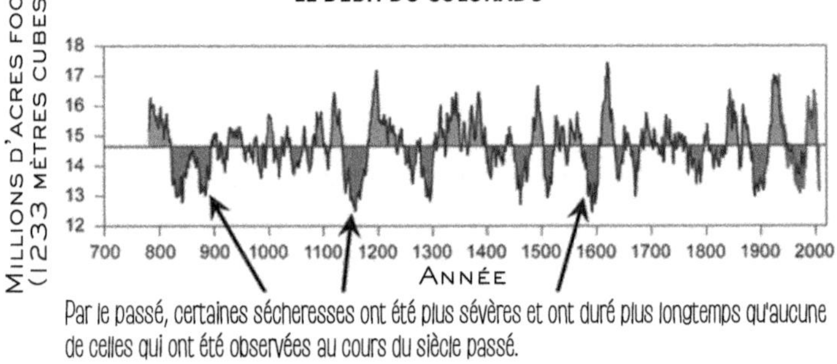

Le débit du Colorado sur une période de 1200 ans, reconstitué essentiellement grâce à l'analyse des anneaux de croissance annuelle des arbres. (Figure tirée du rapport 2009 du NCA) [3].

Le rapport d'évaluation sur le climat national publié en 2009 notait explicitement la grande variabilité naturelle liée aux sécheresses qui sévissent dans le sud-ouest et illustrait ce constat d'un graphique reconstituant, sur plus de 1 200 ans, le débit du Colorado.[4] Il était accompagné du texte suivant : « Ces observations révèlent que certaines sécheresses, dans le passé,

1. IPCC AR5 Section 12.5.5.8.1.

2. Erb, M. P., J. Emile-Geay, G. J. Hakim, N. Steiger, and E. J. Steig. "Atmospheric dynamics drive most interannual U.S. droughts over the last millennium." Science Advances 6 (2020). https://advances.sciencemag.org/content/6/32/eaay7268.full.

3. U.S. Global Change Research Program. "Global Climate Change Impacts in the United States 2009 Report (Legacy Site)." Accessed July 8, 2020. https://nca2009. globalchange.gov/southwest-drought-timeline/index.html.

4. The Climate Assessment for the Southwest (CLIMAS). "Southwest Paleoclimate." Accessed July 8, 2020. https://climas.arizona.edu/sw-climate/southwest-paleoclimate.

ont été plus sévères et ont duré plus longtemps qu'aucune de celles qui ont sévi au cours des cent dernières années. » En 2014, le rapport AR5 du GIEC était tout aussi clair dans un sommaire du chapitre 5 :

> ***Nous pouvons affirmer avec une grande confiance que les sécheresses, au cours du dernier millénaire, ont été d'une ampleur supérieure et d'une durée plus longue que celles qui ont été observées depuis le début du vingtième siècle dans de nombreuses régions.***

Il est difficile, compte tenu de cette perspective à long terme, d'attribuer les sécheresses récentes uniquement à l'influence des activités humaines. Mais, curieusement, elle est entièrement absente du rapport NCA 2014. Le rapport suivant, publié en 2017 par le CSSR, n'offre aucune figure comme nos Figures 7.9 et 7.10, mais il consacre une demi-page à la description du dernier millénaire.[1] Hélas, il consacre ensuite à peu près le double de texte à la discussion d'une récente sécheresse de six ans en Californie, que le gouverneur de l'état avait déclarée terminée six mois avant la publication du rapport du CSSR.[2] Comme on le voit sur la Figure 7.11, qui illustre l'évolution de l'indice de sécheresse de Palmer (PDSI) pour la Californie depuis 1901, le pire de cette sécheresse de six ans se situe en 2014 ; en 2019, les médias parlaient surtout de l'hiver particulièrement pluvieux. Il est difficile de justifier une évaluation du *climat* analysant une « tendance » de moins de dix ans, même si cela rend ses conclusions moins médiatisables. Si l'on retient des durées plus longues, la Californie s'oriente vers la sécheresse depuis 2000 ; reste à voir si elle persistera au cours des prochaines décennies.

La sécheresse favorise les feux de forêt, qui font davantage de gros titres que n'importe quel autre phénomène en lien

1. CSSR Section 8.1.1.

2. Associated Press. "California's drought is officially over, Gov. Jerry Brown says." CBS News, April 7, 2017. https://www.cbsnews.com/news/calif-gov-jerry-brown-declares -an-end-to-drought/.

avec les précipitations. La couverture médiatique des incendies dévastateurs partout dans le monde – récemment au Brésil, en Australie et en Californie – les présente comme une conséquence épouvantable du réchauffement climatique. Ils peuvent effectivement être abominables : en 2020, des incendies record ont détruit des millions d'hectares sur la côte ouest, détruisant des maisons et des agglomérations et, tragiquement, faisant de nombreuses victimes tandis que des milliers d'autres personnes étaient contraintes de ne plus sortir, l'air étant devenu irrespirable. Ces incendies ont suscité des monceaux d'articles avec des titres comme : « Feux de forêt dans l'ouest : d'après les experts, ils résultent d'un changement climatique 'sans précédent' ». [1]Et en fait, les changements affectant le climat jouent bel et bien un rôle dans la fréquence, le lieu et le caractère des feux de forêt. Mais pour comprendre ce rôle et celui des activités humaines (aujourd'hui et à l'avenir) il nous faut creuser un peu plus loin que dans les titres des journaux.

Des capteurs sophistiqués, placés dans des satellites, ont commencé à surveiller l'évolution mondiale des feux de forêt en 1998. Étonnamment, l'analyse des images a révélé que les superficies ayant brûlé chaque année avaient diminué d'environ 25 % entre 1998 et 2015.[2] C'est évident quand on regarde la Figure 7.12, émanant de la NASA, qui montre la superficie totale, dans le monde entier, des zones dévastées par des incendies chaque année, entre 2003 et 2015, la ligne droite indiquant la tendance. Malgré les incendies dévastateurs de 2020, cette année-là figure parmi les moins actives depuis 2003.[3]

1. Freedman, Andrew. "Western wildfires: An 'unprecedented' climate change fueled event, experts say." Washington Post, September 11, 2020. https://www.washington post.com/weather/2020/09/11/western-wildfires-climate-change/.

2. Andela, N., D. C. Morton, L. Giglio, Y. Chen, G. R. van der Werf, P. S. Kasibhatla, R. S. DeFries, et al. "A Human-Driven Decline in Global Burned Area." Science, June 30, 2017. https://science.sciencemag.org/content/356/6345/1356.

3. Copernicus Atmosphere Monitoring Service. "How Wildfires in the

FIGURE 7.11

INDICE PALMER DE LA SÉVÉRITÉ DES SÉCHERESSES EN CALIFORNIE (JANVIER 1901-OCTOBRE 2020)

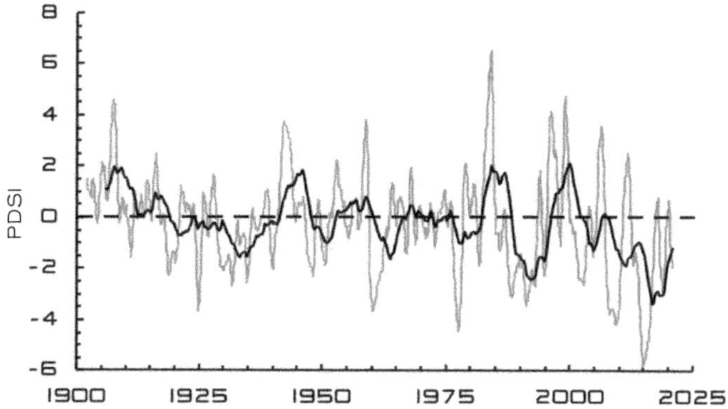

La courbe grise désigne la moyenne glissante sur les douze derniers mois des valeurs mensuelles, la noire indique la moyenne glissante sur les cinq dernières années.[1]

Les chercheurs attribuent ce déclin aux activités humaines, spécifiquement l'expansion et l'intensification de l'agriculture :

> *Les populations ayant augmenté dans les régions d'Afrique, d'Amérique du sud et d'Asie centrale où sévissaient souvent des incendies, les prairies et les savanes ont gagné du terrain et ont été converties en terre agricole. Résultat, les habitudes ancestrales d'écobuage (pour éliminer les buissons et nettoyer le terrain afin d'y faire paître le bétail ou pour d'autres raisons) ont été plus ou moins abandonnées… Et au lieu d'avoir recours au feu, on utilise de plus en plus de machines pour nettoyer le terrain.*[1]

Americas and Tropical Africa in 2020 Compared to Previous Years." European Centre for MediumRange Weather Forecasts on behalf of the European Commission. Accessed January 19, 2021. https://atmosphere.copernicus.eu/wildfires-americas-and-tropical-africa -2020-compared-previous-years.

1. NOAA National Centers for Environmental Information, Climate at a Glance: Statewide Mapping, published November 2020, retrieved on December 6, 2020, from https://www.ncdc.noaa.gov/cag/statewide/mapping.

1. Voiland, Adam. "Building a Long-Term Record of Fire." NASA, Earth Observatory. Accessed November 23, 2020. https://earthobservatory.nasa.gov/images/145421/building-a-long-term-record-of-fire.

FIGURE 7.12
SUPERFICIE TOTALE DES ZONES INCENDIÉES (2003-2015)

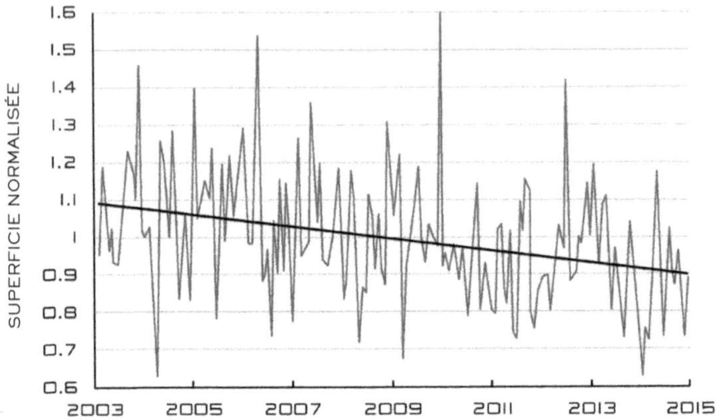

Valeurs normalisées des superficies détruites chaque mois par des incendies (ligne grise) et tendance.[1]

Autrement dit, quelle que soit l'influence éventuelle du changement climatique sur les feux de forêt au cours des récentes décennies, des facteurs humains sans lien avec le climat ont joué un rôle dominant. Mais les données fournies par les satellites ont aussi montré une augmentation significative de l'intensité et de l'étendue des incendies dans l'ouest des États-Unis. En fait, la sixième observation clé du chapitre 8 du rapport du CSSR est la suivante :

> *L'incidence des grands feux de forêt dans l'ouest des États-Unis et en Alaska a augmenté depuis le début des années 1980 (grande confiance) et il est prévisible qu'elle augmentera encore dans ces régions en raison du réchauffement climatique, ce qui entraînera de profonds changements dans certains écosystèmes (confiance moyenne).*

1. Voiland, Adam. "Building a Long-Term Record of Fire." NASA, Earth Observatory. Accessed November 23, 2020. https://earthobservatory.nasa.gov/images/145421 /building-a-long-term-record-of-fire.

La section 8.3 du rapport comporte quelques détails supplémentaires :

> *Les données concernant ces incendies au niveau de chaque état au vingtième siècle indiquent que les zones dévastées dans l'ouest des États-Unis ont diminué entre 1916 et 1940, qu'elles étaient réduites jusqu'aux années 1970 et qu'elles ont augmenté au cours de la période plus récente.*

Les changements climatiques jouent certainement un rôle. Moins de pluie et des températures plus élevées se conjuguent pour que le « combustible » soit plus inflammable, favorisant ainsi l'extension rapide et l'intensification de l'incendie. Le chapitre 3 du rapport SR15 du GIEC, publié en 2018, est explicite :

> *Il existe des preuves additionnelles permettant d'imputer l'accroissement des feux de forêt en Amérique du nord au changement climatique anthropogénique entre 1984 et 2015, l'accroissement de l'aridité du combustible ayant presque doublé la superficie des feux de forêt dans l'ouest des États-Unis par comparaison avec ce que l'on aurait pu attendre en l'absence de changement climatique.*

L'étude de 2016 citée pour étayer cette affirmation comparait la sécheresse du combustible dans des climats soumis ou non à des influences humaines, telle que l'ont simulée vingt-sept modèles du CMIP5.[1] Ces différences se traduisent ensuite par des propriétés différentes des incendies. Bien entendu, imputer la totalité de l'accroissement des superficies incendiées à des causes humaines suppose que les modèles reproduisent correctement la variabilité interne, ce qui n'est pas le cas. C'est particulièrement vrai à cause de la grande variabilité interne de la sécheresse dans le Sud-Ouest, que montre bien la Figure 7.9.

---

1. Abatzoglou, John T., and A. Park Williams. "Impact of Anthropogenic Climate Change on Wildfire across Western US Forests." PNAS 113 (2016). https://www.pnas .org/content/pnas/113/42/11770.full.pdf.

Mais d'autres facteurs que le climat doivent aussi jouer un rôle important, sinon dominant, puisque les incendies avaient diminué au début du vingtième siècle, alors même que les conditions de sécheresse en Californie ne révélaient aucune tendance, comme le montre la Figure 7.11. Les « influences humaines » peuvent prendre de nombreuses formes. La gestion des forêts (Combien de combustible laisse-t-on s'accumuler ? Les feux sont-ils immédiatement combattus ou les laisse-t-on démarrer ? Quelles constructions autorise-t-on dans les forêts ou à proximité ?). En outre, les départs d'incendie provoqués par des êtres humains (près de 85 % des incendies de forêt américains ont une cause humaine) contribuent à ces feux de forêt.[1]

Si nous ne sommes sans doute pas en mesure de quantifier totalement, et encore moins de contrôler, les nombreuses influences liées au climat sur les feux de forêt, nous disposons de moyens efficaces pour gérer les facteurs humains. Quand la conversation sur les feux de forêt se borne à souligner que le « changement climatique » rend la catastrophe inévitable nous perdons une occasion de prendre des dispositions de nature à lutter plus directement contre ces catastrophes.[2]

Bien sûr, les choses peuvent changer au cours des prochaines décennies (et elles le feront sûrement). Mais comment ? C'est loin d'être évident. Il ne faut pas faire trop confiance aux prévisions des modèles climatiques sur les changements futurs des

1. National Parks Service. "Wildfire Causes and Evaluations." US Department of the Interior, November 27, 2018. https://www.nps.gov/articles/wildfire-causes-and -evaluation.htm.

2. Miller, R. K., C. B. Field, and K. J. Mach. "Barriers and enablers for prescribed burns for wildfire management in California." Nature Sustainability 3 (2020): 101-109. https://www.nature.com/articles/s41893-019-0451-7; Doerr, Stefan, H. and Cristina Santín. "Global trends in wildfire and its impacts: perceptions versus realities in a changing world." Philos Trans R Soc Lond B Biol Sci. 371 (2016): 20150345. https://www .ncbi.nlm.nih.gov/pmc/articles/PMC4874420/.

précipitations – après tout, elles proviennent des modèles dont nous avons longuement parlé chapitre 4. Et comme le note l'AR5 :

> *La simulation des caractéristiques des précipitations à grande échelle s'est quelque peu améliorée depuis l'AR4, même si les modèles continuent à donner des résultats moins convaincants pour les précipitations que pour les températures de surface.*[1]

En fait, c'est encore pire. Le rapport affirme explicitement qu'en général, les ensembles de modèles du CMIP5 « ne peuvent être utilisés comme un outil fiable de prévision de probabilité régionale »[2], pour aucun aspect du climat. Autrement dit, les modèles sont encore moins capables de décrire les changements des climats régionaux que les changements à l'échelle mondiale.

Néanmoins, les sécheresses et les inondations ont un impact tellement dramatique que les hommes politiques et autres officiels ne peuvent pas s'empêcher de citer les résultats des modélisations pour prophétiser de futures catastrophes.

Mark Carney, ancien gouverneur de la banque centrale du Canada puis de la Banque d'Angleterre, est probablement l'un des personnages qui exercent l'influence la plus décisive pour inciter les investisseurs et les institutions financières du monde entier à réfléchir au changement climatique et à la façon dont il est influencé par les activités humaines. Très cultivé, titulaire d'un doctorat en économie de l'université d'Oxford, il a été un remarquable gouverneur de banque centrale. Il est aujourd'hui envoyé spécial des Nations Unies pour le financement de l'action climatique. Il est aussi conseiller du Royaume Uni dans le cadre de la 26ième Conférence annuelle des parties, qui, dans le sillage de la Conférence sur le climat de Paris de 2015, s'est tenue à Glasgow en novembre 2021. Il préside également la Nouvelle

1. AR5, Box TS.4 of the WGI Technical Summary.
2. AR5 WGI, Box 11.2.

alliance financière pour les émissions nettes zéro. Il est donc important d'écouter attentivement ce qu'il dit.

Dans un discours de 2015, prononcé en sa qualité de Gouverneur de la Banque d'Angleterre juste avant la conférence de Paris, Carney a exposé de nombreux aspects de la « réponse de l'assurance au changement climatique. »[1] Les événements météorologiques extrêmes coûtent très cher aux compagnies d'assurance, on ne s'étonnera donc pas que son plaidoyer ait comporté un avertissement sur les inondations :

> *Si l'hiver 2014 a été le plus pluvieux en Angleterre depuis le règne de George III, les prévisions permettent de penser que l'on peut s'attendre à une nouvelle augmentation d'au moins 10 % de la pluviométrie hivernale à l'avenir.*

Pour étayer cette affirmation, il a cité « la recherche du Bureau Météorologique de Grande Bretagne en matière d'observations du climat, de ses prévisions et de ses impacts. » Il s'agissait de prévisions à cinq ans des modèles climatiques, on aurait donc pu espérer qu'elles seraient plus exactes que les prévisions à cinquante ans. Regardons les données.

La Figure 7.13 montre les précipitations hivernales (de décembre à février) observées en Angleterre et au Pays de Galles de 1766 à 2020 – l'une des plus longues séries d'observations météo instrumentales dont nous disposions. La pluviométrie moyenne semble assez constante de 1780 à 1870, et à nouveau entre 1920 et l'époque actuelle. Un changement est survenu à un moment donné au cours des cinquante ans d'intervalle, époque durant laquelle les influences humaines sur le climat étaient absolument négligeables.

Carney a raison de dire que l'hiver 2014 a battu des records de pluviométrie (455,5 mm) – ce fut effectivement l'hiver le plus arrosé depuis le règne de George III, qui a duré jusqu'à 1820.

---

1. Carney, Mark. "Mark Carney: Breaking the Tragedy of the Horizon—Climate Change and Financial Stability." bis.org, September 29, 2015. https://www.bis.org/ review/r151009a.pdf.

Mais les modèles de l'Office Météorologique qu'il a cité en 2014 se sont tous révélés absolument faux. La pluviométrie, durant les six hivers postérieurs à 2014, s'est révélée parfaitement dans la lignée du siècle précédent, avec une moyenne de 278 mm, soit 39 % *de moins* que le record de 2014, très loin des 500 mm « au moins » qu'impliquait l'augmentation annoncée.

FIGURE 7.13

PLUIVIOMÉTRIE HIVERNALE EN ANGLETERRE ET AU PAYS DE GALLES (1767-2020)

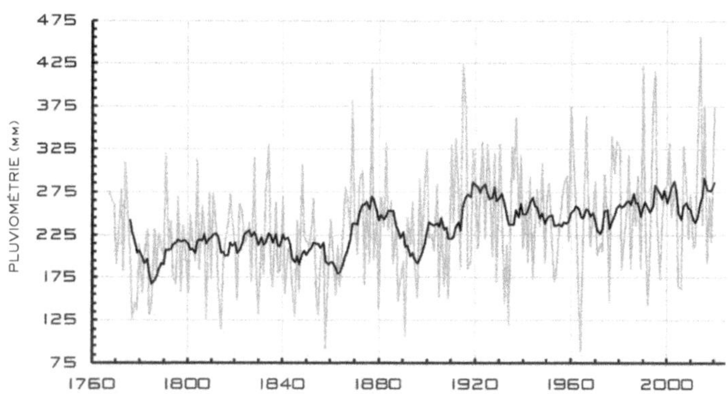

La pluviométrie de décembre à février, en Angleterre et au Pays de Galles, de 1767 à 2020. La courbe grise, en dents de scie, représente les valeurs annuelles, la ligne noire la moyenne glissante sur les dix dernières années.[1]

Et une analyse de l'Office Météorologique, publiée en 2018, a montré que la plus grande source de variabilité des pluviométries hivernales extrêmes était l'Oscillation nord-atlantique, mode de variabilité naturelle, et non le changement climatique.[2]

1. Met Office Hadley Centre (National Meterological Service for the UK). https://www .metoffice.gov.uk/hadobs/hadukp/data/seasonal/HadEWP_ssn.dat.

2. Brown, Simon J. "The drivers of variability in UK extreme rainfall." International Journal Of Climatology 38 (2018): e119-e130. https://rmets.onlinelibrary.wiley.com /doi/pdf/10.1002/joc.5356

Carney pourrait bien sûr se réfugier derrière le côté évasif des expressions utilisées dans son discours comme « permettent de penser » et l'aspect indéterminé de « à l'avenir ». Il est néanmoins surprenant que le titulaire d'un doctorat en économie, connaissant d'expérience le caractère imprévisible des marchés financiers et de l'économie dans son ensemble, ne soit pas plus attentif aux périls de la prédiction – et plus prudent face aux modèles climatiques.

Les inondations, les sécheresses et les incendies entraînent de grandes tragédies et leurs conséquences peuvent être dévastatrices. Le monde étant de plus en plus connecté, nous sommes de mieux en mieux informés de ces événements quand ils se produisent. Mais cela n'en fait pas une « preuve supplémentaire » du changement climatique. **En dernière analyse, les observations nous disent qu'il n'y a pas de changement rapide en matière de précipitations, que ce soit au niveau planétaire ou aux États-Unis. Et les modèles climatiques débouchent sur une telle incertitude que l'ancestrale frustration de l'humanité face au caractère imprévisible des précipitations n'est pas près de disparaître.**

CHAPITRE 8

LA MER VA-T-ELLE NOUS SUBMERGER ?

Une image frappante de la Statue de la Liberté à moitié submergée figurait en couverture du numéro de septembre 2013 du magazine *National Geographic*, annonçant son grand article intitulé « Le niveau de la mer monte – et modifie nos côtes ». Un lecteur curieux aurait pu consulter le registre du marégraphe situé à la pointe sud de Manhattan (à moins de 3 km de la statue) – il aurait vu que le niveau de la mer a monté d'environ 30cm par siècle depuis 1855.[1] Et un rapide calcul lui aurait montré qu'à ce rythme, il faudrait plus de vingt mille ans pour que l'eau atteigne ce niveau menaçant pour notre pauvre Lady Liberty. Mais en plus de démontrer que les concepteurs de couvertures de magazines n'ont besoin, pour attirer notre attention, que de Photoshop et d'une bonne dose d'imagination artistique (la structure humaine survivante la plus ancienne du monde a moins de six mille ans), cette couverture fait passer un message limpide : la hausse du niveau de la mer inquiète beaucoup les populations.

1. NOAA. "Relative Sea Level Trend 8518750 The Battery, New York." NOAA Tides & Currents, January 1, 2020. https://tidesandcurrents.noaa.gov/sltrends/sltrends _station.shtml.

Y a-t-il de quoi s'inquiéter ? Le niveau de la mer change-t-il à cause du réchauffement climatique ? Et même si les mille prochaines générations n'ont aucun souci à se faire pour les monuments de notre pays, la hausse du niveau de la mer met-elle en danger l'avenir des êtres humains ?

FIGURE 8.1
HAUTEUR RELATIVE DU NIVEAU DE LA MER

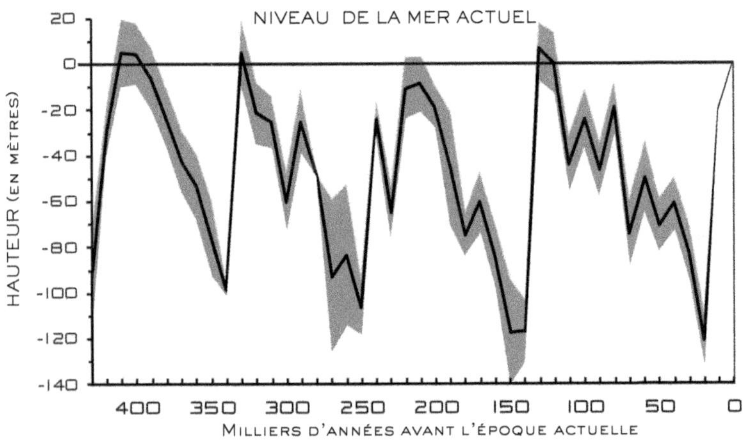

Niveau de la mer sur les 400 000 dernières années, estimé par recoupements géologiques. L'incertitude typique de ces estimations est de 10 mètres.[1]

Comme pour les précipitations, le niveau de la mer dépend essentiellement de l'endroit où on le mesure. Après les océans, la plus grande réserve d'eau de la planète se trouve dans les calottes glaciaires du Groenland et de l'Antarctique. Si de nombreux facteurs contribuent aux petits changements du niveau de la mer que nous observons au fil des décennies, son

1. Bianchi, Carlo Nike, et al. "Mediterranean Sea biodiversity between the legacy from the past and a future of change" in Life in the Mediterranean Sea: A Look at Habitat Changes. Ed. Noga Stambler. New York: Nova Science Publishers, 2011. http://due project.org/en/wp-content/uploads/2019/01/8.pdf

évolution sur la durée géologique dépend essentiellement de la quantité de glace présente sur la terre ferme.

Des cycles lents – les variations de l'orbite de la terre et de l'inclinaison de son axe sur des dizaines de milliers d'années – modifient quantitativement le rayonnement solaire absorbé par les hémisphères nord et sud. Comme nous l'avons vu chapitre 1, ces changements ont provoqué de grandes oscillations de la température de la planète au cours du dernier million d'années. Mais ils provoquent aussi l'extension ou la fonte des glaciers et calottes glaciaires qui couvrent les continents (techniquement, les intervalles s'appellent respectivement « glaciations » et périodes « interglaciaires ») et se traduisent par une quantité plus ou moins importante d'eau dans les océans, faisant ainsi monter ou descendre le niveau de la mer. La Figure 8.1 montre les estimations géologiques du niveau de la mer en remontant à plus de 400 000 ans.

On le voit, ce demi-million d'années se caractérise par des épisodes répétés au cours desquels le niveau de la mer baisse lentement, d'environ 120 mètres tous les 100 000 ans, tandis que les glaciers s'étendent, puis remonte rapidement, en 20 000 ans environ, quand les glaciers fondent à nouveau. Durant le dernier minimum glaciaire (faible niveau de la glace) il y a 125 000 ans, « l'Éémien », le niveau de la mer était à peu près six mètres plus haut qu'aujourd'hui !

Le dernier maximum glaciaire s'est produit il y a environ 22 000 ans, après quoi les glaciers continentaux se sont remis à fondre. Nous sommes aujourd'hui dans l'Interglaciaire Holocène, qui aurait commencé, selon les géologues, il y a environ 12 000 ans. À en croire les observations géologiques, le niveau de la mer a augmenté d'environ 120 mètres depuis le dernier Maximum Glaciaire, très rapidement (120 mm par décennie) jusqu'à il y a environ 7 000 ans, époque à laquelle la montée des eaux a ralenti de façon spectaculaire, comme on le voit Figure 8.2.

FIGURE 8.2
NIVEAU MONDIAL DE LA MER DEPUIS LE DERNIER MAXIMUM GLACIAIRE

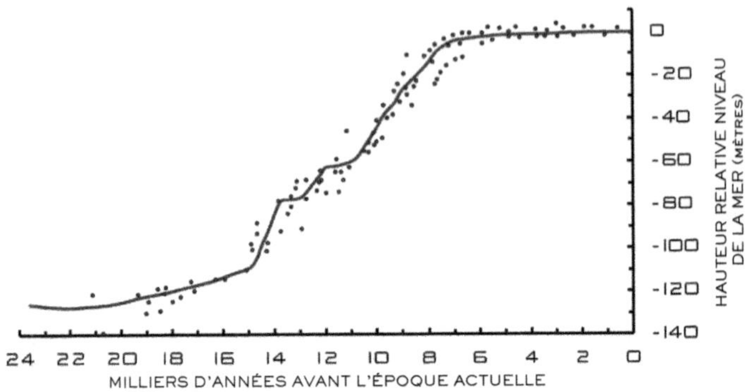

Estimations géologiques du changement du niveau de la mer depuis le dernier Maximum Glaciaire il y a 22 000 ans. La courbe représente la moyenne des estimations de différents sites, représentés par les points individuels.[1]

La question n'est donc pas de savoir si le niveau de la mer monte – il le fait depuis 20 000 ans. Ce que nous voudrions savoir, c'est si les influences humaines accélèrent cette hausse. Comme ces dernières ont augmenté énormément depuis 1950, la meilleure manière de savoir si le niveau de la mer augmente plus vite qu'il ne le ferait sans nous est de comparer les mesures relevées après 1950 à celles d'un passé plus lointain. Si le cadre temporel est plus court, la hausse est forcément plus limitée, il nous faut donc des mesures plus précises que les estimations géologiques. Heureusement, nous disposons des mesures réalisées depuis le dix-huitième siècle par des marégraphes situés dans les ports d'Europe et d'Amérique. Aujourd'hui, nous avons les données de plus de deux mille marégraphes répartis sur l'ensemble de la planète et, depuis 1992, les satellites

1. Adapted from Rohde, Robert A. Global Warming Art Project. "Post-Glacial Sea Level Rise." Wikimedia Commons, October 9, 2020. https://commons.wikimedia.org/ wiki/File:Post-Glacial_Sea_Level.png.

observent le niveau marin et utilisent des radars pour mesurer la hauteur de la surface de l'océan.

Pour parler du niveau de l'eau dans l'océan, les climatologues utilisent le concept du Global Mean Sea Level (GMSL), niveau moyen mondial de la mer, que l'on infère à partir de mesures prises sur toute la surface du globe ; et même si « l'eau cherche son propre niveau », il existe des variations importantes en raison de la précision requise – une fraction de millimètre. Le GMSL n'augmente aujourd'hui que de quelques millimètres par an. La hauteur de la surface de la mer est affectée par de petites différences, d'un endroit à l'autre, de la gravité de la terre, par les courants océaniques, par la température et/ou la salinité de l'eau et même par la pression atmosphérique, qui dépend de la météo.

Comme on peut l'imaginer, il n'est pas évident d'avoir une image claire du GMSL au cours, en gros, du siècle dernier ; à vrai dire, même mesurer le niveau moyen de la mer à un endroit donné de la côte avec un marégraphe n'est pas si simple que cela. Il faut lisser l'effet des vagues toutes les quelques secondes, celui des marées toutes les six heures et celui des changements saisonniers. Au fil du temps, l'affaissement local de la côte (subsidence) dû à des changements naturels ou causés par l'homme au niveau piézométrique peut affecter l'élévation des marégraphes, comme peuvent également le faire les tremblements de terre et les mouvements tectoniques en général. Par exemple, le pompage de la nappe phréatique dans la région de Houston-Galveston au cours du siècle dernier a provoqué un tassement du sol, abaissant ainsi de 3 mètres le niveau de la surface de la terre, ce qui est considérable. Et, bien entendu, il y a aussi tous les problèmes habituels causés par les changements d'instrumentation ou de protocoles de mesure. Mais, pour le meilleur ou pour le pire, ce dont nous disposons, ce sont des données des marégraphes, enregistrées précisément et sur une longue durée, que l'on peut par exemple se procurer à la NOAA (National Oceanic and Atmospheric Administration).[1]

Déterminer le GMSL suppose des analyses sophistiquées des données des marégraphes de nombreuses stations côtières, car de même que l'océan n'est pas au même niveau sur toute la surface du globe, il monte à un rythme différent d'un endroit à l'autre. Par exemple, cela varie énormément au long des côtes américaines en fonction des conditions locales – Eugene Island, non loin de la côte du Golfe, connaît une hausse de 9,65 mm par an, alors qu'à Skagway, en Alaska, le niveau de la mer *baisse* de 17,91 mm par an.

FIGURE 8.3
NIVEAU MOYEN DE LA MER (GMSL) (1880-2019)

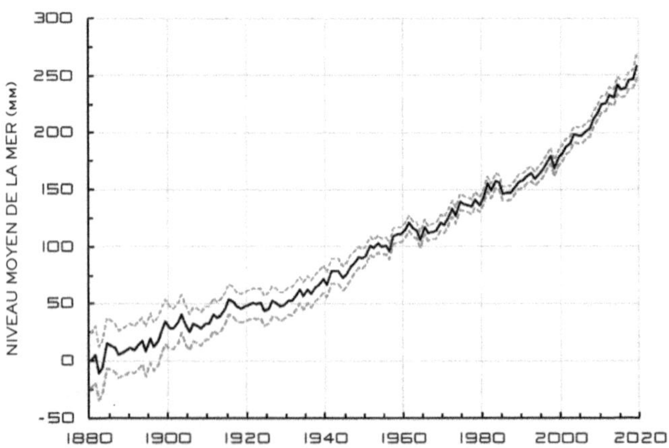

Évolution du niveau moyen de la mer par comparaison avec 1880 estimée à partir des données issues des marégraphes. La courbe noire indique la valeur moyenne et les courbes en pointillés l'incertitude.[2]

1. NOAA. "Sea Level Trends." NOAA Tides & Currents, January 1, 2020. https://tides andcurrents.noaa.gov/sltrends/sltrends.html.

2. CSIRO. "Historical Sea Level Changes—Last Few Hundred Years." CSIRO National Collections and Marine Infrastructure (NCMI) Information and Data Centre, October 12, 2020. https://www.cmar.csiro.au/sealevel/sl_hist_few_hundred.html.

Au moins quatre groupes indépendants ont analysé les données des marégraphes afin de déterminer le GMSL sur plus d'un siècle. Les résultats de l'une de ces analyses sont représentés Figure 8.3. Ils montrent que le niveau moyen de la mer a monté à la fin du dix-neuvième siècle – bien avant que les activités humaines n'exercent une influence significative sur le climat – et qu'il a monté de 250 mm depuis 1880, soit 1,8 mm par an en moyenne. Le rapidité moyenne de cette hausse a fluctué sur de courtes périodes ; mais depuis une trentaine d'années, il se situe aux environs de 3 mm/an. Dans le contexte du cycle hydrologique de la planète, ce chiffre est petit – 3 mm/an, c'est à peu près 0,3 % des précipitations annuelles de la planète – il n'est donc pas surprenant qu'il y ait des variations d'une décennie à l'autre.

Comme nous l'avons noté plus haut, le niveau moyen de la mer est aussi mesuré par satellite depuis fin 1992.[1] En altimétrie satellitale, le satellite mesure par ondes radar sa propre altitude par rapport à une vaste zone superficielle de l'océan. Si la position du satellite est connue précisément par rapport au centre de la terre, alors on peut déterminer la position de la surface de la mer. Aujourd'hui, l'altimétrie par ondes radar couvre en continu toute la surface de l'océan sur l'ensemble de la planète, complétant ainsi les mesures des marégraphes situés sur les côtes.

Quatre groupes indépendants analysent les observations des onze altimètres des satellites qui ont survolé la terre jusqu'à maintenant. C'est un bel exploit de mesurer la hauteur moyenne de l'océan à une fraction de millimètre près depuis un satellite dont l'orbite est à 600 km de sa surface et de le faire régulièrement des dizaines d'années de suite. Après quelques années de perfectionnement, par exemple en identifiant des corrections comme celle de faibles dérives de l'orbite des satellites, des

1. AVISO+. "Sea Surface Height Products." CNES AVISO+ Satellite Altimetry Data. Accessed December 1, 2020. https://www.aviso.altimetry.fr/en/home.html.

résultats du groupe de la NOAA, comme ceux de la Figure 8.4, ont émergé.

FIGURE 8.4
NIVEAU MOYEN DE LA MER (1993-2020)

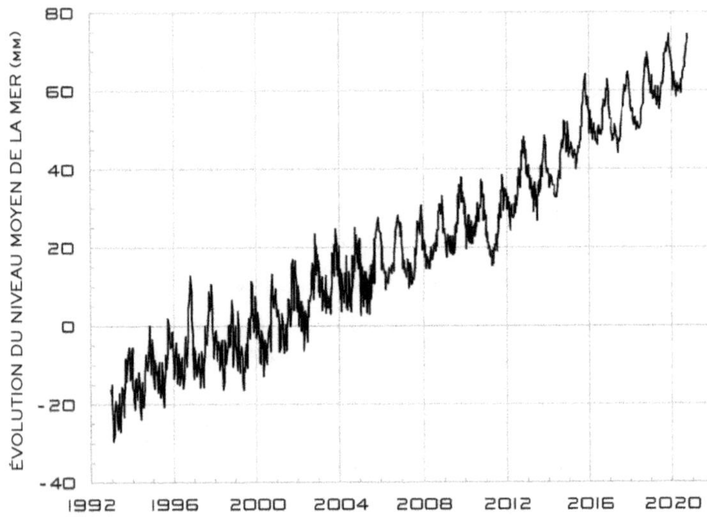

Évolution du niveau moyen de la mer mesuré par altimétrie satellitale. Un cycle saisonnier de 7 mm environ se superpose à une tendance de 3,0±0,4 mm/an.[1]

D'après les mesures réalisées en vingt-sept ans par cette série de satellites, le niveau moyen de la mer révèle un cycle saisonnier très clair (avec des hauts et des bas d'environ 7 mm), qui se superpose à une hausse moyenne de 3,0±0,4 mm/an.

Ces trente dernières années, le niveau de la mer a donc augmenté d'environ 3 mm par an – plus que la hausse moyenne de 1,8 mm/an depuis 1880. Pour juger si cette hausse s'est ou non accélérée en raison des influences humaines croissantes,

1. NOAA, NESDIS, STAR. "Laboratory for Satellite Altimetry/Sea Level Rise-Global sea level time series." Accessed December 1, 2020. https://www.star.nesdis.noaa.gov /socd/lsa/SeaLevelRise/LSA_SLR_timeseries_global.php.

FIGURE 8.5
TENDANCES SUR 18 ANS DU NIVEAU MOYEN DE LA MER DEPUIS 1900

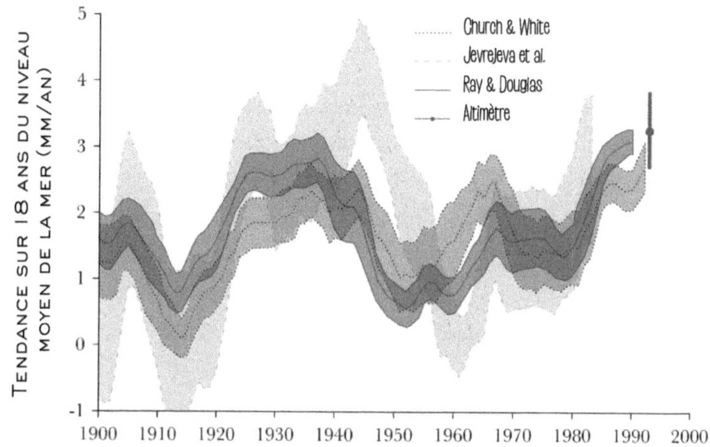

On voit sur la figure les estimations de trois analyses différentes des données issues des marégraphes, ainsi qu'une seule valeur émanant de l'altimétrie satellitaire. Les incertitudes sont de 90 % de confiance ; autrement dit, il n'y a que 10 % de chances que les valeurs réelles soient extérieures à la zone grisée.[1] (AR5 WG1 Figure 3.14.)

le rapport AR5 du GIEC présente une figure (reproduite ici, Figure 8.5) qui montre les tendances sur dix-huit ans et leurs incertitudes établies à partir de trois différentes séries de mesures de marégraphes, ainsi que la tendance sur dix-huit ans des données satellitaires alors disponibles.

Si la hausse de ces dernières décennies est effectivement plus rapide que la moyenne du vingtième siècle, il faut la situer dans le contexte de la grande variabilité des décennies passées, ce qu'un simple coup d'œil à la Figure 8.5 rend évident. Comme le dit le GIEC :

> *Il est très probable que la vitesse moyenne de la hausse du niveau de la mer a été de 1,7 mm/an entre 1901 et 2010… et de 3,2 mm/an entre 1993 et 2010. Il est probable qu'elle a monté à une vitesse similaire entre 1920 et 1950.*

1. IPCC. AR5 WGI Figure 3.14.

En fait, entre 1925 et 1940 – période presque aussi longue que les dix-huit ans de données satellitaires dont on disposait alors – la hausse du niveau de la mer a été presque aussi rapide que ce qu'indiquent les données récentes des satellites, c'est-à-dire environ 3 mm/an.

Les variations du niveau de la mer évoluent à une telle vitesse qu'il est difficile de savoir, concernant les années récentes, ce qui est causé par les activités humaines et ce qui est naturel. Et, si le Rapport spécial du GIEC sur l'océan et la cryosphère dans le contexte du changement climatique affirme avec une grande confiance que les données satellite de 1993 à 2015 révèlent une accélération (autrement dit, que la hausse du niveau de la mer est de plus en plus rapide), les implications sont loin d'être claires tant parce que l'on manque de recul que parce qu'il y a eu des accélérations bien avant que les influences humaines soient significatives. Voici ce qu'en disait l'AR5 :

> *Nous savons depuis un certain temps qu'il y a eu une augmentation significative de la rapidité de la hausse du niveau de la mer dont témoignent les quatre enregistrements de données les plus anciens pour l'Europe du nord, à partir du début ou du milieu de dix-neuvième siècle. Les résultats sont concordants et indiquent une accélération significative qui a commencé au début ou au milieu du dix-neuvième siècle et même, selon certains, à la fin du dix-huitième.*[1]

Quand, au mois d'août 2017, une version préliminaire du CSSR a été publiée, je l'ai lue attentivement, comme l'ont également fait beaucoup d'autres scientifiques indépendants, et j'ai immédiatement identifié divers problèmes et allégations fallacieuses – dont plusieurs ont déjà été évoqués dans les chapitres précédents. J'ai envisagé de discuter de certaines questions directement avec les auteurs du rapport. Mais je voulais aussi établir un fait plus large qui m'apparaissait désormais clairement : qu'il y ait ou non dérèglement

1. IPCC. AR5 WGI Section 3.7.4.

climatique, le processus d'élaboration du rapport posait clairement problème. J'ai donc décidé de publier un éditorial pour dénoncer hautement l'une des déformations de la réalité les plus flagrantes du CSSR afin de donner un exemple frappant du genre de choses qui montraient la nécessité d'un processus de révision plus rigoureux. Je l'ai fait juste après la publication officielle du CSSR en novembre 2017 et l'exemple que j'ai choisi était la hausse du niveau de la mer.[1]

Si les changements, décennie après décennie, de la vitesse de la hausse du niveau de la mer au cours du siècle dernier sont essentiels pour démêler l'effet des influences humaines et des influences naturelles, les rapports d'évaluation récents (le CSSR et le SROCC [Rapport spécial du GIEC sur les océans et la cryosphère, publié en 2019]) n'en parlent pratiquement pas.[2] Ils ne contiennent pas de graphiques comme celui de la Figure 8.5, où il est très facile de voir l'évolution - parfois spectaculaire - de la vitesse de la hausse du niveau de la mer au fil des décennies. Au lieu de cela, ils sont pleins de graphiques de la hausse du niveau de la mer, comme les Figures 8.3 et 8.4, à partir desquels il est presque impossible de juger les variations de la vitesse à laquelle le niveau de la mer monte et de son importance.

Tous les rapports d'évaluation consacrent beaucoup de texte à souligner que la hausse du niveau de la mer au cours des vingt dernières années est plus rapide que la moyenne du vingtième siècle. Par exemple, le CSSR déclare, à la page 16 de son résumé à l'intention des décideurs :

> *Le niveau moyen de la mer (GMSL) a monté d'environ 16 à 21 cm depuis 1900, dont environ 7 cm depuis 1993 (très grande confiance).*

1. Koonin, Steven E. "A Deceptive New Report on Climate." Wall Street Journal, November 2, 2017. https://www.wsj.com/articles/a-deceptive-new-report-on-climate -1509660882.

2. IPCC. "Special Report on the Ocean and Cryosphere in a Changing Climate." https ://www.ipcc.ch/srocc/.

C'est comme si les auteurs avaient agité un chiffon rouge devant mes yeux. En effet, cette affirmation compare la hausse du niveau de la mer au cours des vingt dernières années à celle qui s'était produite sur plus d'un siècle. Le fait que 7 cm de hausse sur 16 depuis le début du vingtième siècle se soit produit au cours des vingt-cinq dernières années semble effectivement alarmant. Il l'est nettement moins si l'on sait que le niveau de la mer avait monté presque autant (6 cm contre 7 cm) en vingt-cinq ans, entre 1935 et 1960. Le CSSR ne le mentionne pas du tout, même si sa principale référence pour la hausse du niveau de la mer décrit une variabilité comparable à celle de la Figure 8.5.[1] Il faut comparer la vitesse de la hausse au cours des vingt-cinq années les plus récentes à celle d'autres périodes antérieures de vingt-cinq ans pour comprendre l'importance exacte de la hausse récente.

Quand j'ai expliqué ceci dans mon éditorial du *Wall Street Journal*, en 2014, j'ai été vertement critiqué. En voici un exemple:

> *Il (Koonin) prétend que la vitesse à laquelle le niveau de la mer monte n'est pas plus grande aujourd'hui qu'au début du vingtième siècle, mais c'est une conclusion que l'on ne pourrait tirer que si l'on sélectionnait les données de la façon le plus éhontée. En réalité, d'après les données, la tendance était de 0,8 mm/an de 1870 à 1924, de 1,9 mm/an de 1925 à 1992 et de 3,2 mm/an de 1993 à 2014 – autrement dit, la hausse du niveau de la mer a en fait quadruplé depuis l'ère préindustrielle.*[2]

Vous remarquerez que les intervalles historiques cités sont de cinquante-quatre ans (1870-1924) et de soixante-sept ans (1925-1992), alors que l'intervalle récent (1993-2014) est de vingt et un ans. C'est malhonnête, mais cela permet de camoufler la montée plus rapide observée au cours des vingt ans entre 1925 et 1945, que l'on voit très clairement dans la Figure 8.5. Non, je

1. Hay, Carling C., Eric Morrow, Robert E. Kopp, and Jerry X. Mitrovica. "Probabilistic Reanalysis of Twentieth-Century Sea-Level Rise." Nature 517 (2015): 481-484. https://www.nature.com/articles/nature14093.

2. Pierrehumbert, Raymond T. "Climate Science Is Settled Enough." Slate.

ne sélectionne pas les données qui m'arrangent, simplement, je compare ce qui est comparable. Et de toute manière, je ne faisais que citer ce que le GIEC avait dit lui-même.

Le CSSR, lui, suit la voie ouverte par d'éminents climatologues en cachant les grandes fluctuations de la hausse du niveau de la mer au cours du siècle passé, sans doute parce qu'elles font paraître moins inhabituelle l'évolution des trente dernières années. Le rapport ment par omission en ne mentionnant ni la forte variabilité décennale de la hausse du niveau de la mer pendant le vingtième siècle ni le fait que les valeurs alors les plus récentes étaient statistiquement impossibles à distinguer de celles enregistrées dans la première moitié du vingtième siècle.

Avant de publier l'éditorial dans lequel je le faisais remarquer, j'ai adressé une discussion plus technique à Don Wuebbles, de l'Université de l'Illinois (principal auteur du CSSR) et à Robert Kopp, de Rutgers University (principal auteur du chapitre consacré à la hausse du niveau de la mer). Tous deux ont reconnu que ma critique était valide ; voici un extrait du courriel que m'a envoyé Kopp le 15 octobre 2017 :

> *Je pense que votre argument sur la variabilité inter décennale est utile et, s'il avait été formulé pendant la période de révision publique du document préparatoire, je suis certain qu'il aurait été pris en compte.*

Kopp et Wuebbles ont dit tous les deux que j'étais le premier à soulever cette question – c'est surprenant, puisqu'il s'agit d'un problème élémentaire et que de nombreuses personnes avaient vu l'avant-projet. Ils ont tous deux dit également qu'ils auraient ajouté une discussion sur la variabilité de la hausse du niveau de la mer au vingtième siècle, mais qu'il était désormais trop tard (l'avant-projet était déjà chez l'éditeur, en phase finale avant l'impression) et que le rapport était déjà trop long. (Cette dernière remarque était encore une surprise, compte tenu de la longueur du rapport et du peu d'espace qu'il aurait fallu pour régler le problème.) Wuebbles m'a également dit qu'il veillerait à inclure dans la seconde partie du NCA 2018 un texte qui remédierait à cette omission ; je n'ai pas réussi à identifier ce rajout dans la version publiée.

Soyons clairs : le niveau des océans monte effectivement quand la planète se réchauffe. Quand la température de surface de la terre augmente, la glace qui s'y trouve fond – et quand les océans se réchauffent, l'eau qu'ils contiennent se dilate. Les niveaux montent et baissent de façon saisonnière, à plus long terme en réaction aux cycles orbitaux évoqués ci-dessus ainsi qu'à d'autres influences naturelles et humaines. Si la hausse du niveau de la mer a connu au cours du siècle passé des hauts et des bas significatifs, le réchauffement de la planète déverse effectivement davantage d'eau dans les océans. Que dire, dès lors, de ce que nous réserve l'avenir? La réponse dépend largement de la quantité de glace qui fondra sur la terre quand la température augmentera, ainsi que de l'expansion des océans eux aussi plus chauds.

Pourquoi les choses ont-elles changé au cours du siècle dernier ? Une étude récente a réussi à boucler le « budget » de la hausse du niveau de la mer – elle apporte ainsi quelques réponses.[1] Les scientifiques se sont efforcés, ces dernières années, d'équilibrer ce budget – autrement dit, de réconcilier la hausse observée du niveau de la mer avec ce que l'on sait des divers facteurs qui y contribuent. Ce nouveau travail recense tous les changements affectant les glaces terrestres (Groenland, Antarctique et glaciers des montagnes) observés depuis 1900 et l'eau liquide en réserve sur terre dans les aquifères et dans les retenues derrière les barrages et combine tout cela avec les estimations de l'expansion thermique des océans. L'étude

1. Frederikse, Thomas, Felix Landerer, Lambert Caron, Surendra Adhikari, David Parkes, Vincent W. Humphrey, Sönke Dangendorf, et al. "The causes of sea-level rise since 1900." Nature 584 (2020): 393-397. https://www.nature.com/articles/s41586-020-2591-3.

compare ensuite ces contributions aux changements du niveau de la mer mesurés par les marégraphes et les satellites.

Les résultats sont repris dans la Figure 8.6. Le diagramme du haut montre comment les glaciers, l'eau des réserves sur terre et les calottes glaciaires du Groenland et de l'Antarctique ont chacun contribué aux changements du niveau de la mer. Ces courbes nous réservent quelques surprises : la planète a connu un réchauffement depuis 1900, pourtant la contribution de la fonte des glaciers a légèrement décliné depuis 1900, elle est la même aujourd'hui qu'il y a cinquante ans ; la contribution du Groenland a atteint son minimum autour de 1985 et n'est pas plus élevée aujourd'hui qu'en 1935 ; enfin les changements concernant les réserves terrestres ont été un contributeur important (négatif) en raison de la débauche de construction de barrages des années 1970.

Le futur niveau de la mer est donc incertain non seulement à cause de toutes les incertitudes, évoquées chapitre 4, des simulations de la hausse des températures réalisées par les modèles climatiques, mais aussi parce que la dynamique des calottes glaciaires du Groenland et de l'Antarctique est également assez incertaine. Voici comment le GIEC a résumé la situation (le sigle SMB [pour *Surface Mass Balance*] mesure le changement net de la glace dû à des processus atmosphériques) :

> *... durant les périodes antérieures à 1970, les divergences importantes entre les modèles climatiques et les observations résultent du fait que les modèles ne sont pas en capacité de reproduire certains changements régionaux observés dans les glaciers et le SMB du GIS (Greenland Ice Sheet, calotte glaciaire du Groenland) à la pointe sud du Groenland. Nous ne savons pas si cela résulte de la variabilité interne du système climatique ou de carences des modèles climatiques. C'est la raison pour laquelle il n'y a encore qu'une confiance moyenne dans l'aptitude des modèles climatiques à simuler les changements passés et futurs de la perte de masse des glaciers et du SMB du Groenland.*[1]

---

1. IPCC. SROCC Section 4.2.2.2.6.

FIGURE 8.6

Contributions à la hausse du niveau de la mer de 1929 à 2018

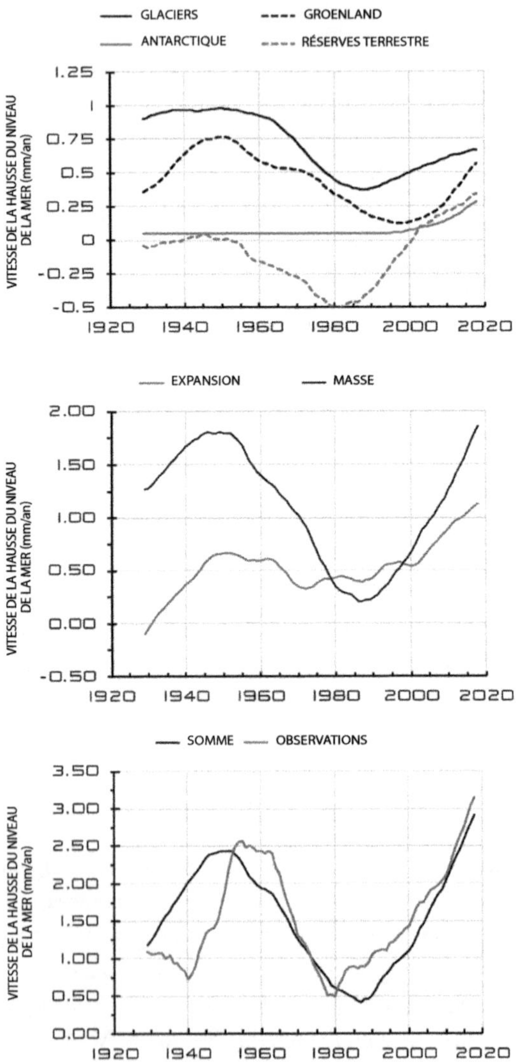

Le diagramme du haut montre les contributions des quatre sources aux changements de la masse d'eau des océans. Celui du centre montre la somme de ces changements, ainsi que le changement qui résulte de l'expansion des eaux de l'océan. Celui du bas montre la somme de toutes les contributions par comparaison avec la vitesse observée de la hausse du niveau de la mer. Toutes les tendances sont calculées en moyennes glissantes sur trente ans. Les incertitudes sont suffisamment faibles pour que les variations soient hautement significatives.

Le rapport propose néanmoins des prévisions de la hausse du niveau moyen de la mer en fonction des divers scénarios d'émissions évoqués chapitre 3. Dans le cadre du RCP 2.6, (le scénario le plus light en matière d'émissions, selon lequel ces dernières seraient éliminées à la fin de ce siècle), le GIEC prévoit une hausse de 0,43 m des niveaux (avec probabilité des deux-tiers pour que la valeur se situe entre 0,29 m et 0,59 m) au cours du vingt et unième siècle alors que le scénario RCP 8,5, où les émissions restent très importantes, prévoit une hausse de 0,84 m (probabilité des deux tiers pour une valeur comprise entre 0,61 m et 1,10 m).[1]

Ces prévisions correspondent respectivement à des hausses moyennes de 4,3 mm et 8,4 mm/an. Ces deux chiffres sont nettement plus élevés que la hausse actuelle de 3 mm/an, mais moins que la hausse maximale qui apparaît dans la Figure 8.2, c'est-à-dire 12 mm/an il y a 9000 ans, au plus fort de la fonte de la calotte glaciaire. Mais surtout, ces prévisions émanent des modèles climatiques suspects dont nous avons déjà parlé ; elles souffrent en particulier de leur piètre connaissance des changements des calottes glaciaires de l'Antarctique et du Groenland, responsables pour l'essentiel de la hausse du niveau de la mer.

Quels que soient les changements affectant la moyenne mondiale, c'est le niveau local de la mer qui importe pour prévoir les mesures d'adaptation. Or dans les endroits, sur les côtes, qui ont le plus d'importance pour les hommes, il est mesuré depuis beaucoup plus longtemps et avec bien plus de précision que les valeurs mondiales. La hausse locale du niveau de la mer est liée à la hausse mondiale, mais elle en diffère en raison de facteurs locaux comme le mouvement de la croûte terrestre, dû à la tectonique ou à la subsidence et à des changements de température de l'océan et des

1. IPCC. SROCC Summary for Policymakers, Finding B3.1.

courants.[1] Les modèles climatiques formulent cependant des prévisions, quelles que soient leurs imperfections, pour diverses villes du monde, en fonction des divers scénarios d'émissions. Ces prévisions sont encore plus incertaines que celles qui concernent le niveau mondial de la mer – il est plus facile de prévoir des changements moyens de la chaleur contenue dans les océans que des variations spatiales spécifiques de la température et des changements de leurs effets locaux comme les courants. Comme le disait en 2017 le World Climate Research Programme :

> *Malgré les progrès considérables accomplis au cours des dix dernières années, notre connaissance des changements passés et contemporains du niveau de la mer comporte encore d'énormes lacunes, en particulier concernant la prévision à l'échelle régionale et locale... Ces incertitudes découlent des limitations de notre connaissance conceptuelle actuelle des processus physiques concernés, des faiblesses de nos systèmes d'observation et de suivi et de l'imprécision des méthodes statistiques et numériques de modélisation utilisées pour simuler ou prévoir le niveau de la mer.*[2]

La nécessité de ces mises en garde devient évidente dès que l'on compare les prévisions et les observations historiques. Par exemple, la Figure 8.7 montre l'anomalie médiane mensuelle du niveau de la mer (corrigée en fonction des variations saisonnières) à la pointe sud de Manhattan, mesurée depuis plus de

1. Hamlington, B. D., A. S. Gardner, E. Ivins, J. T. M. Lenaerts, J. T. Reager, and D. S. Trossman, et al. "Understanding of contemporary regional sea-level change and the implications for the future." Reviews of Geophysics 58 (2020): e2019RG000672. https://agupubs.onlinelibrary.wiley.com/doi/abs/10.1029/2019RG000672.

2. Stammer, Detlef, Robert Nichols, Roderik van de Wal, and the GC Sea Level Steering Team. "WCRP Grand Challenge: Regional Sea Level Change and Coastal Impacts Science and Implementation Plan." CLIVAR (Climate and Ocean: Variability, Predictability and Change), World Climate Research Programme, June 8, 2018. http:// www.clivar.org/sites/default/files/documents/GC_SeaLevel_Science_and_Implementation_Plan_V2.1_ds_MS.pdf.

160 ans par le marégraphe de The Battery dont nous avons parlé en début de chapitre. La ligne noire indique le comportement moyen, les deux flèches la vitesse de la hausse du niveau de la mer entre 2020 et 2100 prévue dans l'AR5 dans le cadre de deux scénarios RCP différents.

À long terme, le niveau de la mer monte de 2,87 ± 0,09 mm/an, ce qui n'est pas très différent des 3 mm/an du GMSL observés ces dernières décennies. L'AR5 formule des prévisions pour la hausse du niveau de la mer à New York entre 2000 et 2100 qui s'échelonnent de 550 à 800 mm entre le scénario RCP 2.6 et le RCP 8.5 ; les incertitudes, pour chacune de ces prévisions, sont d'environ ± 300 mm.

FIGURE 8.7

NIVEAU DE LA MER À LA POINTE SUD DE MANHATTANT (1856-2020)

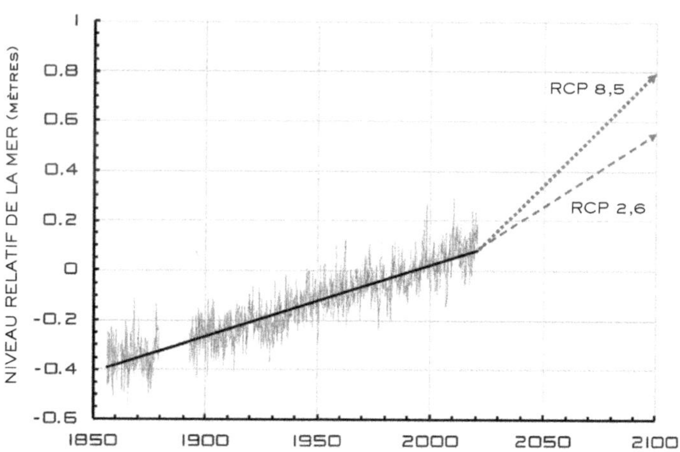

Anomalie mensuelle médiane du niveau de la mer (après correction du cycle saisonnier) mesuré depuis 1856 par le marégraphe de The Battery à la pointe sud de Manhattan. La ligne droite indique la tendance ; les flèches la hausse moyenne de 2020 à 2100, d'après les prévisions citées par l'AR5 d'après deux scénarios différents.[1]

1. Historical data from NOAA. "Relative Sea Level Trend 8518750 The Battery, New York."; projections from IPCC AR5 WGI Figure 13.23.

Mais, comme je l'ai déjà indiqué, les graphiques du niveau de la mer lui-même et non de la vitesse à laquelle il s'élève peuvent être trompeurs et, de toute manière, il faut voir les choses à long terme. La Figure 8.8, qui montre la vitesse de la hausse du niveau de la mer à la pointe sud de Manhattan tout au long du siècle dernier, devrait apaiser les inquiétudes.

FIGURE 8.8

TENDANCES DU NIVEAU DE LA MER À LA POINTE SUD DE MANHATTAN (1923-2020)

Tendances moyennes glissantes sur trente ans de l'évolution du niveau de la mer à The Battery de 1923 à 2020. Les incertitudes (1σ) sont d'environ 0,35 mm/an. La ligne horizontale indique la hausse moyenne annuelle du niveau de la mer (3,02 mm/an).

Le point de chaque année reflète la tendance des trente années précédentes ; c'est donc une excellente manière d'évaluer la tendance à la hausse du niveau de la mer en prenant du recul. On voit bien que le rythme de la hausse a beaucoup varié au cours du siècle dernier, de 2 mm/an dans les années 1930 et 1990 à près de 5 mm/an au cours des trente ans précédant 1955 et 2015, même si la moyenne, pour l'ensemble du siècle, est d'environ 3 mm/an. Les annales des autres marégraphes de la côte nord-est des États-Unis révèlent elles aussi un cycle de soixante ans, qui est synchrone avec l'oscillation multidécennale de l'Atlantique dont nous avons parlé chapitre 4.[1] On peut donc raisonnablement s'attendre à ce que la tendance s'inverse dans les prochaines décennies. En revanche, les taux *moyens* prévus par le GIEC – même le plus faible, 5,5 mm/an, dans le cadre du RCP 2.6, seraient tellement élevés qu'ils ne tiendraient pas dans le cadre de ce graphique. Les prochaines décennies nous diront ce qu'il en est.

Les médias sont aussi confus que les modèles sur l'état de la hausse locale du niveau de la mer. Par exemple, un article récent sur la hausse du niveau de la mer à Oahu, Hawaï, était illustré de photographies spectaculaires d'inondations au cours des années récentes et de cartes indiquant les quartiers d'Honolulu qui seraient inondés si le niveau de la mer montait de 30, 60 ou 100 cm.[2] Mais il oubliait de préciser que le relevé du marégraphe d'Honolulu indique une hausse moyenne de 1,5 mm/an depuis 1905, ce qui veut dire que, sauf si l'on assistait à une accélération *véritablement* exceptionnelle, il faudrait deux cents ans pour atteindre la hausse la plus faible mentionnée par l'article, c'est-à-dire 30 cm. Omettre ce genre de contexte est, hélas, encore plus fréquent dans la couverture médiatique que dans les rapports d'évaluation.

Bref, nous ne savons pas quelle proportion de la hausse du niveau de la mer est due au réchauffement climatique causé par les activités humaines ou le produit de cycles naturels à long terme. Le CSSR et d'autres discussions sur l'évaluation de la hausse du niveau de la mer omettent des détails importants qui affaiblissent la thèse selon laquelle la hausse de ces dernières

1. Chambers, D. P., M. A. Merrifield, and R. S. Nerem. "Is there a 60-year oscillation in global mean sea level?" Geophysical Research Letters 39 (2012). https://agupubs.online library.wiley.com/doi/10.1029/2012GL052885.

2. Tada, Grace Mitchell. "The Rising Tide Underfoot." Hakai Magazine, November 17, 2020. https://www.hakaimagazine.com/features/the-rising-tide-underfoot/.

décennies sortirait du cadre de la variabilité historique dont on pourrait imputer la responsabilité aux influences humaines. **Il n'y a guère de doute qu'en contribuant au réchauffement climatique nous avons contribué à la hausse du niveau de la mer, mais il n'y a guère de preuves que cette contribution a été ou sera significative et encore moins désastreuse.**

La tendance de l'humanité à construire des villes près des côtes signifie, depuis les temps les plus reculés, que la hausse des eaux est une menace et les compagnies d'assurance sont convaincues que la hausse du niveau de la mer est l'un des risques les plus graves liés au changement climatique.[1] La nature et l'ampleur de ce risque sont néanmoins encore mal connus.

Résoudre un problème, idéalement, commence par en comprendre la cause afin de déterminer les actions à entreprendre. Le message que l'on fait passer en affirmant que le réchauffement climatique causé par l'homme est la seule source de la hausse des niveaux de la mer donne l'impression que réduire les émissions est une solution – hélas, comme la glace ne fond pas immédiatement en cas de réchauffement (et aussi à cause de la persistance du CO_2 dont nous avons parlé chapitre 3), même si nous étions effectivement les coupables et cessions dès demain toutes les émissions, le niveau de la mer continuerait à monter sur la planète. De plus, comme nous l'avons vu, les changements locaux du niveau de la mer et leurs effets sont encore beaucoup plus compliqués, puisque de nombreux facteurs comme les courants locaux, l'érosion, les schémas météorologiques habituels, l'utilisation et la composition des sols peuvent jouer un rôle. Une communication claire et impartiale de ces nuances est essentielle. Si le niveau de la mer devient réellement une menace sérieuse au cours des prochaines décennies, il n'y a aucun doute que nous serions

1. "Global Sea Level Rise: What It Means to You and Your Business." Zurich.com, May 21, 2019. https://www.zurich.com/en/knowledge/topics/global-risks/global-sea -level-rise-what-it-means-to-you-and-your-business

mieux préparés à y faire face si nous consacrions davantage de ressources à la recherche et à l'adaptation – mais il est peu probable que ce soit une priorité si nous continuons à prétendre que nous avons déjà toutes les réponses.

CHAPITRE 9

APOCALYPSES NI AUJOURD'HUI NI *PLUS TARD*

Les médias, donc l'opinion publique , considèrent les influences humaines sur le climat comme responsables de toutes sortes de catastrophes sociétales imminentes – mort et destruction, maladie, effondrement de l'agriculture et ruine économique. Heureusement pour nous, les observations historiques ne confirment pas ces affirmations et les prévisions d'impacts futurs (par exemple le familier « qui pourraient aller jusqu'à… ») découlent de scénarios extrêmes jusqu'à l'invraisemblable, s'inspirant de modèles qui, nous l'avons vu, sont incapables de jouer leur rôle de prévision. Mais pour comprendre à quel point on tord le cou à la science quand on aborde ce genre d'impacts, rien ne vaut quelques exemples, à regarder en détail. Ce chapitre propose trois vignettes pour illustrer son titre, « Apocalypses, ni aujourd'hui ni *plus tard* ». La première, « climat et mortalité », illustre une menace fondée sur la spéculation, des postulats tirés par les cheveux et un usage peu déontologique des données. La seconde porte sur un futur « désastre » agricole totalement contredit par les faits et dont la simple description suppose des distorsions acrobatiques. Et la troisième, ce sont des coûts économiques soi-disant « énormes » qui se révèlent minimes, voire trop faibles pour être mesurables, même sur la base des données présentées.

J'ai rencontré Michael Greenstone lorsque je faisais partie de l'équipe de Barack Obama. Il dirigeait alors une commission transversale pour déterminer l'impact économique des émissions de gaz à effet de serre ; nos chemins se sont croisés un certain nombre de fois depuis cette époque. J'avais trouvé habile et prudent cet économiste spécialisé dans l'énergie, aujourd'hui directeur de l'Energy Policy Institute de l'Université de Chicago. En 2019, il a présenté à une commission du Congrès certaines conclusions de sa recherche sur les effets des changements climatiques locaux et mondiaux :

> *... En 2100, l'accroissement du taux de la mortalité mondiale dû aux changements de température liés au changement climatique sera plus important que le taux de mortalité actuel résultant de l'ensemble des maladies infectieuses... Nous estimons la totalité du risque de mortalité imputable au changement climatique à 85 décès supplémentaires pour 100 000 en 2100...*[1]

Regardons ces chiffres de plus près. En 2018, l'ensemble des maladies infectieuses, dans le monde entier, étaient à l'origine de 75 décès pour100 000 – environ le dixième de la mortalité totale, toutes causes confondues, dont le taux annuel s'élève à 770 pour 100 000. La population mondiale étant d'environ huit milliards d'individus, cela fait six millions de décès par an dus aux maladies infectieuses.[2] Si les changements de tempé-

1. McMahon, Jeff. "Rise in Climate-Related Deaths Will Surpass All Infectious Diseases, Economist Testifies." Forbes, December 26, 2019. https://www.forbes.com/sites/jeff mcmahon/2019/12/27/climate-related-deaths-in-2100-will-surpass-current-mortality-from-all-infectious-diseases-economist-testifies/; Statement of Michael Greenstone to the United States House Committee on Oversight and Reform, Subcommittee on Environment, hearing on "Economics of Climate Change," December 19, 2019. https ://epic.uchicago.edu/wp-content/uploads/2019/12/Greenstone-Testimony-12192019-FINAL.pdf.

2. "World Health Statistics 2018 Monitoring Health for the SDGs." World Health Organization, 2020. https://apps.who.int/iris/bitstream/handle/10665/272596/9789241565 585-eng.pdf.

rature attendus provoquaient au moins autant de décès supplémentaires, ce serait effectivement très grave. (Pour mettre ces chiffres en perspective, le nombre de morts de la COVID aux États-Unis en 2020 a été de 100 pour 100 000. Dans l'ensemble du monde, le taux des décès liés à la COVID s'est élevé à 23 pour 100 000, soit le tiers du taux de mortalité de l'ensemble des maladies infectieuses.)

Évaluer l'affirmation alarmante de Greenstone suppose de poser un certain nombre de questions. En particulier : quels sont les chiffres actuels des décès liés au climat ? Quelles sont les tendances, au cours du siècle dernier, de ces décès liés au climat ? Et, plus prosaïquement, on peut se demander ce qu'est, au point de départ, un « décès lié au climat » ?

En réalité, le climat, on n'en meurt pas. Il évolue lentement et les sociétés s'y adaptent dans une grande mesure (ou alors les gens émigrent). En revanche, on meurt bel et bien d'événements météorologiques liés au climat – sécheresses et inondations, tempêtes, températures extrêmes et feux de forêt. Nous avons déjà vu qu'il est loin d'être certain que les changements climatiques aient déjà aggravé ces phénomènes, mais commençons par regarder combien on a enregistré de décès liés à la météorologie au cours du siècle dernier.

Le Centre de Recherche en Epidémiologie des Catastrophes (CRED) de l'Université Catholique de Louvain gère une base de données consacrée aux catastrophes internationales couvrant plus de 22 000 désastres de masse dans le monde entier, et ce depuis 1900.[1] Il est facile de télécharger les données concernant les décès dus à des catastrophes naturelles à partir de ce site et il est possible de séparer ceux qui sont liés à la météorologie (sécheresses, inondations, tempêtes, feux de forêt et températures extrêmes) des autres (tremblements de terre, tsunamis et éruptions volcaniques). S'il y a de grandes fluctuations d'une

1. EM-DAT. "The International Disasters Database." Centre for Research on the Epidemiology of Disasters—CRED. Accessed December 1, 2020. https://www.emdat.be/.

année sur l'autre en raison d'événements particuliers et si les décès, en début de période, sont sans doute sous-évalués, on peut cependant déceler des tendances en regardant les moyennes décennales, que l'on voit Figure 9.1.

Une conclusion s'impose en regardant ce graphique : le nombre de décès liés à des événements météorologiques a diminué de façon spectaculaire au fil des cent dernières années, alors même que le réchauffement de la terre avait atteint 1,2°C. Ces décès sont environ 80 fois moins fréquents aujourd'hui qu'il y a un siècle. Nous le devons largement à un meilleur repérage des tempêtes, à une meilleure maîtrise des inondations, à de meilleurs soins médicaux et, de façon générale, à une meilleure résilience à mesure que les divers pays se sont développés. Un récent rapport de l'ONU confirme cette tendance au fil des vingt dernières années.[1] Deuxièmement, au cours de la dernière décennie, les températures extrêmes ont provoqué 0,16 décès pour100 000 par an, environ cinq cents fois moins que les prévisions de Greenstone pour 2100.

Comment était-il donc parvenu à des prévisions si alarmantes ? Au cours d'une autre présentation devant le Congrès,[2] Greenstone a donné quelques détails sur les conclusions d'une étude qui venait d'être publiée.[3]Cette analyse part des observations historiques pour comprendre comment les températures influent sur la mortalité, puis elle combine ce résultat avec les températures prévues par les modèles

1. UNDRR and CRED. Human Cost of Disasters. Centre for Research on the Epidemiology of Disasters and UN Office for Disaster Risk Reduction, 2019. https://www.undrr .org/media/48008/download.

2. Statement of Michael Greenstone to the United States House Committee on Oversight and Reform, hearing on "The Devastating Health Impacts of Climate Change." August 5, 2020. https://epic.uchicago.edu/wp-content/uploads/2020/08/Greenstone _Testimony_08052020.pdf.

3. Carleton, Tamma A., Amir Jina, Michael T. Delgado, Michael Greenstone, Trevor Houser, Solomon M. Hsiang, Andrew Hultgren, et al. "Valuing the Global Mortality Consequences of Climate Change Accounting for Adaptation Costs and Benefits." National Bureau of Economic Research (NBER), July 2020. https://www.nber.org /papers/w27599.

climatiques pour estimer les effets du changement climatique sur la mortalité en 2100. Elle fait ce calcul dans 24 378 régions géographiques différentes, en tenant compte des particularités locales actuelles en termes de climat, de revenus et de pyramide des âges.

FIGURE 9.1
TAUX DE MORTALITÉ ET CLIMAT (1920-2020)

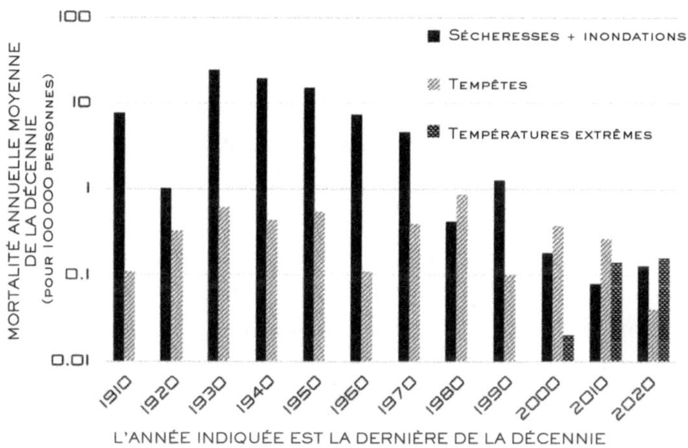

Mortalité annuelle moyenne sur 10 années suite à des catastrophes météorologiques au cours du siècle dernier. L'échelle est logarithmique et les décennies figurent sous le chiffre de leur dernière année. Quelle que soit la décennie, le nombre de décès causés par des feux de forêt est trop faible pour être visible.[1]

Les chercheurs disent aussi avoir au moins partiellement tenu compte du développement économique attendu et de l'adaptation à des températures plus élevées.

Comme le reconnaît l'étude (mais pas la présentation de Greenstone), l'analyse repose sur énormément d'hypothèses et d'incertitudes. Ses auteurs notent même que « l'ensemble

1. Lomborg, Bjørn. False Alarm: How Climate Change Panic Costs Us Trillions, Hurts the Poor, and Fails to Fix the Planet. New York: Basic Books, 2020.

de nos estimations révèle un degré remarquable d'incertitude » dont une partie, au moins, est « fondamentalement impossible à résoudre ». Même en dehors des dimensions économique et démographique, comme nous l'avons vu chapitre 4, de grandes incertitudes pèsent à la fois sur les changements de température prévus par les modèles et les différents scénarios d'émissions sur lesquels ils se fondent. Il s'avère que le taux de mortalité de 85 pour 100 000 en 2100 cité avec beaucoup d'assurance par Greenstone au cours de sa présentation de 2019 est en fait la valeur moyenne du scénario RCP 8,5, c'est-à-dire d'émissions invraisemblablement élevées, avec une probabilité de 80 % que cette valeur soit comprise entre -21 et 201. Greenstone commence donc sa présentation en partant d'un scénario extrême, irréaliste. Selon son propre modèle, fondé sur le scénario RCP 4.5, nettement plus plausible, le taux moyen de mortalité, six fois plus faible, passe de 85 à 14, avec une très large fourchette de probabilité, de -45 à 63. Autrement dit, avec ce scénario moyen, la mortalité a, en fait, de bonnes chances de diminuer.

Il y a d'autres raisons de ne pas accorder trop de confiance à ces résultats. Une mesure cruciale de la crédibilité d'un modèle est son aptitude à reproduire le passé. Si le modèle n'utilisait que les données que nous avions, disons, à partir de 1980, comment ses prévisions cadreraient-elles avec le nombre de décès ayant effectivement eu lieu au cours des quarante années suivantes ? De telles prévisions a posteriori constituent un test important de validation des modèles climatiques eux-mêmes. Mais l'analyse de Greenstone ne comporte même pas cette vérification élémentaire. Total, ses résultats nécessitent une pincée de sel encore plus conséquente que les prévisions du modèle climatique sur lequel ils sont fondés.

Si créer des titres catastrophistes à partir de prévisions hautement incertaines de l'avenir est une chose, brandir le spectre d'une mortalité liée au climat en faussant les données existantes en est vraiment une autre. Un article du Directeur Général de l'Organisation Mondiale de la Santé, Tedros Ghebreyesus, paru en 2019 dans *Foreign Affairs,* était intitulé « Le changement climatique nous tue déjà ».[1] Le texte ne justifiait cependant pas ce titre accrocheur. Aussi incroyable que cela puisse paraître, l'article amalgamait la mortalité due à la pollution de l'air ambiant et à l'intérieur des habitations (qui cause, d'après les estimations, 100 décès prématurés pour 100 000 habitants par an, soit environ le huitième de la mortalité totale, toutes causes confondues) à la mortalité due au changement climatique induit par les activités humaines. **L'Organisation mondiale de la Santé a dit elle-même que la pollution de l'air à l'intérieur des habitations dans les pays pauvres – due au fait que l'on y fait la cuisine au feu de bois ou en brûlant des déjections animales ou des déchets agricoles – est le problème environnemental le plus grave du monde, qui affecte jusqu'à trois milliards de personnes.[2] Cela ne résulte pas du changement climatique. Cela résulte de la pauvreté.** Certes, cette pollution affecte le climat (nous l'avons vu, l'influence des aérosols tend en fait à faire baisser la température), mais les décès liés à la pollution ne sont pas provoqués par le changement climatique, c'est la pollution elle-même qui tue. Une désinformation aussi éhontée par la direction de l'Organisation Mondiale pour la Santé est particulièrement gênante car elle risque de réduire la confiance que l'on peut lui faire pour s'acquitter de sa mission vitale de santé publique.

En août 2019, le *New York Times* publiait un article intitulé : « Le changement climatique menace l'alimentation du monde ».[3] L'article annonçait la publication du « Sommaire pour les

1. Ghebreyesus, Tedros Adhanom. "Climate Change Is Already Killing Us." Foreign Affairs, March 12, 2020. https://www.foreignaffairs.com/articles/2019-09-23/climate-change-already-killing-us.

2. "Air pollution." World Health Organization (WHO). 2021. https://www.who.int /health-topics/air-pollution.

3. Flavelle, Christopher. "Climate Change Threatens the World's Food Supply, United Nations Warns." New York Times, August 8, 2019. https://www.nytimes.com/2019 /08/08/climate/climate-change-food-supply.html.

Décideurs » du Rapport spécial du GIEC sur le changement climatique et l'utilisation des terres (SRCCL, pour *Special Climate Report on Climate Change and Land*).[1] Le *New York Times* en présentait les conclusions en distillant la sinistrose de rigueur :

- *La situation est déjà préoccupante (« le changement climatique réduit déjà l'approvisionnement en produits alimentaires car il réduit les rendements »),*
- *Cela va aller de mal en bien pis (« ... si les émissions de gaz à effet de serre continuent à augmenter, le prix des produits alimentaires en fera autant »),*
- *Mais le pire est encore évitable à condition d'entreprendre une action prompte et drastique (« ... il est encore temps de répondre à ces menaces en rendant le système alimentaire plus productif »).*

La lecture de cette lugubre litanie incite à soulever les questions familières du contexte historique et à vérifier les données. Comment ont évolué les rendements agricoles au cours des récentes décennies – ont-ils déjà été impactés et, si oui, comment ? Que disent exactement les prévisions de catastrophes futures, sont-elles crédibles ?

Pour répondre à ces questions, il faut lire attentivement le rapport spécial du GIEC. Voici la conclusion clé A.1.4 du SRCCL:

> *Les données disponibles depuis 1961 montrent que l'approvisionnement en huiles végétales et en viande a plus que doublé et que l'offre de calories alimentaires per capita a augmenté d'environ un tiers (haute confiance).*

Ceci est confirmé par les données figurant dans le Sommaire technique du rapport, qui montrent que la production mondiale de calories végétales et animales a augmenté de façon spectaculaire depuis 1960 ; chaque année, on a produit plus qu'assez de calories alimentaires pour

1. IPCC. "Climate Change and Land." https://www.ipcc.ch/srccl/https://www.ipcc.ch /srccl/.

combler les besoins nutritionnels de l'humanité. De fait, la mortalité moyenne annuelle due à la famine se situe à environ deux à quatre pour 100 000 depuis 1980 ; elle était dix à vingt fois plus importante durant la première moitié du vingtième siècle.[1] Cela ne veut pas dire que la faim n'est plus un problème – la pauvreté et les imperfections de la distribution de la nourriture figurent parmi les facteurs d'une sous-alimentation qui touche environ dix pour cent de la population mondiale et les conclusions clé citées ci-dessus notent que le quart environ de la nourriture produite est perdue ou gaspillée.

Mais nous sommes bel et bien en capacité de nourrir toute l'humanité, et cette capacité découle largement de l'amélioration des rendements, comme le montre la Figure 9.2. En cinquante ans, entre 1961 et 2011, les rendements mondiaux de blé, de riz et de maïs ont plus que doublé chacun et le rendement du maïs aux États-Unis a plus que triplé.[2]

Les rendements agricoles dépendent de plusieurs facteurs – la génétique des plantes, les nutriments présents dans le sol, les pratiques agricoles et les manifestations météorologiques du climat (température, ensoleillement et pluies). Mais on sera peut-être surpris d'apprendre que la concentration croissante de dioxyde de carbone a été un facteur significatif de l'amélioration des rendements, car il stimule la photosynthèse et altère la physiologie des plantes de façon à utiliser l'eau plus efficacement.[3-4] L'augmentation du CO_2 dans l'atmosphère a

1. Hasell, Joe, and Max Roser. "Famines." Our World in Data, last modified December 7, 2017. https://ourworldindata.org/famines.

2. Nielsen, R. L. (Bob). "Historical Corn Grain Yields in the U.S." Corny News Network, Purdue University, April 2020. https://www.agry.purdue.edu/ext/corn/news /timeless/YieldTrends.html.

3. Hille, Karl. "Rising Carbon Dioxide Levels Will Help and Hurt Crops." NASA, May 3, 2016. https://www.nasa.gov/feature/goddard/2016/nasa-study-rising-carbon-dioxide-levels-will-help-and-hurt-crops.

4. Dusenge, M. E., A. G. Duarte, and D. A. Way. "Plant carbon metabolism and climate change: elevated CO2 and temperature impacts on photosynthesis, photorespiration and respiration." New Phytologist 221 (2019): 32-49. https://nph.onlinelibrary.wiley .com/doi/full/10.1111/nph.15283.

également fertilisé le monde naturel.[1] Comme le note le rapport spécial du GIEC sur le changement climatique et l'utilisation des terres dans ses conclusions clé A.2.3, durant les quatre dernières décennies, les observations par satellite ont révélé que les zones vertes (zones couvertes par les feuilles) ont encore augmenté sur 25 à 50 % des zones végétalisées du globe alors qu'elles ont diminué (« bruni ») sur moins de 4 % de leur surface.

FIGURE 9.2

RENDEMENTS AGRICOLES MONDIAUX MOYENS (1961-2011)

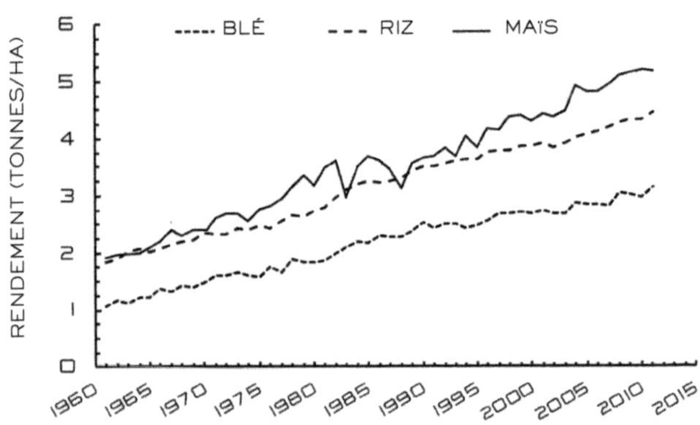

Tendances des rendements mondiaux de blé, de riz et de maïs - les trois principales céréales cultivées dans le monde.[2]

Malgré l'amélioration des rendements au cours des dernières décennies, le rapport spécial du GIEC affirme :

> *... Le changement climatique entre 1981 et 2010 a réduit le rendement moyen mondial de maïs, de blé et de soja respectivement de 4,1 %, 1,8 % et 4,5 % relativement au climat préindustriel, même si l'on prend en considération l'effet fertilisant*

1. Zhu, Zaichun, Shilong Piao, Ranga B. Myneni, Mengtian Huang, Zhenzhong Zeng, Josep G. Canadell, Philippe Ciais, et al. "Greening of the Earth and Its Drivers." Nature Climate Change 6 (2016): 791-795. https://www.nature.com/articles/ nclimate3004.

2. IPCC SRCCL, Figure TS.9.

> *du CO_2 et les ajustements agronomiques. Les incertitudes (intervalle de probabilité 90 %) concernant les impacts sur les rendements sont de -8,5 % à +0,5 % pour le maïs, de -7,5 % à +4,3 % pour le blé et de -8,4 % à -0,5 % pour le soja. Pour le riz, aucun impact significatif n'a été détecté. Cette étude suggère que le changement climatique a modulé les rendements récents à l'échelle mondiale et conduit à des pertes de production, et que les adaptations n'ont jusqu'à présent pas été suffisantes pour contrebalancer les impacts négatifs du changement climatique, particulièrement dans les faibles latitudes.*[1]

Autrement dit, même si le rendement effectif de blé a augmenté d'environ 100 % entre 1981 et 2010, il aurait augmenté encore plus (de 104 %) s'il n'y avait pas eu de changement climatique causé par les activités humaines. De la même manière, le rendement du maïs aurait augmenté de 77 % au lieu de 70 %.

Il est malheureusement loin d'être simple de savoir comment et de combien les rendements ont été affectés par des changements climatiques causés par l'homme. Cela suppose de savoir à la fois ce que le climat aurait été en l'absence d'influences humaines et comment l'agriculture a été affectée par ces différences. Autrement dit, il faudrait procéder à une analyse rétrospective donc impossible à tester par comparaison avec les observations.

À part les limitations reconnues de la méthodologie et des modèles climatiques et de rendements utilisés pour formuler les estimations ci-dessus[2], les impacts présentés sont minimes – tout comme la précision de la mesure des rendements (les données de l'Organisation pour l'Alimentation et l'Agriculture (FAO)[3]

---

1. IPCC SRCCL Section 5.2.2.1

2. Iizumi, Toshichika, Hideo Shiogama, Yukiko Imada, Naota Hanasaki, Hiroki Takikawa, and Motoki Nishimori. "Crop production losses associated with anthropogenic climate change for 1981-2010 compared with preindustrial levels." International Journal of Climatology 38 (2018): 5405-5417. https://rmets.onlinelibrary.wiley.com/doi /10.1002/joc.5818.

3. Food and Agriculture Organization of the United Nations (FAO). "Crops Processed." FAO.org, July 29, 2020. http://www.fao.org/faostat/en/#data/QD/metadata.

ont une précision d'échantillonnage n'excédant pas 3 %, entre autres incertitudes

Quant aux catastrophes annoncées, le rapport du GIEC contient nombre de signaux d'alarme qualitatifs de futurs problèmes alimentaires, dont beaucoup reposent sur les prévisions climatiques douteuses que nous avons évoquées chapitre 4. Entre autres, il signale que les céréales ayant poussé avec une grande concentration de CO_2 et des températures nettement plus élevées auront sans doute une valeur nutritionnelle plus faible d'environ 10 %, le rapport notant au passage que le problème pourrait être réglé au moyen de modifications génétiques. Mais affirmer que les « rendements seront impactés » est dépourvu de sens, voire fallacieux, si l'on ne précise pas de combien.

Il est hélas difficile de trouver la moindre prévision quantitative des rendements futurs dans le rapport spécial. La conclusion clé A. 5.4 propose cependant un scénario d'avenir « intermédiaire » avec un développement conforme aux tendances historiques :

> *... les modèles économiques et les prévisions de récoltes mondiales prévoient une augmentation médiane de 7,6 % (comprise entre 1 % et 23 %) du prix des céréales en 2050 en raison du changement climatique (RCP 6.0), ce qui conduirait à une augmentation des prix de la nourriture et à un risque accru d'insécurité alimentaire et de famine (confiance moyenne).*

Cette affirmation est remarquable, pas simplement par son contenu, mais par son sujet –les prix et non pas les rendements. Les cours des denrées alimentaires sont fixés sur les marchés mondiaux par l'équilibre entre deux grands chiffres, l'offre et la demande, et de modestes changements de l'un ou de l'autre peuvent entraîner de grandes variations de prix. Apparemment, le raisonnement du rapport spécial, c'est que le changement climatique fera baisser les rendements, donc l'offre, ce qui fera monter les prix. Mais aux difficultés profondes de modéliser l'offre et la demande, il faut ajouter les incertitudes des prévisions climatiques. Et, en dehors du climat, de nombreux autres facteurs affectent l'offre.

Mais prenons cette conclusion clé au pied de la lettre. L'augmentation médiane prévue des prix s'élève à 7,6 % en 2050, soit une hausse moyenne d'environ 0,25 % par an. Allons plus loin, cependant, prenons la prévision de hausse la plus forte de tous les modèles – 23 % au fil des trente prochaines années, soit une moyenne d'environ 0,75 % par an. Quel en serait l'impact ?

La Figure 9.3 présente une rétrospective des cours du maïs et du blé sur cinquante ans. On voit que les prix, corrigés en fonction de l'inflation, ont augmenté d'un facteur deux durant les années 1970 et ont connu depuis une tendance à la baisse – on peut donc penser qu'ils subissent bien d'autres influences que le changement climatique. En outre, on remarque des hauts et des bas importants sur des périodes de quelques années, beaucoup plus considérables que toutes les hausses de prix prévues pour les trois prochaines décennies en raison du dérèglement climatique. Autrement dit, même si ces dernières venaient à se réaliser, elles seraient à peine visibles.

Pour nous résumer, malgré le réchauffement planétaire, les rendements agricoles et l'offre alimentaire dans son ensemble ont bondi au cours du siècle passé ; l'année 2020 a vu une production record de céréales.[1] Le GIEC estime que quels que soient les changements climatiques intervenus entre 1981 et 2010, ils ont eu un impact minimal sur cette forte croissance. Les impacts prévus sur les prix alimentaires de futurs changements climatiques causés par l'homme d'ici à 2050 sont non seulement incertains, mais aussi beaucoup plus faibles que les variations passées, ils seront donc sans doute à peine discernables au cœur de l'évolution normale du marché. Bref, la science affirme que les récoltes gâchées

---

1. Food And Agriculture Organization of the United Nations. "FAO Cereal Supply and Demand Brief." December 3, 2020. http://www.fao.org/worldfoodsituation/csdb/en/.

à cause du « climat », sont une apocalypse, mais cette fois encore, ce n'est ni pour maintenant ni pour demain.

FIGURE 9.3
COURS DES CÉRÉALES CORRIGÉS DE L'INFLATION (1913-2016)

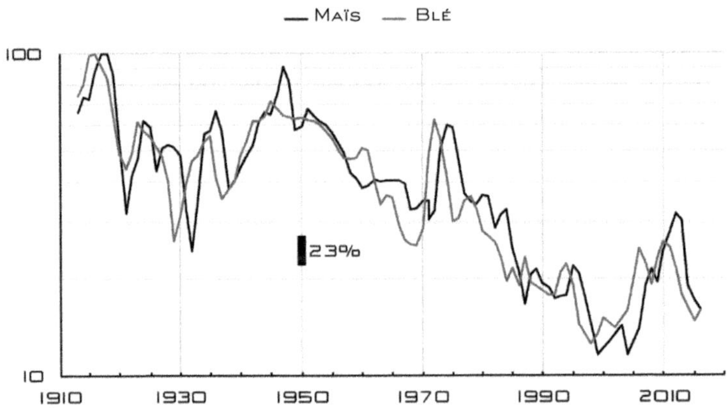

Cours corrigés de l'inflation du maïs et du blé de 1913 à 2016. Le graphique est sur une échelle logarithmique. Chaque prix est relatif à son maximum, autour de 1920. La barre verticale montre que la hausse maximum prévue en 2050 (23 %), est faible par comparaison avec les variations historiques des cours.[1]

En 2018, le lendemain de Thanksgiving Day, c'est-à-dire le jour de Black Friday, était publié le second volume du Quatrième rapport national d'évaluation (NCA 2018). Il traite des impacts prévus du changement climatique causé par les activités humaines et il a immédiatement déclenché une salve de gros titres, désormais familiers, annonciateurs d'un désastre économique imminent. En voici un florilège :

1. USDA Economic Research Service. "Inflation-adjusted price indices for corn, wheat, and soybeans show long-term declines." April 2019. https://www.ers.usda.gov/data-products/chart-gallery/gallery/chart-detail/?chartId=76964

- « Le dérèglement climatique va porter un coup très dur à l'économie américaine » (NBC News[1])
- « Le rapport sur le climat annonce de graves conséquences économiques » (Fox News[2])
- « Le changement climatique pourrait coûter des milliards de dollars aux États-Unis » (*Financial Times*[3])
- « Le rapport américain sur le climat prévoit des dégâts sur l'environnement et un ralentissement économique » (*New York Times*[4]

De fait, on peut lire dans le second message clé du chapitre 29 du rapport :

> *Faute d'efforts plus importants au niveau mondial, le changement climatique imposera selon les prévisions des dommages substantiels à l'économie américaine, à la santé humaine et à l'environnement. Dans le cadre des scénarios prévoyant des émissions importantes et une adaptation limitée ou nulle, les pertes annuelles, dans certains secteurs, devraient selon les estimations s'élever à des centaines de milliards de dollars à la fin du siècle.*

Le message clé, comme les gros titres catastrophistes, m'ont beaucoup chagriné – il s'agissait clairement de faire peur. Mais

1. Gregorian, Dareh. "Federal Report Says Climate Change Will Wallop U.S. Economy." NBC News, November 24, 2018. https://www.nbcnews.com/news/us-news /federal-report-says-climate-change-will-wallop-u-s-economy-n939521.

2. Shaw, Adam. "Climate Report Warns of Grim Economic Consequences, Worsening Weather Disasters in US." Fox News, November 24, 2018. https://www.foxnews.com /politics/climate-report-warns-of-grim-economic-consequences-more-weather-disasters-in-us.

3. Crooks, Ed. "Climate Change Could Cost US Billions, Report Finds." Financial Times, November 23, 2018. https://www.ft.com/content/216b5ed2-ef68-11e8-89c8-d36339d835c0.

4. Davenport, Coral, and Kendra Pierre-Louis. "U.S. Climate Report Warns of Damaged Environment and Shrinking Economy." New York Times, November 23, 2018. https://www.nytimes.com/2018/11/23/climate/us-climate-report.html.

j'avais étudié la question et je savais que les impacts économiques nets prévus étaient minimes. Voici pourquoi.

C'est l'année précédente, en 2017, que je m'étais, pour le première fois, penché sur les impacts économiques du changement climatique, l'un des plus grands investisseurs du monde ayant sollicité mon avis sur la science du climat. Comme il m'avait demandé de couvrir la question des impacts économiques, j'avais lu attentivement ce que le cinquième rapport d'évaluation du GIEC avait à dire sur la question.

Les prévisions sur les impacts économiques du changement climatique sont hautement incertaines. Nous savons déjà que de grandes incertitudes pèsent sur l'évolution future du climat parce que les modèles climatiques ne fonctionnent pas et que nous ne savons pas ce que nous réserve l'avenir en termes d'émissions. En outre, les incertitudes climatiques sont plus grandes au niveau régional qu'au niveau mondial. Par exemple, durant les cinq ou six premières années de la récente sécheresse en Californie, de nombreux climatologues ont pointé du doigt les influences humaines, augmentant selon eux le risque de sécheresse.[1] Mais un an environ après que cette dernière cesse tout à coup en 2016, les journaux se mettaient à écrire qu'un monde plus chaud se traduirait aussi par une Californie plus humide.[2] C'est peut-être juste un exemple de la façon dont les connaissances scientifiques s'affinent. Moins charitablement, j'ai la très nette impression que la science est encore si peu établie que n'importe quelle météorologie inhabituelle peut être « attribuée » à des influences humaines.

---

1. Diffenbaugh, Noah S., Daniel L. Swain, and Danielle Touma. "Anthropogenic Warming Has Increased Drought Risk in California." Proceedings of the National Academy of Sciences of the United States of America, National Academy of Sciences, March 31, 2015. https://www.ncbi.nlm.nih.gov/pmc/articles/PMC4386330/.

2. Allen, Robert J., and Ray G. Anderson. "21st Century California Drought Risk Linked to Model Fidelity of the El Niño Teleconnection." npj Climate and Atmospheric Science 1 (2018). https://www.nature.com/articles/s41612-018-0032-x.

De plus, le climat n'est que l'un des nombreux facteurs qui influencent le développement économique et le bien-être. Les politiques économiques, les échanges commerciaux, la technologie et la gouvernance jouent également un rôle important, ils sont différents selon les pays et peuvent changer de façon imprévisible. Les mesures économiques sont hautement régionales ; à leurs incertitudes s'ajoutent celle des prévisions climatiques régionales. Face à tant d'inconnues – entre autres le rôle que pourraient jouer des mesures d'adaptation comme de surélever les digues en front de mer ou de modifier la production agricole pour cultiver des produits susceptibles de minimiser, parfois même d'exploiter l'impact des changements climatiques – il est particulièrement difficile de prédire comment et combien la hausse de la température peut nuire économiquement à la société.

Malgré ces difficultés, le groupe de travail II de l'AR5 – à qui il incombe d'évaluer les impacts écologiques et sociétaux des changements climatiques décrits par le groupe de travail I – évoque la façon dont l'activité économique pourrait être affectée par le réchauffement de la planète. La Figure 9.4 reprend une vingtaine d'estimations publiées montrant que la hausse prévue (maintenant familière) de la température mondiale de 3°C d'ici à 2100 impacterait négativement l'économie mondiale de – tenez-vous bien ! -3 %, voire moins.

Quand j'ai fait ma présentation à l' investisseur j'ai évoqué un contexte important qui ne figurait pas dans le rapport du GIEC. Un impact de 3 % en 2100 – dans quatre-vingt ans – se traduirait par une diminution moyenne annuelle de la croissance de 3 % divisé par 80, soit environ 0,04 % par an. Les scénarios du GIEC (dont nous avons parlé chapitre 3) postulent une croissance annuelle d'environ 2 % jusqu'en 2100 ; l'impact du changement climatique minorerait alors ce taux de 0,04 % de, ce qui donnerait un taux de croissance de 1,96 %. Autrement dit, le rapport du GIEC dit que l'impact économique du changement climatique causé par l'homme est négligeable, au pire un petit accident de parcours. En

FIGURE 9.4
ESTIMATIONS DE L'IMPACT TOTAL DU CHANGEMENT CLIMATIQUE

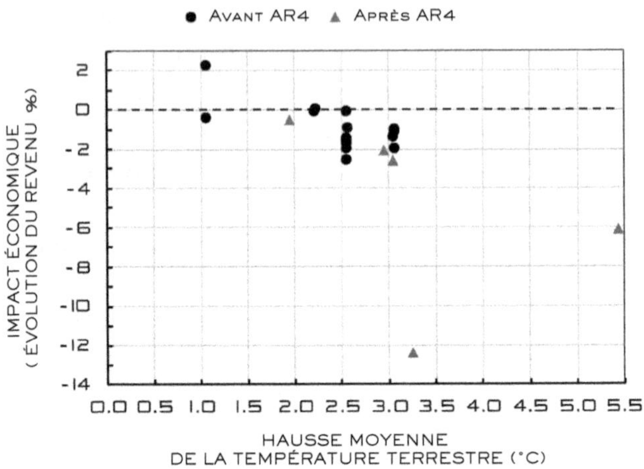

Estimations de l'impact net de la hausse des températures sur l'économie mondiale en 2100.[1]

fait, le premier point du résumé à l'intention des décideurs du chapitre 10 est le suivant :

> *Pour la plupart des secteurs économiques, l'impact du changement climatique sera faible par rapport aux impacts d'autres facteurs (fiabilité moyenne, consensus élevé) Les changements de population, d'âge, de revenus, de technologies, des prix relatifs, du style de vie, de la réglementation, de la gouvernance et de nombreux autres aspects du développement socioéconomique auront un impact sur l'offre et la demande de biens et services économiques, et cet impact sera important par comparaison avec celui du changement climatique.*

Un article rédigé en 2018 par l'un des principaux auteurs coordinateurs du GIEC passait en revue quatre ans d'études publiées et parvenait à une conclusion similaire :

1. Adapted from IPCC WG2 AR5, Figure 10.1.

FIGURE 9.5

RÉPERCUSSIONS NÉGATIVES DIRECTES SUR L'ÉCONOMIE AMÉRICAINE

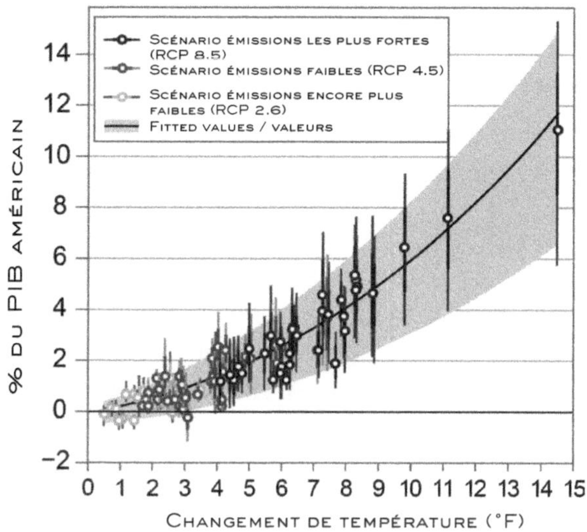

Répercussions négatives du réchauffement climatique prévu sur l'économie américaine à la fin du siècle. L'axe horizontal est le changement de la température moyenne mondiale (en degrés Fahrenheit) entre l'intervalle 1980-2010 et 2080-2099. Les points indiquent l'impact moyen et les lignes et la zone grisée les incertitudes. (Figure 29.3 du rapport 2018 du NCA)

> *... Au total, les impacts économiques du changement climatique sont négatifs, mais en moyenne, modestes ; les impacts sévères sur les pays moins développés sont essentiellement causés par la pauvreté.*[1]

Le consensus sur l'impact économique minimal de la hausse des températures est bien connu des experts, mais il gêne ceux qui veulent tirer la sonnette d'alarme sur le climat. J'ai été sidéré quand j'ai demandé à un homme politique de premier plan spécialisé sur l'environnement ce qu'il pensait du rapport du

1. Tol, Richard S. J. "The Economic Impacts of Climate Change." Review of Environmental Economics and Policy 12 (2018). https://www.journals.uchicago.edu/doi /10.1093/reep/rex027.

GIEC et qu'il m'a répondu : « C'est dommage que les chiffres concernant l'impact économique soient si faibles. »

En tout cas, ce contexte m'a donné tous les arguments nécessaires pour donner mon avis sur la couverture médiatique haletante qui a accompagné la publication du volume II du rapport 2018 du NCA. La dernière figure de son dernier chapitre est fondée sur une étude publiée en 2017 par le magazine *Science.*[1] Elle montre que les dommages directs prévus sur l'économie américaine à la fin du siècle augmentent parallèlement à la hausse moyenne des températures mondiales (indiquée par l'anomalie relative à la moyenne 1980-2010). Comme pour la prévision du GIEC pour l'économie mondiale, les impacts sur celle des États-Unis sont faibles : un réchauffement très important de 5°C (9°F) à la fin du siècle réduirait l'économie américaine d'environ 4 %. (Notons que ces 5°C sont relatifs aux températures actuelles, qui sont déjà supérieures de 1°C aux températures préindustrielles, cela ferait donc un réchauffement de 6°C si l'on raisonne comme l'accord de Paris, qui a fixé l'objectif à 1,5°C.)

Comme le rapport du GIEC, le NCA 2018 omet de placer ces chiffres en contexte, mais je peux le faire très simplement : l'économie américaine a connu une croissance annuelle moyenne de 3,2 % depuis 1930 (elle est près de 20 fois plus importante aujourd'hui qu'il y a quatre-vingt dix ans). Si l'on part de l'hypothèse très prudente que la croissance annuelle moyenne sera de 2 % pour les soixante-dix prochaines années, l'économie américaine sera quatre fois plus importante en 2090 qu'elle ne l'est aujourd'hui. L'impact présumé de 4 % du changement climatique en 2090 correspond donc à deux ans de croissance. **Autrement dit, un réchauffement supplémentaire de 5°C (9°F) en 2090 retarderait seulement de deux ans – dans soixante-dix ans – la croissance économique américaine.**

---

1. Hsiang, Solomon, Robert Kopp, Amir Jina, James Rising, Michael Delgado, Shashank Mohan, D. J. Rasmussen, et al. "Estimating Economic Damage from Climate Change in the United States." Science, June 30, 2017. https://science.sciencemag.org /content/356/6345/1362.full.

La Figure 9.6 l'illustre de manière imagée. Vous remarquerez la proximité des trois courbes. L'une montre que, sans aucun impact climatique, l'économie américaine, avec le taux annuel de croissance de 2 %retenu dans l'hypothèse, verrait le PIB passer des 20 trillions de dollars actuels à 80 trillions de dollars en 2090. Une seconde courbe retient l'hypothèse d'un réchauffement de 5°C qui, à en croire le rapport NCA 2018, déboucherait sur une croissance légèrement retardée, 4 % de moins en 2090 qu'elle ne le serait autrement. Enfin, la troisième courbe correspond à un réchauffement de 7,2°C (13°F) – niveau largement supérieur aux prévisions, même dans le cadre du scénario GIEC le plus extrême. À en croire le rapport NCA 2018, cela se traduirait par un impact de 10 % entre maintenant et 2090, ce qui ne représente encore qu'un retard de croissance de cinq ans dans soixante-dix ans.

FIGURE 9.6

PRÉVISIONS, EN DOLLARS CONSTANTS, DU PIB AMÉRICAIN JUSQU'À 2090

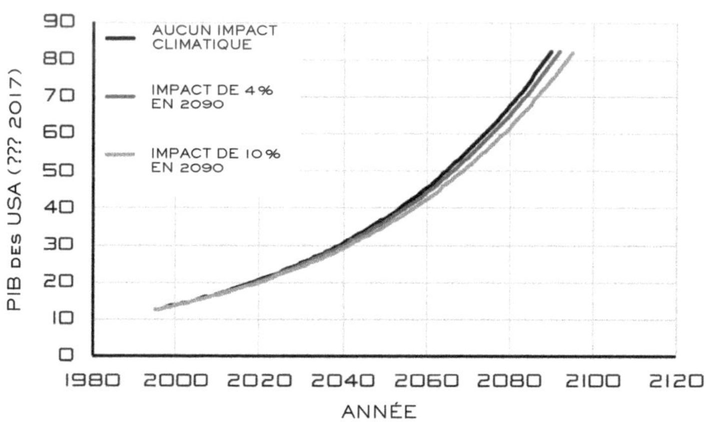

Les courbes sont fondées sur l'hypothèse d'une croissance annuelle nominale de 2 % sans impact climatique, ainsi que d'impacts climatiques de 4 % et de 10 % en 2090. On postule que les impacts seront linéaires à l'époque indiquée.

Quelques heures après la publication le jour du « Black Friday », du rapport NCA 2018, j'avais esquissé un éditorial expliquant plus ou moins ce que je dis ici, et le *Wall Street Journal* l'a publié en ligne le lundi.[1] Le lendemain, un économiste de premier plan spécialisé sur l'énergie m'a remercié par courriel – hélas, cette personne n'aurait jamais pu exprimer publiquement ces remerciements. La semaine suivante, l'un des auteurs de l'étude de 2017 dont étaient tirées les estimations utilisées par le rapport d'évaluation exprimait sa consternation sur la façon dont les résultats de leur recherche était présentée par les médias.[2]

Quant aux gros bonnets de la climatologie, en particulier les auteurs du NCA 2018, ils ont réagi par le silence. Ils n'ont rien fait pour nuancer le catastrophisme des médias. Ils étaient peut-être gênés par leur propre pessimisme. Peut-être aussi, à l'instar de l'homme politique mentionné ci-dessus qui regrettait que les chiffres de l'impact ne soient pas plus importants, était-ce précisément le son de cloche qu'ils espéraient.

Comme chacun l'a certainement remarqué , la notion de désastre économique lié au climat n'a rien perdu de sa place dans les médias et dans le dialogue politique. On appelle parfois l'économie la « science lugubre » et j'ai dit un jour à un économiste de premier plan que la conjonction des prévisions économiques et climatiques était une entreprise « doublement lugubre ». Il est raisonnable de penser que des facteurs liés aux changements climatiques – y compris les changements des conditions de l'agriculture ou les variations des évènements météorologiques – auront des impacts (et des bénéfices) économiques

1. Koonin, Steven. "The Climate Won't Crash the Economy." Wall Street Journal, November 27, 2018. https://www.wsj.com/articles/the-climate-wont-crash-the-economy-1543276899.

2. Jina, Amir. "Will Global Warming Shrink U.S. GDP 10%? It's Complicated, Says The Person Who Made The Estimate." Forbes, December 5, 2018. https://www.forbes.com /sites/ucenergy/2018/12/05/will-global-warming-shrink-u-s-gdp-10-its-complicated-says-the-person-who-made-the-estimate

sur certaines populations et sur certains secteurs économiques. Mais contrairement à la croyance populaire, même les rapports d'évaluation officiels indiquent qu'un changement climatique significatif induit par l'homme aurait un impact économique net négligeable sur l'économie mondiale ou américaine à la fin du siècle.

Il est clair que les médias, les hommes politiques et souvent les rapports d'évaluation eux-mêmes déforment sans vergogne ce que dit la science concernant le climat et les catastrophes. Ceci met en cause les scientifiques qui rédigent les rapports et les révisent avec trop de désinvolture, les journalistes qui les répètent sans le moindre esprit critique, les rédacteurs en chef qui laissent faire, les militants et leurs organisations qui jettent de l'huile sur le feu et les experts dont le silence public cautionne l'imposture. La répétition constante de ces mensonges sur le climat et de bien d'autres les transforment en « vérités » acceptées.

Au fil de ces pages, nous avons exploré l'abîme qui sépare ce qui nous est présenté comme une vérité scientifiquement établie et ce que la science nous dit effectivement. Comment en sommes-nous arrivés là ? Le prochain chapitre regarde de plus près l'extraordinaire maelstrom d'intérêts qui conduit à une croyance fervente en un consensus qui n'en est pas un.

CHAPITRE 10

QUI A FOULÉ LA SCIENCE AUX PIEDS ET POURQUOI ?

Si, comme nous l'avons vu au cours des précédents chapitres, de vastes domaines de la science ne sont définitivement pas établis, pourquoi ce que l'on en dit est-il si différent ? Est-il possible que les multiples parties prenantes de ces questions de climat– scientifiques, institutions scientifiques, activistes et ONG, médias et hommes politiques – contribuent tous à la désinformation au service de la persuasion ? Et pourquoi « La Science » a-t-elle conquis une telle domination sur la science ?

J'observe tout ceci depuis des années et j'ai beaucoup réfléchi à la façon dont fonctionne la communication en matière de climatologie. Je ne suis pas expert du comportement humain, mais j'ai vu ce processus de près et mes expériences directes, ainsi que certaines vérités universelles, suggèrent non pas quelque cabale secrète, mais un alignement des perspectives et des intérêts qui se renforce de lui-même. Regardons successivement les principaux acteurs de cette affaire.

LES MÉDIAS

Quand je suis arrivé en Grande-Bretagne, en 2004, j'ai naturellement commencé à lire les journaux britanniques. J'ai été frappé de constater qu'ils s'intéressaient beaucoup plus à l'actualité internationale que la presse américaine, sans doute parce que le Royaume-Uni, étant plus petit, a forcément plus d'interactions avec l'étranger, ainsi que des liens avec le reste de l'Europe et des relations historiques avec les pays du Commonwealth, naguère membres de l'Empire britannique. Et, bien sûr, le foot prenait beaucoup plus de place. Mais ce qui m'a le plus surpris n'était pas seulement une question de contenu, mais de ton. Les journaux britanniques étaient souvent ouvertement partisans – et pas seulement dans leurs éditoriaux. J'avais certes lu des journaux américains de diverses tendances, comme le *New York Times*, le *Wall Street Journal* et *le Washington Post*, mais ce fut une révélation de voir des différences frappantes entre le *Guardian*, le *London Times*, le *Telegraph* et le *Financial Times* dans ce qui était couvert et la façon dont ça l'était.

Au fil des années qui se sont écoulées depuis, les organes de presse américains ont développé eux-mêmes des points de vue plus explicites et plus différenciés qui ne sont plus cantonnés aux éditoriaux et colorent désormais le reste des articles. Surtout, à mesure que l'ère de l'Internet progressait, les titres sont devenus plus provocateurs afin d'encourager les clics – même quand les articles eux-mêmes n'avaient rien de provoquant. Aujourd'hui, la tendance à l'alarmisme – et au partageable – va bien au-delà des titres. C'est particulièrement vrai pour tout ce qui touche au climat ou à l'énergie.

Quelques nobles que soient leurs intentions, les informations sont, en fin de compte, un business qui, à l'ère digitale, suppose de plus en plus d'attirer l'œil du lecteur – il s'agit d'obtenir un maximum de clics et de partages. Relater la réalité scientifique – à savoir que les événements météorologiques extrêmes n'ont pratiquement pas changé sur le long terme – ne fait pas bon ménage avec la philosophie du « si ça saigne, ça baigne ». Sans compter qu'il y a toujours une catastrophe météorologique quelque part sur terre pour justifier un titre à sensation.

Les changements de personnel contribuent aussi à la mauvaise communication des questions scientifiques. Il y a moins de monde dans les salles de rédaction et le journalisme sérieux, reposant sur un travail approfondi, devient plus rare. Les auteurs d'articles sur le climat n'ont la plupart du temps aucune formation scientifique. C'est d'autant plus problématique que, comme nous l'avons vu, les rapports d'évaluation eux-mêmes peuvent être trompeurs, surtout si l'on n'est pas expert en matière de climat. Les questions scientifiques sont presque toujours une affaire de nuances, elles exigent du temps et de la recherche. Le rythme des informations est hélas toujours plus frénétique, les journalistes et les rédacteurs en chef ont moins de temps que jamais. La diversité et l'ubiquité des médias modernes ont accru la demande de « contenu » nouveau et la concurrence pour être le premier à publier une info. Et, comme pour les scientifiques, l'existence d'un code déontologique requérant l'impartialité ne veut pas dire qu'aucun parti pris ne s'infiltre dans les articles.

Quand je suis en contact avec des journalistes, je me rends compte que, pour certains, le « changement climatique » est désormais une cause et une mission – sauver le monde de la destruction par les humains – de sorte que donner un son de cloche terrifiant, quel que soit le sujet abordé, devient un devoir et même une obligation. D'autant qu'une nouvelle spécialité est apparue au sein de la profession : les « climatojournalistes ». Leur mission est largement prédéterminée ; s'ils n'ont pas une catastrophe à raconter, ils ne seront publiés ni sur papier ni en numérique, pas plus qu'ils ne seront diffusés sur les ondes.

En voici un exemple. Un article publié récemment à la une du *Washington Post* affirmait que la politique climatique de l'administration Biden viserait à « réduire rapidement les émissions carbone de la nation », expliquant que « le réchauffement planétaire rend le problème de plus en plus difficile à ignorer, la litanie de catastrophes liées au climat s'allongeant année après année. »[1]

Bien entendu, comme vous l'avez déjà lu, les observations ne confirment pas du tout que ces « catastrophes liées au climat » se multiplient « année après année ».

L'article d'une page entière détaille factuellement les projets de la nouvelle équipe gouvernementale. Mais sans le cri d'alarme initial, aurait-il eu les honneurs de la une ?

Bref, la méconnaissance générale de ce que dit véritablement la science, l'aspect dramatique des événements météorologiques extrêmes et leurs conséquences épouvantables pour les victimes, ainsi que les pressions au sein de la profession, tout cela se conjugue pour rendre quasi impossible une couverture objective dans les médias populaires.

LES HOMMES POLITIQUES

Les hommes politiques gagnent les élections en suscitant la passion et l'engagement des électeurs, qu'il s'agit de motiver et de persuader. Cela n'a rien de nouveau. H.L Mencken notait déjà dans son livre *In Defense of Women*, publié en 1918 :

> *Tout le but de la politique, en pratique, c'est de faire en sorte que le peuple soit constamment plongé dans l'angoisse (donc désireux qu'on le conduise à la sécurité) en le menaçant d'une interminable série de gobelins, imaginaires pour la plupart.*[2]

La menace d'une catastrophe climatique – qu'il s'agisse de tempêtes, de sécheresses, de hausse du niveau de la mer, de

1. Brady, Dennis and Juliet Eilperin. "In Confronting Climate Change, Biden Won't Have a Day to Waste." Washington Post. December 22, 2020. https://www.washington post.com/politics/2020/12/22/biden-climate-change/.

2. Mencken, H. L. In Defense of Women. Project Gutenberg. Last updated February 6, 2013. https://www.gutenberg.org/files/1270/1270-h/1270-h.htm.

récoltes perdues ou d'effondrement économique – touche tout le monde. Et cette menace peut être dépeinte à la fois comme urgente (en évoquant par exemple un récent évènement météorologique meurtrier) et suffisamment lointaine pour que les prédictions terribles d'un homme politique ne soient vérifiables que des dizaines d'années après son départ. Malheureusement, si la science du climat et les problèmes énergétiques associés sont compliqués, la complexité et la nuance se prêtent fort mal au message politique. On sacrifie alors la science sur l'autel de « La Science » et on la « simplifie » pour l'utiliser dans l'arène politique, ce qui permet de décrire les actions requises très simplement aussi – *il suffit juste d'éliminer les combustibles fossiles pour sauver la planète.*

Bien sûr, le problème n'est pas spécifique au climat et l'électorat – qui abhorre les demi-teintes – en partage partiellement la responsabilité. Il est difficile de rallier la base à l'incertitude. La promotion des énergies renouvelables susciterait moins d'adhésion si elles étaient dépeintes de façon plus réaliste comme une *manière possible* d'atténuer un *éventuel problème futur et non comme une solution essentielle à une crise imminente.* Et l'incertitude peut être une arme politique. Les gens de droite qui nient même les bases sur lesquelles la science a bel et bien tranché – à savoir que les influences humaines ont joué un rôle dans le réchauffement climatique – ne dédaignent pas d'exploiter les incertitudes de la climatologie, présentées comme la « preuve » qu'en fait, le climat ne change pas.

À gauche, on trouve gênant d'évoquer les incertitudes ou la difficulté de réduire les influences humaines. On préfère déclarer que la science a tranché et cataloguer quiconque met en doute cette conclusion comme « climatosceptique », en mettant dans le même sac les scientifiques consciencieux qui plaident pour moins de persuasion et davantage de recherche et ceux qui sont ouvertement hostiles à la science elle-même.

Certains hommes politiques sont allés beaucoup plus loin que les insultes en tentant effrontément de décrédibiliser le processus scientifique. Deux d'entre eux, les milliardaires

Michael Bloomberg et Tom Steyer, qui voulaient « faire en sorte que la menace climatique soit ressentie comme réelle, immédiate et potentiellement dévastatrice par le monde des affaires », ont conspiré avec certains scientifiques et avec d'autres personnes pour produire une série de rapports présentant faussement le scénario des émissions extrêmes, le RCP8.5, comme étant « *business as usual* » (autrement dit, un monde ne consentant aucun effort supplémentaire pour réduire les émissions).[1-2]

Ces rapports étaient accompagnés d'une campagne élaborée visant à diffuser cette notion dans les conférences et les publications scientifiques.[3] Ceux qui cherchent à corrompre ainsi le processus scientifique jouent le même jeu que les antisciences qu'ils critiquent à corps et à cris. Heureusement, cette supercherie est maintenant révélée au grand jour par les plus grandes publications scientifiques.[4-5]

Enfin, on laisse souvent entendre que les hommes politiques de droite qui affirment ne pas croire au changement climatique sont influencés par leurs liens avec des secteurs d'activités qui pourraient être affectés par une réglementation environnementale restrictive. Malheureusement, comme l'industrie des énergies alternatives se développe, d'autres hommes politiques ont également une incitation financière à en rajouter sur la

---

1. Helm, Burt. "Climate Change's Bottom Line." New York Times, January 31, 2015. https ://www.nytimes.com/2015/02/01/business/energy-environment/climate-changes -bottom-line.html.

2. The Risky Business Project. "Risky Business: The Economic Risks of Climate Change in the United States." June 2014. http://riskybusiness.org/site/assets/uploads/2015/09/ RiskyBusiness_Report_WEB_09_08_14.pdf.

3. Pilke, Roger. "How Billionaires Tom Steyer and Michael Bloomberg Corrupted Climate Science." Forbes, January 2, 2020. https://www.forbes.com/sites/roger pielke/2020/01/02/how-billionaires-tom-steyer-and-michael-bloomberg-corrupted -climate-science.

4. Hausfather, Zeke, and Glen P. Peters. "Emissions—the 'business as usual' story is misleading." Nature, January 29, 2020. https://www.nature.com/articles/d41586-020-00177-3.

5. Burgess, Matthew G., et al. Environmental Research Letters 16 (2020). https://doi .org/10.1088/1748-9326/abcdd2.

catastrophe climatique. La science ne devrait pas être partisane, mais l'intersection de la science avec la politique de l'énergie et la politique tout court garantissait pratiquement qu'elle le deviendrait.

LES INSTITUTIONS SCIENTIFIQUES

La confiance qu'inspirent les institutions scientifiques sous-tend notre aptitude – et celle des médias et des hommes politiques – à faire confiance à ce que l'on nous présente comme « La Science ». Mais s'agissant du climat, ces institutions semblent souvent plus préoccupées de faire en sorte que la science coïncide avec leur discours que de s'assurer que ce discours coïncide avec la science. Nous avons déjà vu que les institutions qui préparent les rapports d'évaluation officiels résument ou décrivent les données de façon volontairement fallacieuse. Nous creuserons la question au chapitre suivant, je ne m'y étends donc pas ici.

D'autres institutions scientifiques, ou leurs dirigeants, ont également eu tendance à préférer persuader plutôt qu'informer. *The National Academies of Sciences, Engineering and Medicine* - NASEM- (Académies nationales des sciences, de l'ingénierie et de médecine) est une institution privée, à but non lucratif, que le Congrès a officiellement chargé en 1863 de conseiller la nation. Pour citer son site Web :

> *Les Académies nationales des sciences, de l'ingénierie et de médecine sont pour la nation la source prééminente d'avis objectifs, de grande qualité sur les questions touchant à la science, l'ingénierie et la santé.*[1]

Cette institution prodigue ces avis essentiellement au moyen de rapports écrits financés par des agences fédérales. Quelques

1. "About Us: Who We Are." The National Academies of Sciences, Engineering, and Medicine. Accessed December 1, 2020 https://www.nationalacademies.org/about.

deux cents rapports sont publiés chaque année, sur un vaste éventail de sujets concernant la science, l'ingénierie, la médecine et les problèmes sociétaux qui y sont associés.[1]

Ces rapports sont soumis à un processus approfondi de rédaction et de révision. Je connais bien ce processus, ayant moi-même dirigé deux études et révisé les rapports de plusieurs autres. J'ai également passé six ans à superviser toutes les activités liées à l'élaboration des rapports en ingénierie et Sciences physiques (dont plusieurs portaient sur l'énergie, mais aucun sur la climatologie). Au terme de ce processus, les rapports sont pratiquement toujours objectifs et de très grande qualité. Malheureusement, comme nous l'avons vu, les révisions des rapports 2014 et 2017-2018 de la NCA n'ont pas été tout à fait à la hauteur de ces exigences.

Le 28 juin 2019, les présidents des Académies nationales des sciences, de l'ingénierie et de médecine firent une déclaration affirmant « la preuve scientifique du changement climatique ». Voici l'unique paragraphe traitant de la science elle-même :

> *Les scientifiques savent depuis un certain temps, à partir de nombreuses observations concrètes, que les humains sont en train de changer le climat de la terre, essentiellement par le biais des émissions de gaz à effet de serre. Les preuves des impacts du changement climatique sont elles aussi claires et croissantes. L'atmosphère et les océans de la terre se réchauffent, l'ampleur et la fréquence de certains événements extrêmes augmentent et le niveau de la mer s'élève le long de nos côtes.*[2]

Même en tenant compte de la concision indispensable, ceci est un résumé trompeur car incomplet et imprécis de

1. The National Academies of Sciences, Engineering, and Medicine. "Climate Change Publications." The National Academies Press. Accessed December 1, 2020. https ://www.nap.edu/.

2. McNutt, Marcia, C. D. Mote Jr., Victor J. Dzau. "National Academies Presidents Affirm the Scientific Evidence of Climate Change." The National Academies of Sciences, Engineering, and Medicine, June 18, 2019. http://www8.nationalacademies .org/onpinews/newsitem.aspx?RecordID=06182019.

l'état de la science du climat. Il amalgame le réchauffement provoqué par les activités humaines et le changement climatique en général, impliquant de façon erronée que les influences humaines sont seules responsables de ces changements. Il invoque « certains événements extrêmes » tout en omettant le fait que la plupart d'entre eux (y compris ceux qui viennent immédiatement à l'esprit, comme les ouragans, à la lecture de l'expression « événements extrêmes ») ne montrent aucune tendance significative. En outre, il affirme que « le niveau de la mer s'élève » d'une façon qui non seulement suggère que ceci, aussi, est uniquement imputable au réchauffement causé par les humains, mais ignore que cette hausse n'a rien de nouveau.

Je suis absolument certain que cette déclaration personnelle des présidents dans un communiqué de presse n'avait pas été soumise aux procédures de révision habituelles des Académies ; si elle l'avait été, ses défauts auraient été corrigés. Cette déclaration revêt donc l'autorité que lui confère le nom des Académies sans avoir été soumise à leur rigueur habituelle. Ironiquement, elle affirme ensuite que les Académies « doivent communiquer plus clairement ce que nous savons ». Ce qu'elles n'ont pas fait, en l'occurrence.

Quand la communication de la science du climat est aussi corrompue, cela sape la confiance du public sur ce que disent les autorités scientifiques concernant d'autres sujets sociétaux cruciaux (la Covid 19 en est l'exemple récent le plus remarquable). Comme Philip Handler, ancien président de l'Académie des sciences, l'a écrit dans un éditorial de 1980 que j'ai cité dans l'Introduction :

> *Il est temps de revenir à l'éthique et aux normes de la science, afin que le processus politique puisse se dérouler avec davantage de confiance. Le public se demande peut-être pourquoi nous ne savons pas ce qui apparaît vital à la prise de décision – mais la science ne conservera sa place dans l'estime publique que si elle admet résolument l'ampleur de nos incertitudes, puis affirme la nécessité de continuer la recherche. Et nous perdrons cette place si nous dissimulons ou si nous argumentons comme si*

> *nous possédions toute l'information nécessaire et que nous comprenions tout. C'est en respectant l'éthique de la science, pas celle de la politique, que les scientifiques servent le mieux la politique publique.*[1]

LES SCIENTIFIQUES

L'introduction de ce livre décrivait la fausse hésitation de Stephen Schneider entre être efficace et être honnête. Mais d'autres facteurs encouragent les chercheurs en climatologie à décrire avec une belle uniformité leur science comme établie, quelque vigoureux que soit leur débat intérieur. Feynman concluait son fameux discours du Cargo Cult en souhaitant aux diplômés de Caltech

> *La chance d'être quelque part où vous serez libre de maintenir le genre d'intégrité que j'ai décrite, sans vous sentir obligé de la sacrifier pour conserver votre position dans l'organisation, votre soutien financier, etc...*

Je sais d'expérience que ces pressions institutionnelles sont réelles - que vous travailliez pour le gouvernement, une entreprise ou une ONG, il y a un message auquel il faut adhérer. Les universitaires doivent générer des publications et obtenir des financements. Il y a aussi la question de leur carrière. Et la pression des pairs : nombre de scientifiques sont tombés dans l'opprobre et leurs perspectives de carrière ont pâti du fait qu'ils avaient publié des données n'étayant pas le meme récit du dérèglement climatique.

Carl Wunsch, océanographe de premier plan du MIT qui incite depuis longtemps les scientifiques à donner une image réaliste de la science[2], a décrit les pressions subies par les climatologues pour produire des résultats sensationnels :

---

1. Handler, Philip. "Public Doubts About Science." Science, June 6, 1980. https://science .sciencemag.org/content/208/4448/1093.
2. Wunsch, Carl. "Swindled: Carl Wunsch Responds." RealClimate,

> ***Le problème central de la climatologie, c'est de se demander ce que l'on fait et ce que l'on dit quand on a des données insuffisantes pratiquement à tous points de vue. Si je passe trois ans à analyser mes données, et que la seule conclusion défendable est que « les données ne permettent pas de répondre à la question », comment faire pour publier ? Comment faire pour que mon budget soit renouvelé ? Une réponse fréquente consiste à truquer le calcul de l'incertitude ou à l'ignorer carrément et de sortir une histoire sensationnelle que le New York Times reprendra.***
>
> *Très souvent, cela ressemble un peu à ce qui se passe dans le business de la médecine : on s'appuie sur des études mal contrôlées, portant sur des cohortes réduites, pour proclamer l'efficacité d'un nouveau médicament ou traitement. Combien d'entre elles ont été retirées des années plus tard, quand on a disposé d'une quantité suffisante de données adéquates ?*[1]

Les scientifiques dont les recherches n'ont rien à voir avec le climat ont aussi leur part de responsabilité. Alors qu'ils sont très bien placés pour évaluer les affirmations des spécialistes du climat, ils ont souvent tendance à être ce que j'appelle des « simplets du climat », par analogie avec l'expression « blood simple », que Dashiell Hammett a été le premier à employer dans son roman *Moisson rouge*, publié en 1929. Il y décrivait le dérangement mental de personnes ayant subi une immersion prolongée dans des situations violentes. Les simplets du climat sont victimes d'un syndrome analogue. Ces scientifiques, par ailleurs rigoureux et analytiques, abandonnent leurs facultés critiques dès lors qu'ils abordent des questions touchant au climat ou à l'énergie. C'est le diagnostic que j'ai posé quand un de mes collègues, scientifique chevronné, m'a demandé

March 12, 2007. http://www.realclimate.org/index.php/archives/2007/03/swindled-carl-wunsch -responds/comment-page-3/.

1. Revkin, Andrew C. "A Closer Look at Turbulent Oceans and Greenhouse Heating." New York Times, August 26, 2014. https://dotearth.blogs.nytimes.com/2014 /08/26/a-closer-look-at-turbulent-oceans-and-greenhouse-heating/.

de cesser « la distraction » consistant à signaler des passages gênants d'un rapport du GIEC. Cette attitude du « je ferme les yeux je me bouche les oreilles », je ne l'avais jamais observée dans aucune autre discussion scientifique.

Qu'est-ce qui fait d'un honnête scientifique un « simplet du climat » ? Peut-être le peu de connaissance qu'il a du sujet, la peur de dire la vérité, en particulier face à d'autres scientifiques. Ou peut-être simplement la conviction, découlant davantage de la foi en un consensus proclamé que des preuves qu'on lui a présentées.

Le traité philosophique « Le salut est en vous », de Léon Tolstoï, publié en 1894, contient la pensée suivante :

> *Les sujets les plus difficiles peuvent être expliqués au plus lourdaud des hommes s'il ne s'en est pas déjà fait une idée; mais il est impossible de faire comprendre la chose la plus simple au plus intelligent des hommes s'il est fermement convaincu qu'il sait déjà, sans l'ombre d'un doute, ce qu'il en est.*[1]

Quelle qu'en soit la cause, cette mentalité pose un grave problème. On prône des changements considérables pour la société, on s'apprête à dépenser des trillions de dollars, et tout cela repose sur les découvertes de la climatologie. Cette science devrait se prêter à un examen et des interrogations intenses et les scientifiques devraient l'approcher avec leur habituelle objectivité critique. Et ils ne devraient pas avoir peur de le faire.

MILITANTS ET ONG

Ma boîte mail se remplit sans cesse d'appels de fonds émanant d'organismes comme 350.org, the Union of Concerned Scientists et le Natural Resources Defense Council. Si vous êtes convaincu

1. Tolstoy, Leo. 1894. The Kingdom of God Is Within You. Project Gutenberg, July 26, 2013. https://www.gutenberg.org/files/43302/43302-h/43302-h.htm

de l'existence d'une « urgence climatique », que vous avez créé une organisation pour y remédier et comptez sur la fidélité de vos donateurs, il est vital de leur faire comprendre qu'il y a urgence. D'où les déclarations du style « La crise climatique est immense – nous devons y répondre avec audace et courage » (site web de 350.org[1]) ou « Le changement climatique est l'un des problèmes les plus dévastateurs auxquels l'humanité ait jamais été confrontée – et le compte à rebours est commencé » (site web UCS[2]). Vous n'avez certainement pas intérêt à dire à vos donateurs que le climat ne montre aucun signe de dérèglement ou que les prévisions de désastres futurs reposent sur des modèles d'une validité douteuse.

Les médias ont tendance à considérer que les ONG font autorité. Mais ce sont aussi des groupes d'intérêt, avec leur propre stratégie concernant le climat et l'énergie. En outre, ce sont de puissants acteurs politiques, qui mobilisent des partisans, lèvent des fonds, montent des campagnes et exercent un pouvoir politique. La « crise du climat » est l'unique *raison d'être* de nombre d'entre eux. Ils doivent aussi veiller à ne pas se faire déborder par d'autres groupes plus militants.

Je n'ai rien contre le militantisme et les efforts des ONG ont contribué à faire un monde meilleur d'innombrables manières. Mais il est inexcusable de déformer la science pour promouvoir sa cause, particulièrement avec la complicité des scientifiques qui siègent à leur conseil de direction.

LE PUBLIC

La hantise des événements météorologiques extrêmes est compréhensible et l'inquiétude que suscitent les changements

---

1. "About 350.Org." 350.org. Accessed December 1, 2020. https://350.org/about/.

2. "Climate Change." Union of Concerned Scientists. Accessed December 1, 2020. https://www.ucsusa.org/climate.

du climat est aussi vieille que l'humanité. Les événements à court terme (tempêtes, inondations, sécheresses) ont inquiété les sociétés et leur ont posé de graves problèmes, tandis que les changements s'étalant sur plusieurs dizaines d'années ont provoqué des migrations de masse, voire détruit des civilisations entières. Par exemple, une succession de mauvaises récoltes a dévasté des communautés dans le sud-ouest des États-Unis pendant la Grande Sécheresse qui a duré vingt-cinq ans il y a environ 750 ans.[1]

L'idée que nos activités pourraient être la cause de telles calamités est également aussi vieille que l'humanité – comme l'espoir d'éviter le pire des désastres climatiques en changeant de comportement. Le lévitique, 26 3-4 promet des pluies régulières (très importantes au Moyen-Orient) et les bénéfices qu'elles entraînent, à condition de faire le bien :

> *Si vous suivez mes lois, si vous gardez mes commandements et les mettez en pratique, je vous enverrai des pluies en leur saison, la terre donnera ses produits, et les arbres des champs donneront leurs fruits.*

Nous aimons penser que le public fait aujourd'hui preuve de plus de discernement face au climat, mais son attitude se résume encore essentiellement à une acceptation inconditionnelle de la sagesse qui vient d'en haut. Comme partout dans le monde, la plupart des citoyens américains ne sont pas des scientifiques et le système éducatif ne donne guère de culture scientifique au grand public. La plupart des gens ne sont pas en capacité d'examiner eux-mêmes la science et n'ont ni le temps ni l'envie de le faire. La plupart s'informent de plus en plus via les médias sociaux, où il n'est que trop facile de promouvoir la mésinformation ou la désinformation. Et d'après mon expérience, les gens ont tendance à croire leurs médias

---

1. The Editors of Encyclopaedia Britannica. "Great Drought." Encyclopædia Britannica, November 26, 2012. https://www.britannica.com/event/Great-Drought#ref =ref112984.

favoris – et à leur faire confiance – dans des domaines où ils n'ont aucune expertise.

Michael Crichton, auteur des best-sellers *La variété Andromède* et *Jurassic Park*, habitait près de Caltech et fut un membre éminent de la communauté intellectuelle de Pasadena jusqu'à sa mort en 2008. Crichton, qui avait été médecin avant de devenir écrivain, était un ardent défenseur de l'intégrité scientifique ; il appréciait fort peu la présentation publique de la science du climat. Son roman *État d'urgence*, publié en 2004, porte sur ce thème. Les conversations de Crichton avec Murray Gell-Mann (prix Nobel de physique qui fut l'un des premiers chercheurs à formuler l'hypothèse des quarks) l'ont conduit à décrire l'effet « Amnésie de Gell-Mann :

> *Vous ouvrez le journal et lisez un article sur un sujet que vous connaissez bien. Dans le cas de Murray, la physique. Dans le mien, le cinéma...*
>
> *Dans un cas comme dans l'autre, vous relevez avec exaspération ou amusement les multiples erreurs du texte, puis vous tournez la page et passez aux affaires nationales ou internationales, que vous lisez comme si le reste du journal était, curieusement, plus conforme à la vérité sur la Palestine que les balivernes que vous venez de lire. Vous tournez la page, et vous oubliez ce que vous savez.*[1]

Pour ne rien arranger, le simple fait de lancer la discussion sur « La Science », c'est s'aventurer dans un champ de mines politique. Quand je dis aux gens ce que les rapports d'évaluation disent véritablement sur le climat, beaucoup demandent immédiatement si j'étais pour Trump. Je réponds que je ne l'ai jamais été mais que, en ma qualité de scientifique, j'ai toujours été pour la vérité.

---

1. Crichton, Michael. At the International Leadership Forum, La Jolla, CA, April 26, 2002. http://geer.tinho.net/crichton.why.speculate.txt

En tant que scientifique, je suis déçu que tant d'individus et d'organisations au sein de la communauté scientifique présentent la science de manière incontestablement inexacte dans le but de persuader et non d'informer. Mais nous devrions tous être inquiets en tant que citoyens. Dans une démocratie, ce sont les électeurs qui, en fin de compte, décident comment la société réagit face au changement climatique. Des décisions majeures prises sans une connaissance complète de ce que dit la science (et de ce qu'elle ne dit pas) ou, pire encore, sur la base de la désinformation, ont beaucoup moins de chances de conduire à des résultats positifs. La Covid 19 en a fourni une illustration consternante, et c'est tout aussi vrai pour le climat et l'énergie que pour les pandémies.

CHAPITRE 11

IL FAUT SAUVER LA MÉTHODE SCIENTIFIQUE

Début 2017, cela faisait trois ans que l'atelier de l'American Physical Society m'avait ouvert les yeux sur les problèmes de « La Science ». Je n'avais cessé, depuis, de relever les déformations de la science du climat par les médias et les hommes politiques. En outre, comme je l'ai raconté chapitre 6, je venais d'être à nouveau irrité par la présentation fallacieuse des données sur les ouragans du rapport 2014 du National Climate Assessment (NCA). J'étais de plus en plus convaincu de la nécessité de soumettre « La Science » à un exercice Red Team, concept que je peaufinais depuis quelques années.

Dans ce cadre, un groupe de scientifiques, (la « Red Team ») serait chargé de critiquer rigoureusement l'un des rapports d'évaluation, en tentant d'en identifier les points faibles et de les évaluer. Et, bien sûr, une « Blue Team » (vraisemblablement les auteurs du rapport) aurait la possibilité de réfuter les conclusions de la Red Team. La procédure est couramment utilisée dans le cadre de décisions particulièrement importantes, comme vérifier les découvertes des services de renseignements nationaux ou valider des projets complexes, par exemple en aéronautique ou dans le domaine spatial ; on y a souvent recours aussi dans le domaine de la cybersécurité. Les Red Teams repèrent les erreurs ou les lacunes, identifient les angles morts et aident souvent à éviter des échecs catastrophiques. En substance, elles sont une partie importante d'une méthode de décision prudente, ne laissant rien au hasard. (Notez que l'utilisation du « rouge » et du « bleu » est traditionnelle dans l'armée, où est née cette procédure ; elle n'a rien à voir avec la politique)

Soumettre un rapport d'évaluation du climat à l'examen d'une Red Team pourrait en renforcer la crédibilité et démontrer la robustesse (ou le manque de robustesse) de ses conclusions. Cela soulignerait la fiabilité de la science ayant résisté à un examen minutieux tout en faisant ressortir, pour les profanes, les incertitudes ou les points « gênants » minimisés ou occultés. Bref, la science améliorerait et renforcerait « La Science ».

Bien entendu, le GIEC et le gouvernement américain affirment tous deux que leurs rapports d'évaluation respectifs sont dignes de foi car ils sont déjà soumis à une révision rigoureuse avant la publication. Pourquoi, dès lors, réclamer un niveau supplémentaire de révision ? La réponse la plus directe est que – comme l'ont montré les chapitres précédents – ces rapports ont des défauts flagrants. Et une raison importante de ces défauts, c'est leur processus de révision. Je m'explique.

La science est un corpus de connaissances qui grandit justement grâce à l'évaluation par les pairs, chaque étape s'appuyant sur la précédente. Si chacune est solide, les chercheurs peuvent atteindre assez rapidement des résultats exceptionnels, comme le développement rapide d'un vaccin ou la technologie moderne de l'information. Pour savoir qu'un chercheur a produit un nouvel élément de connaissances valable, d'autres chercheurs passent au crible et contestent souvent les résultats des expériences ou des observations, ou encore formulent de nouveaux modèles et théories. *Les mesures ont-elles été prises correctement ? Les expériences soumises à des contrôles adéquats ? Les résultats concordent-ils avec ce que l'on savait déjà ? Quelles sont les raisons d'un résultat inattendu ?* Des réponses satisfaisantes à des questions comme celles-ci constituent l'obstacle à surmonter pour que de nouveaux résultats soient acceptés dans le corpus toujours grandissant de la connaissance scientifique.

L'évaluation par les pairs des recherches publiées dans des revues scientifiques est un mécanisme permettant de passer au crible et de remettre en cause les nouveaux résultats de la recherche. Au cours de ce processus, des experts individuels indépendants analysent et critiquent la version préliminaire décrivant les résultats ; une tierce personne joue ensuite le rôle d'arbitre – elle se prononce sur les réponses des auteurs à ces critiques et recommande (ou non) la publication à la direction de la revue ou suggère la façon dont l'étude doit être révisée.

J'ai participé à de nombreuses évaluations de ce type au fil de mes quarante-cinq ans de carrière scientifique – parfois comme auteur, parfois comme critique, comme arbitre et, en de rares occasions, comme responsable de la publication. Cette longue expérience me permet d'affirmer que ce type d'évaluation peut améliorer la présentation d'une étude et, en règle générale, permet de repérer des erreurs sérieuses, mais c'est loin d'être parfait et ne garantit en aucune manière l'exactitude de ce qui est publié.[1] La reproduction indépendante de la recherche ou la réfutation des résultats par d'autres chercheurs conduisant leurs propres études en est une bien meilleure garantie. C'est ainsi que toutes les découvertes importantes finissent par être confirmées.

Mais un rapport d'évaluation du climat n'est pas un article de recherche – en fait, c'est un document d'un type très différent, dont le but est également très différent. Les articles destinés à être publiés dans des revues scientifiques pour présenter une recherche sont rédigés par et pour des experts. Les auteurs de rapports d'évaluation, eux, doivent juger de la validité et de l'importance de nombreux articles de recherche, puis les synthétiser au sein d'un ensemble d'affirmations de haut niveau afin

1. Smith, Richard. "Peer Review: a Flawed Process at the Heart of Science and Journals." Journal of the Royal Society of Medicine 99 (2006): 178-182. https://www.ncbi. nlm.nih.gov/pmc/articles/PMC1420798/.

d'informer un public non spécialisé. De sorte que la thèse du rapport d'évaluation revêt une réelle importance, ainsi que le langage utilisé pour l'expliquer – tout particulièrement pour quelque chose d'aussi important que le climat.

Les processus utilisés pour élaborer et réviser les rapports d'évaluation n'encouragent pas l'objectivité. Les hauts fonctionnaires des agences scientifiques et environnementales (qui peuvent avoir leur propre point de vue) nomment ou choisissent les auteurs, qui ne sont pas soumis aux contraintes des conflits d'intérêt. Cela veut dire qu'un auteur peut travailler pour une entreprise de combustibles fossiles ou au contraire pour une ONG promouvant « l'action climatique ». Ceci accroît les chances pour que la persuasion l'emporte sur l'information.

Un groupe de nombreux experts volontaires (comprenant, dans le cas du National Climate Assessment, un groupe émanant des Académies nationales) révise le texte préliminaire. Mais contrairement à l'évaluation par des pairs, les désaccords entre les scientifiques chargés de la révision et les auteurs ne sont pas résolus par un arbitre indépendant ; l'auteur principal peut décider de rejeter une critique en disant simplement : « nous ne partageons pas ce point de vue ». **Les versions finales des rapports sont alors soumises à l'approbation du gouvernement (par le bais d'un processus inter agences) et du GIEC (au cours de réunions, souvent houleuses, d'experts et de responsables politiques). Et – ce point est vraiment capital – les « résumés à l'intention des décideurs » sont lourdement influencés, quand ce n'est pas tout simplement rédigés, par les gouvernements qui ont intérêt à promouvoir telle ou telle politique. Bref, il existe de nombreuses opportunités de corrompre l'objectivité du processus et du produit.**

J'ai présenté l'idée de la Red Team début février 2017 à la quatrième conférence de Santa Fe sur le changement climatique mondial et régional, forum qui embrasse traditionnellement des points de vue très divers. À la fin de mon pitch, j'ai demandé aux quelques centaines de personnes présentes dans la salle de lever la main si ce projet les intéressait, et j'ai été surpris de leur réaction favorable – la plupart des membres de ce public d'experts pensaient qu'un tel exercice pourrait être utile s'il était bien exécuté. Ces chercheurs « de première ligne » étaient peut-être plus gênés que je ne le pensais par la façon dont leur science était présentée aux non spécialistes. Quoi qu'il en soit, leur soutien m'a encouragé à présenter l'idée à un public plus vaste.

La première Marche pour la Science devait avoir lieu le 22 avril (jour de la Terre) 2017, avec des rassemblements et des marches dans six cents villes du monde entier. Comme l'un des objectifs de la Marche était de réclamer une politique fondée sur des preuves, dans l'intérêt du public, j'ai pensé que le moment était bien choisi pour évoquer un point important pour la science du climat et la façon dont elle est communiquée aux profanes. Le moment semblait particulièrement opportun puisqu'un important rapport du gouvernement américain (la première partie du NCA 2018) devait être publié à l'automne.

Deux jours avant la Marche pour la science, le *Wall Street Journal* publiait un éditorial dans lequel je plaidais pour une révision des rapports d'évaluation du climat par une Red Team.[1] J'y utilisais la description catastrophiste fallacieuse des données concernant les ouragans du NCA 2014 pour illustrer la nécessité d'une telle révision et montrais comment elle pouvait être réalisée.

Mon éditorial déclencha près de 750 commentaires en ligne de lecteurs, favorables en grande majorité. Certains membres de l'administration Trump le remarquèrent également, et compte tenu de la réticence de ce gouvernement à accepter publiquement les éléments les plus basiques de la connaissance du climat, son intérêt pour le concept de la Red Team suscita quelques très fortes objections à la proposition. Les plus visibles furent des articles publiés fin juillet 2017 par John

1. Koonin, Steven. "A 'Red Team' Exercise Would Strengthen Climate Science." Wall Street Journal, April 20, 2017. https://www.wsj.com/articles/a-red-team-exercise -would-strengthen-climate-science-1492728579.

Holdren (le conseiller climat de l'administration Obama, père du CSSR)[1], et, la semaine suivante, par Eric Davidson (président de l'American Geophysical Union) et Marcia McNutt (présidente de l'Académie Nationale des Sciences).[2] L'essentiel de leur argumentation consistait à affirmer qu'un exercice Red Team était superflu puisque la recherche sur le climat et les rapports d'évaluation, étaient déjà soumis à une évaluation par des pairs. Comme le disaient Eric Davidson et Marcia McNutt,

> *... On veut peut-être que la Red team fissure le consensus de la communauté scientifique (la blue team) sur le changement climatique, mais c'est oublier que ces remises en cause ont déjà été appliquées des milliers de fois pendant que ce consensus se développait progressivement.*

Holdren s'exprimait sur un ton plus agressif :

> *Certains de ceux qui proposent ce système croient peut-être naïvement qu'un processus mal ficelé pourrait identifier des défauts que l'examen rigoureux, depuis des décennies, de la communauté mondiale des climatologues, par le biais de multiples révisions formelles et informelles d'experts, aurait d'une manière ou d'une autre laissé passer.*

Il est révélateur qu'aucun des deux articles n'évoquait la représentation fallacieuse des données sur les ouragans que j'avais signalée, pas plus qu'ils n'expliquaient comment elle avait survécu à « l'examen rigoureux, depuis des décennies » « de multiples révisions formelles et informelles d'experts ». C'est particulièrement décevant, puisque nous, les scientifiques, nous sommes formés à concentrer notre attention sur les détails. Au lieu de cela, les deux textes n'offraient que

1. Holdren, John P. "The Perversity of the Climate Science Kangaroo Court." Boston Globe, July 25, 2017. https://www.bostonglobe.com/opinion/2017/07/24/the-perversity-red-teaming-climate-science/VkT05883ajZaTPMbrP3wpJ/story.html.

2. Davidson, Eric, and Marcia K. McNutt. "Red/Blue and Peer Review." Eos, August 2, 2017. https://eos.org/opinions/red-blue-and-peer-review.

de vagues assurances de la rigueur avec laquelle les rapports sont rédigés et révisés. Bien sûr, comme je l'ai déjà noté, si la *recherche* qu'ils contiennent peut effectivement être soumise au type d'évaluation par les pairs qu'attend le public, les sommaires et les conclusions ne le sont pas et le cas des ouragans n'était que l'un des nombreux exemples d'erreurs et de représentations fallacieuses dont j'ai décrit un certain nombre de cas dans les chapitres précédents de ce livre.

Tandis que le gouvernement continuait à s'intéresser à la révision Red Team au milieu de l'année 2019, d'autres objections ont été formulées par des politiciens non scientifiques à qui l'on avait fait croire que la science avait tranché. Le 7 mars 2019, le sénateur Schumer (ainsi que les sénateurs Carper, Reed, Van Hollen, Whitehouse, Markey, Schatz, Smith, Blumenthal, Shaheen, Booker Stabenow, Klobuchar, Hassan, Merkley et Feinstein) ont introduit le projet de loi S.729

> *… d'interdire à des agences fédérales d'utiliser des fonds publics pour établir un panel, un groupe de travail, un comité consultatif ou tout autre effort visant à remettre en cause le consensus scientifique sur le changement climatique, et pour d'autres objectifs.*[1]

Certes, ce projet de loi n'a abouti à rien et ce n'était certainement pas la première fois que le Congrès tentait de mettre des bâtons dans les roues du gouvernement, mais j'avoue avoir été choqué. Un « effort visant à remettre en cause le consensus scientifique » pouvait en effet facilement inclure nombre de recherches scientifiques sur le climat. Par ailleurs, sanctuariser un certain point de vue scientifique n'est certainement pas le rôle du gouvernement (au moins dans une démocratie). J'imagine mal le Congrès prenant une telle initiative pour un

---

1. A Bill to Prohibit the Use of Funds to Federal Agencies to Establish a Panel, Task Force, Advisory Committee, or Other Effort to Challenge the Scientific Consensus on Climate Change, and for Other Purposes, S. 729, 116th Congress (2019). https ://www.govtrack.us/congress/bills/116/s729/text.

autre domaine important de la recherche, par exemple les thérapies de la COVID-19. Amateur d'histoire, ce projet de loi me rappelait un peu trop un décret du Concile de Trente, en 1546, qui tentait de supprimer toute contestation de la doctrine de l'église.[1] Certains comportements humains sont intemporels, même si nous croyons les temps modernes éclairés.

Je continue à croire qu'une révision Red Team est un outil important qu'il faudrait utiliser pour rectifier le processus des rapports d'évaluation. Mais la façon dont les médias communiquent ces rapports au grand public doit elle aussi être revue. En février 2018, après que les Académies nationales ont mis en place la Climate Communication Initiative[2], je me suis organisé avec trente-quatre autres membres des académies pour rédiger et expédier une lettre recommandant avec insistance que l'initiative reste fidèle à la vocation officielle des Académies – informer et non persuader, éviter de plaider pour telle ou telle cause. Nous demandions également aux Académies d'adopter un ensemble de principes susceptibles de faire en sorte que les communications sur le climat soient transparentes, exhaustives et impartiales.

Les présidents des Académies, que je connais tous personnellement, m'ont répondu par un courriel poli le 21 février 2018 :

> *Nous vous remercions ainsi que les autres signataires de cette lettre d'avoir pris le temps de nous apporter cette intéressante réflexion. Nous convenons que la nouvelle Climate Communication Initiative doit éviter de plaider pour tel ou tel point de vue, adopter des directives en termes de communication*

---

1. Fourth Session Council of Trent, April 8, 1546. "Canonical Decree Concerning the Canonical Scriptures." https://www.csun.edu/~hcfll004/trent4.html.

2. "Climate Communications Initiative." The National Academies of Sciences, Engineering, and Medicine. Accessed December 1, 2020. https://www.nationalacademies .org/our-work/climate-communications-initiative.

> *et établir un mécanisme de révision. Nous transmettons votre lettre aux membres du Comité consultatif afin qu'elle puisse informer ses délibérations en leur disant qu'ils peuvent vous joindre, ainsi que les autres signataires, pour vous demander des éclaircissements ou des informations supplémentaires quand ils entreprendront leur tâche.*

Je n'ai jamais été contacté par le comité consultatif. Mais le public et les décideurs pourraient sans doute faire meilleur usage de ces principes, qui peuvent les aider à approcher les « nouvelles » concernant le climat avec davantage d'esprit critique. On pourrait penser qu'il est pratiquement impossible pour un non-spécialiste de savoir quoi (ou qui) croire en matière de climatologie. Mais même si vous n'avez ni le désir ni la capacité de consacrer trop de temps à débusquer les faits, il est relativement facile de se tenir aux aguets des signes qui doivent provoquer le scepticisme. En voici quelques-uns :

Quiconque parle d'un scientifique en le qualifiant de mots péjoratifs comme « climatosceptique » ou « alarmiste » fait de la politique ou de la propagande. De plus, utiliser l'expression « changement climatique » sans distinguer entre le changement naturel ou provoqué par l'homme révèle un manque de rigueur (peut-être délibéré). Nombre d'articles prétendant traiter de la façon dont les hommes ont déréglé le climat (ou de la nécessité de réduire nos émissions pour y pallier) sont néanmoins bourrés d'exemples de tendances climatiques qui ne sauraient être imputées aux êtres humains (et auxquelles ils ne peuvent rien).

Toute référence à un soi-disant « consensus à 97 % » des scientifiques doit également susciter la méfiance. L'étude qui a produit ce chiffre a été discréditée de façon convaincante.[1] **Et de toute manière, personne n'a jamais spécifié exactement**

1. See, for example, Tol, Richard S. J. "Comment on 'Quantifying the consensus on anthropogenic global warming in the scientific literature.'" Environmental Research Letters 11 (2016). https://iopscience.iop.org/article/10.1088/1748-9326/11/4/048001.

sur quoi ces 97 % de scientifiques sont censés être d'accord. Que le climat change ? C'est certain, comptez-moi parmi eux ! Que les hommes influencent le climat ? Absolument, je suis d'accord ! Que nous avons déjà vu des impacts désastreux de la météo et que nous sommes confrontés à un avenir encore plus catastrophique ? Pas évident du tout (pour des raisons que vous comprenez, j'espère, ayant lu ce livre jusqu'ici).

Confondre la météo et le climat doit également alerter. Une année de mauvaise météorologie ne veut pas dire changement climatique ; il faut des dizaines d'années pour déterminer le climat. Un gros titre affirme peut-être que la saison des ouragans a été la plus active des trente dernières années… mais si cela s'est déjà produit par le passé, quand les influences humaines étaient beaucoup plus faibles, la variabilité naturelle doit jouer un grand rôle.

Omettre de citer des chiffres est mauvais signe. Entendre dire que le niveau de la mer augmente semble alarmant, mais cela l'est beaucoup moins si l'on précise qu'il s'est élevé de moins de 30 cm par siècle au cours des 150 dernières années. Quand bien même on vous donne les chiffres, il faut également vérifier que l'on a pas omis les estimations d'incertitude, comme l'a reconnu au moins un journaliste de premier plan.[1]

Une autre tactique fréquente est de citer des chiffres alarmants sans les mettre en contexte. Un titre comme « les océans se réchauffent à la même vitesse que si cinq bombes d'Hiroshima y tombaient par seconde » semble effectivement terrifiant, surtout parce qu'il évoque l'arme nucléaire.[2] Mais en lisant la suite de l'article, vous apprendrez que les températures de l'océan ne s'élèvent que de 0,04°C par décennie.

---

1. Jenkins, Holman W., Jr. "Change Would Be Healthy at U.S. Climate Agencies." Wall Street Journal, February 4, 2017. https://www.wsj.com/articles/change-would-be -healthy-at-u-s-climate-agencies-1486165226.

2. Kottasová, Ivana. "Oceans Are Warming at the Same Rate as If Five Hiroshima Bombs Were Dropped in Every Second." CNN, January 13, 2020. https://www.cnn .com/2020/01/13/world/climate-change-oceans-heat-intl/index.html.

Et n'importe quel cours de remise à niveau scientifique vous dirait que la terre absorbe un rayonnement solaire (et rayonne elle-même une quantité équivalente d'énergie thermique) équivalant à deux mille bombes d'Hiroshima par seconde. Il est assez facile de faire peur aux gens pour mieux les persuader si l'on ne donne aucun contexte numérique.

Les discussions entre profanes de la science climatique confondent aussi souvent le climat qui a été (observations) et le climat qui pourrait être (projections des modèles avec divers scénarios). Les chapitres 3 et 4 ont montré à quel point les prévisions climatiques sont incertaines – méfiez-vous donc des articles ayant les honneurs de la une car ils prédisent l'apocalypse « en se fondant sur les modèles ». En outre, la presse fait grand usage d'expressions comme « pourrait », « pourrait vraisemblablement », « on ne peut pas écarter », mais elles révèlent davantage notre ignorance qu'elles n'annoncent la fin du monde. Au minimum, il faudrait présenter le cas le pire et aussi le meilleur, même si comme je l'ai dit, les lecteurs doivent se méfier particulièrement des scénarios du pire décrits comme « probables ».

Tout le monde peut (et devrait) lire les articles sur le climat en gardant en tête ces indices incitant à la méfiance. Pour mettre une information sur le climat en contexte, il est bon de vérifier si divers organes des mass media disent la même chose. La télévision et la radio présentent forcément leurs informations de façon brève. (Il faut se méfier particulièrement des présentateurs météo autoproclamés « présentateurs du climat et de la météo » – présenter des changements sur trente ans peut difficilement passer pour la dernière nouvelle qui vient de tomber). Les médias imprimés ou en ligne sont plus fiables (à l'exception des gros titres).

Si vous avez le temps, vérifier l'exactitude de ce que vous avez lu dans les médias en remontant à la recherche citée est un bon premier pas. Les revues scientifiques publient toujours un résumé et pour une recherche particulièrement importante, l'article lui-même est parfois disponible gratuitement en ligne. Un certain nombre de blogs couvrent sérieusement et régulièrement la science climatique récente. Côté consensus, Real Climate (realclimate.org) mérite d'être consulté et le site de Judith Curry Climate Etc. (judithcurry.com) accueille des discussions sérieuses sans s'aligner sur le consensus.

Mais rien ne vaut d'accéder directement aux données – qui sont, en dernière analyse, l'arbitre de toute science. Les données sur le climat sont mises en ligne par le gouvernement américain et faciles à consulter, par exemple celles de l'EPA (www.epa.gov/climate-indicators) et de la NOAA (www.noaa.gov/climate). Si vous lisez un article sur la hausse du niveau de la mer, les ouragans ou les températures moyennes et que vous souhaitez creuser un peu la question, cela ne demande qu'une connexion internet et une idée des questions susceptibles d'offrir des informations intéressantes (j'espère, cher lecteur, que vous l'avez maintenant !).

DEUXIÈME PARTIE

LA RÉPONSE

Les scientifiques ne sont pas des devins. Aucune boule de cristal ne nous dit comment protéger notre planète d'un drame climatique, naturel ou causé par l'homme. En revanche, nous avons nos données, même imparfaites, et la capacité d'y appliquer nos compétences, notre réflexion critique afin d'identifier les problèmes et même de les anticiper, puis d'utiliser ces données pour trouver des solutions.

Beaucoup de gens ont des idées différentes sur ce que pourraient être ces solutions. Nous avons tous au moins entendu parler de quelques-unes. À un extrême, nous pourrions avoir l'ambition stellaire d'éliminer totalement les émissions humaines de gaz à effet de serre au cours des prochaines décennies, comme le réclament de nombreux gouvernements, l'ONU et pratiquement toutes les ONG. À l'autre extrême, nous pourrions continuer à vivre sans modifier nos habitudes, en partant du principe que le climat est relativement insensible aux influences humaines et que nous parviendrons à nous adapter aux changements à mesure qu'ils surviendront.

Il y a beaucoup de choses que nous *pourrions* faire pour réduire les influences humaines sur le climat (même si cela ne l'empêcherait pas forcément de changer). Cette discussion du *pourrions* porte surtout sur la science et la technologie, puisqu'il faudrait commencer par savoir comment le climat changerait en l'absence d'influences humaines et si nos initiatives déboucheraient sur une amélioration significative.

Cette question du *pourrions* est très différente de celle qui consiste à se demander ce que nous *devrions* faire. Toute discussion sur la façon dont le monde *devrait* réagir face au changement climatique est construite sur les certitudes et les incertitudes scientifiques. Mais, en dernière analyse, c'est une question de valeurs – il s'agit en effet de réfléchir au développement, à l'environnement et aux inégalités intergénérationnelles et géographiques à la lumière de prévisions imparfaites des futurs climats. À ces questions du *pourrions* et du *devrions* il faut en ajouter une autre : que *ferons-nous* ? Y répondre suppose de considérer les réalités politiques, économiques et technologiques. La simple vérité est qu'il y a beaucoup de choses que le monde *pourrait* et peut-être même *devrait* faire – comme d'éliminer la pauvreté – mais qu'il ne fera pas pour diverses raisons. Précisons, c'est important, que porter un jugement sur ce que nous *ferons* n'a rien à voir avec exprimer son opinion sur le *devrions.*

Je me posais ces questions en 2004 quand j'ai quitté mon poste de professeur universitaire à Caltech afin de devenir directeur scientifique de BP et me lancer dans une étude sérieuse sur les technologies de l'énergie « de l'après pétrole ». 209 J'ai vite compris que je n'avais rien de lumineux à dire sur la question du *devrions* – mes propres jugements de valeur sur des affaires aussi complexes n'étaient pas spécialement meilleurs que ceux des autres ; par ailleurs je ne suis ni philosophe ni spécialiste de l'éthique. Mais, au bout d'environ un an, à force de présenter clairement les problèmes aux non-experts en expliquant les avantages et les inconvénients de diverses stratégies de réponse, j'ai commencé à contribuer utilement aux questions de ce que nous *pourrions* faire et de ce que nous *ferons* effectivement. Cette réflexion m'était toute naturelle puisqu'il s'agissait de rassembler, d'analyser et de présenter des données avec un détachement scientifique ; ce n'était d'ailleurs pas très différent de ce que je faisais en tant que conseiller du gouvernement.

Cela fait maintenant quinze ans que je travaille à la question du *pourrions* et que j'en décris les grands traits dans d'innombrables présentations publiques. Les divers rapports d'évaluation du GIEC affirment que le monde *devrait* (et même, en fait, *doit*) réduire promptement les émissions afin de prévenir les pires impacts du changement climatique causé par les activités humaines. Et ces mêmes rapports affirment que la « réduction » des émissions (essentiellement de dioxyde de carbone) devrait s'accomplir au moyen d'une transition vers des sources d'énergie et des pratiques agricoles à bas carbone et en réduisant la consommation d'énergie et de nourriture. L'objectif général est désormais de parvenir au « net zéro carbone » au milieu du siècle. Si, en principe, aucun obstacle insurmontable ne s'oppose à de telles réductions, de multiples facteurs scientifiques, techniques, économiques et sociaux se conjuguent pour rendre extrêmement improbable que le monde y parvienne. Heureusement, non seulement il n'est pas du tout certain qu'un désastre climatique nous pende au nez (comme nous l'avons vu dans la première partie de ce livre), mais il existe d'autres stratégies pour réagir aux changements du climat, en particulier l'adaptation et le géo-engineering.

Voici donc ma vision d'ensemble du contexte :

- Maintenir les influences humaines sur le climat à un niveau inférieur au seuil de prudence selon l'ONU et de nombreux gouvernements supposerait que les émissions de dioxyde de carbone, qui augmentent depuis des décennies, disparaissent au cours de la seconde moitié de ce siècle.
- Les réductions d'émissions devraient avoir lieu malgré une demande d'énergie en forte croissance (due à la démographie et au développement), la prépondérance des combustibles fossiles et les inconvénients actuels des technologies à faibles émissions.
- Ces obstacles, combinés à l'incertitude et au caractère vague des futurs impacts du changement climatique, signifient que la

réponse sociétale la plus vraisemblable sera de s'y adapter – et cette adaptation sera vraisemblablement efficace.

Voyons maintenant les données et les analyses sur lesquelles repose ma position.

CHAPITRE 12

LA CHIMÈRE DU ZÉRO CARBONE

En octobre 2004, je participais au premier « Forum de la science et de la technologie dans la société » (STS) qui se tenait dans une grande salle de conférences à Kyoto, au Japon. Monsieur Koji Omi, ancien ministre japonais de la science et de la technologie, avait organisé ce grand rassemblement de scientifiques, de spécialistes de la technologie, de chefs d'entreprise, de responsables politiques et des médias pour discuter des rôles que pourraient jouer la science et la technologie pour résoudre les problèmes planétaires, le changement climatique y figurant en première place. Le forum STS est désormais un évènement annuel auquel j'ai participé régulièrement ces dernières années ; je suis également l'un de ses associés américains. Ce genre de réunion est une excellente manière de se faire une idée sur ce qui se passe dans le monde à l'intersection de la science, de la technologie et de la politique.

En plein décalage horaire, j'écoutai d'une oreille distraite les présentations plénières tout en réfléchissant à la meilleure façon de présenter à un public non spécialisé le problème consistant à réduire l'influence du dioxyde de carbone sur le climat. Pratiquement toutes les discussions portaient sur la réduction des *émissions*, mais c'est la concentration de ce gaz dans l'atmosphère qui influence le climat. Personne ne semblait savoir comment les émissions impactent cette concentration.

Malheureusement, comme je l'ai expliqué chapitre 3, cela accroît la difficulté de réduire les influences humaines.

La concentration de dioxyde de carbone dans l'atmosphère augmente d'environ la moitié de la quantité émise par an. Si la concentration actuelle est de 415 ppm, émettre 37 milliards de tonnes de CO_2 (comme nous le faisons chaque année) augmente cette concentration d'environ 2 ppm. Mais la concentration est le résultat d'émissions cumulatives et, comme nous l'avons vu ci-dessus, le CO_2 que nous avons ajouté à l'atmosphère ne disparaît pas quand nous cessons d'en émettre. Les émissions s'accumulent dans l'atmosphère et y restent des siècles, lentement absorbées par les plantes et les océans. De modestes réductions des émissions ne feront que repousser, mais pas éviter, l'augmentation de la concentration. Dans ces conditions, est-il plausible que les émissions mondiales de CO_2 puissent être suffisamment réduites pour stabiliser, je ne parle même pas de réduire, les influences humaines – quel que soit leur impact – dans les prochaines décennies ? Je suis rentré à Londres bien décidé à le découvrir et à présenter simplement mes conclusions au public.

Environ un an plus tard, j'en savais assez sur la science et les obstacles sociétaux pour voir qu'une simple synthèse d'une poignée de faits élémentaires menait directement à la conclusion que même stabiliser les influences humaines était quasiment impossible. Dire cela directement et publiquement quand je travaillais chez BP (et plus tard, au département de l'énergie d'Obama) m'aurait probablement fait perdre mon poste. Mais j'ai pu réconcilier mes responsabilités professionnelles et mon intégrité scientifique en me contentant d'organiser et de présenter les observations, quitte à laisser les gens en tirer eux-mêmes les conclusions.

J'ai finalement publié l'essentiel de mon analyse de 2005 dans un éditorial du *New York Times*[1], en novembre 2015,

1. Koonin, Steven E. "The Tough Realities of the Paris Climate Talks." New York Times, November 4, 2015. https://www.nytimes.com/2015/11/04/opinion/the-tough-realities -of-the-paris-climate-talks.html.

environ un mois avant la COP 21 de Paris, où de nombreux pays allaient s'engager à réduire leurs émissions avant 2030. Les points principaux sont simples :

- D'après le GIEC, le simple fait de stabiliser les influences humaines sur le climat supposerait que les émissions mondiales annuelles de CO_2 tombent à moins d'une tonne per capita en 2075, niveau comparable aux émissions actuelles de pays comme Haïti, le Yemen et le Malawi. Par comparaison, les émissions annuelles per capita des États-Unis, de l'Europe et de la Chine sont respectivement d'environ 17, 7 et 6 tonnes.
- La demande d'énergie augmente fortement et universellement parallèlement à l'augmentation de l'activité économique et à l'amélioration de la qualité de la vie ; la demande mondiale devrait augmenter de 50 % d'ici au milieu du siècle, à mesure que la plupart des peuples du monde verront s'améliorer leur niveau de vie.
- Les combustibles fossiles fournissent aujourd'hui 80 % de l'énergie mondiale et restent le moyen le plus fiable et le plus pratique de satisfaire la demande croissante en énergie.
- L'infrastructure de fourniture d'énergie – centrales électriques, lignes de transmission, raffineries et pipe-lines – change lentement, pour des raisons structurelles incontournables.
- Les pays développés devraient certainement réduire leurs émissions, mais même si celles-ci diminuaient de moitié et que les émissions per capita du monde en développement ne faisaient que rejoindre celles des pays développés les plus frugaux en termes d'émissions, les émissions annuelles mondiales augmenteraient tout de même au milieu du siècle.
- La tension entre les réductions d'émissions et le développement économique se complique en raison des incertitudes sur la façon dont le climat changera à cause des influences humaines et naturelles et la manière dont ce changement affectera les systèmes naturels et humains.

Toutes choses étant égales par ailleurs, ce serait peut-être une bonne chose d'éliminer, ou même simplement de réduire les émissions de CO_2. Mais tout n'est pas égal par ailleurs, de sorte que les décisions doivent jongler entre le coût et l'efficacité des mesures de réduction des émissions et les certitudes et les incertitudes de la climatologie. Et vos intérêts, au terme de cet exercice, dépendent en partie du pays où vous vivez, de vos moyens financiers, et de votre intérêt pour les quarante pour cent de l'humanité (dont vous faites peut-être partie) n'ayant pas accès à une énergie adéquate.

Je ne faisais plus partie du gouvernement depuis quatre ans en décembre 2015, quand les responsables politiques et les militants de 194 pays se sont retrouvés à Paris et ont accepté de limiter suffisamment les influences humaines sur le climat pour faire en sorte que le réchauffement planétaire n'excède pas 2°C. La Maison Blanche publia peu après un document dont voici un extrait :

> *L'accord fixe l'objectif de limiter le réchauffement à un niveau bien inférieur à 2 degrés Celsius et, pour la première fois, décide d'entreprendre des efforts pour limiter la hausse de la température à 1,5 degré Celsius. Il reconnaît également que pour atteindre cet objectif, les pays doivent s'efforcer d'atteindre dès que possible leur pic d'émissions de gaz à effet de serre.*[1]

Si on prend le temps de relire attentivement ce texte, on réalise qu'il repose sur quelques postulats implicites.

Pour commencer, les participants se sont mis d'accord sur une température de référence à partir de laquelle on mesurera le réchauffement, ce dernier étant défini à 0,5°C près – faute de quoi on ne pourrait pas distinguer entre un réchauffement de 1,5°C et de 2°C. Comme on le voit si l'on revient à la Figure 1.1,

1. Office of the Press Secretary, The White House. "U.S. Leadership and the Historic Paris Agreement to Combat Climate Change." National Archives and Records Administration, December 12, 2015. https://obamawhitehouse.archives.gov/the -press-office/2015/12/12/us-leadership-and-historic-paris-agreement-combat -climate-change.

si la température de référence était celle de 1910, la planète aurait déjà connu un réchauffement de 1,3°C, alors que si c'était la moyenne entre 1951 et 1980 (la ligne zéro du graphique), le réchauffement serait aujourd'hui inférieur de 0,9° ou de 0,4°C. Adopter une référence plus lointaine, par exemple pendant le petit âge glaciaire, autour de 1650, aboutirait au constat qu'un réchauffement encore plus important a déjà eu lieu (ce qui n'a pas empêché le monde de prospérer). Peut-être aussi pourrions-nous choisir notre référence pendant le réchauffement climatique de l'an 1000 – le réchauffement actuel ne serait alors plus que de 0,4°C (Cf. Figure 1.8). En fait, la température à partir de laquelle nous sommes censés juger le réchauffement futur est ambiguë, les rapports du GIEC retenant généralement des mesures relatives à la seconde moitié du dix-neuvième siècle et l'accord de Paris optant pour une référence de valeurs « préindustrielles ».[1] Faute d'éclaircir ce point, les responsables politiques et les décideurs de demain pourraient déclarer la victoire ou l'échec, selon ce qui les arrangerait.

Un autre postulat implicite du texte, c'est que les émissions de gaz à effet de serre sont les seules à déterminer le réchauffement et que nous savons comment le climat y réagit avec une précision de 25 % (précision indispensable pour distinguer la différence entre un réchauffement de 1,5°C et de 2°C). En réalité, comme nous l'avons vu chapitre 4, la réaction du climat aux gaz à effet de serre est si incertaine que si nous pensions avoir réduit suffisamment nos émissions pour nous maintenir hors de danger en limitant le réchauffement à 2°C, la température effective pourrait n'augmenter que de 1°C, mais aussi de 3°C ou de n'importe quelle valeur intermédiaire. Ajoutons que la dernière génération de modèles est encore plus incertaine, comme nous l'avons également vu chapitre 4.

1. Titley, David. "Why Is Climate Change's 2 Degrees Celsius of Warming Limit So Important?" The Conversation, March 20, 2020. https://theconversation.com/why -is-climate-changes-2-degrees-celsius-of-warming-limit-so-important-82058.

Un troisième postulat consiste à affirmer qu'un réchauffement de 1,5°C ou de 2°C aura un impact net néfaste. En fait, de nombreuses analyses permettent de penser qu'un réchauffement inférieur à 2°C aura vraisemblablement un petit impact net économique positif, grâce à de meilleures conditions agricoles et à la diminution des coûts du chauffage dans les latitudes nord.[1] De plus, comme nous l'avons vu chapitre 9, un réchauffement de 2 à 5°C devrait, selon les prévisions, avoir un faible impact net économique au fil du temps.

William Nordhaus, économiste de Yale, a été le premier à formuler dans les années 1970 la notion d'un « garde-fou » du réchauffement (environ 2°C), ce qui lui a valu plus tard le Prix Nobel d'économie.[2] Mais c'est Hans Joachim Schellnhuber, physicien devenu climatologue, qui est connu comme « le père de la limite de 2°C » pour avoir inlassablement promu cette idée, surtout en Europe.[3] Une douzaine d'années avant que la mode soit à 1,5°C, j'avais eu une conversation avec Schellnhuber, durant laquelle je lui avais ai demandé pourquoi 2°C et non 1,5°C, 2,5°C ou une autre valeur. Il m'avait répondu « 2°C est à peu près valable et c'est un chiffre facile à mémoriser pour les hommes politiques. » À l'évidence, la mémoire des hommes politiques s'est améliorée ces dix dernières années.

Chacun des postulats du texte de la Maison Blanche est douteux, si ce n'est carrément erroné, au moins si l'on en croit la science présentée dans les rapports d'évaluation, sujet de la première partie de ce livre. Mais même s'ils étaient tous exacts, reste le postulat de base que le monde *pourrait* réduire suffisamment ses émissions pour maintenir le réchauffement

1. Tol. "The Economic Impacts of Climate Change."

2. Carbon Brief Staff. "Two Degrees: The History of Climate Change's Speed Limit." Carbon Brief, December 8, 2014. https://www.carbonbrief.org/two-degrees-the -history-of-climate-changes-speed-limit.

3. "'The Father of the 2 Degrees Limit': Schellnhuber Receives Blue Planet Prize." Potsdam Institute for Climate Impact Research, October 19, 2017. https://www .pik-potsdam.de/news/press-releases/201cthe-father-of-the-2-degrees-limit201d -schellnhuber-receives-blue-planet-prize.

en-dessous de 2°C. Malheureusement, les réalités scientifiques, technologiques et sociétales font que ce postulat est le plus fragile de tous.

En fait, à en croire le GIEC, si l'objectif est de limiter le réchauffement à 2°C, les émissions mondiales de dioxyde de carbone doivent *disparaître* avant 2075 ; si l'objectif est de ne pas dépasser 1,5°C, il faut y parvenir dès 2050, dans trente ans.[1] Autrement dit, pour atteindre l'objectif fixé à Paris, le monde doit renoncer presque totalement aux combustibles fossiles dans les trente à cinquante années à venir. (Les systèmes de séquestrage du carbone, qui font sortir le dioxyde de carbone de l'atmosphère, peuvent créer des émissions négatives, de sorte qu'il ne serait plus nécessaire de stopper complètement l'utilisation des combustibles fossiles. Je reviendrai sur ces systèmes et leur faisabilité chapitre 14.)

Mais est-il vraiment réaliste de croire que les émissions mondiales nettes peuvent être éliminées d'ici trente à cinquante ans ? Ce n'est pas pour s'amuser que l'on brûle des combustibles fossiles. Ils fournissent une énergie indispensable aux sociétés développées et en développement. Et les besoins mondiaux seront beaucoup plus importants au cours des prochaines décennies, en partie pour des raisons démographiques. La population mondiale, aujourd'hui légèrement inférieure à huit milliards d'individus, dépassera les neuf milliards au milieu du siècle et pratiquement toute cette croissance se fera en dehors du monde développé.[2]

Ce dernier détail est important, car les progrès économiques de la plus grande partie de l'humanité au cours des prochaines décennies tireront la demande d'énergie encore plus fortement

1. Van Vuuren, Detlef P., Jae Edmonds, Mikiko Kainuma, Keywan Riahi, Allison Thomson, Kathy Hibbard, George C. Hurtt, et al. "The Representative Concentration Pathways: An Overview." Climatic Change 109 (2011). https://link.springer.com /article/10.1007/s10584-011-0148-z.

2. "World Population Prospects 2019." United Nations, Department of Economic and Social Affairs Population Dynamics, 2020. http://esa.un.org/unpd /wpp/DataQuery/.

FIGURE 12.1
ÉNERGIE PER CAPITA VS PIB (1980-2017)

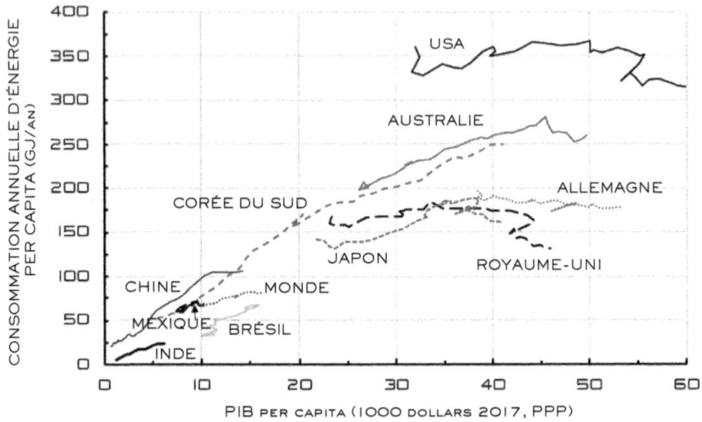

Consommation annuelle d'énergie per capita vs. PIB per capita pour quelques pays et pour l'ensemble du monde, de 1980 à 2017. La consommation d'énergie est mesurée en gigajoules (GJ) et le PIB en dollars constants, ajustés selon la méthode de parité de pouvoir d'achat (PPP).[1]

que la croissance de la population. La Figure 12.1 montre les trajectoires de la consommation annuelle d'énergie per capita sur quatre décennies, entre 1980 et 2017 mises en vis-à-vis de celle du PIB per capita pour quelques pays représentatifs, développés et en développement, et pour l'ensemble du monde.

Les habitants de tous les pays en développement (y compris la Chine, l'Inde, le Mexique et le Brésil), consomment davantage d'énergie pendant que leur économie se développe. Ils construisent en effet leurs infrastructures, accélèrent leurs activités industrielles, exigent davantage de nourriture, d'électricité, de moyens de transport, etc. Dans les pays développés,

1. GDP data from the IMF (https://www.imf.org/en/Publications/WEO/weo-database /2020/October/download-entire-database), energy data from the EIA (https://www .eia.gov/international/overview/world), and population data from the World Bank (https://data.worldbank.org/indicator/SP.POP.TOTL). Data for Germany and the World are only for 1990 onward.

la demande d'énergie est élevée mais augmente lentement, les différences d'un pays à l'autre dépendant de la nature de leur activité économique, de leurs infrastructures et de leur climat (en raison des besoins de chauffage et de réfrigération). De grands pays producteurs d'énergie comme le Canada, les États-Unis et l'Australie ont une énorme demande d'énergie. Le point le plus saillant à retenir ici, c'est qu'il n'y a que 1,3 milliards de personnes dans les pays développés de l'OCDE, qui figurent dans le haut de ce graphique, alors que 6,5 milliards d'individus sont dans le bas et consomment de plus en plus d'énergie à mesure qu'ils s'enrichissent.

Combinés, les développements démographique et économique devraient accroître la demande d'énergie d'environ 50 % d'ici à 2050. La Figure 12.2 montre des projections réalisées par l'Energy Information Agency du gouvernement américain. Le diagramme du haut montre que c'est en Asie que la demande augmentera le plus vite, l'augmentation étant moins forte et moins rapide dans le reste du monde. Le diagramme du bas montre que les combustibles fossiles fournissent aujourd'hui environ 80 % de l'énergie mondiale (comme durant de nombreuses décennies antérieures) et que cette domination devrait, selon les prévisions, persister jusqu'au milieu du siècle si les politiques actuelles sont maintenues, même si une forte croissance des sources renouvelables comme l'éolien et le solaire pourrait réduire leur part à environ 70 %.

Souvenons-nous, en raison de sa très longue durée de vie dans l'atmosphère, ce sont les émissions cumulatives de CO_2 (la quantité totale émise au fil du temps) qui détermine sa concentration, et donc les influences humaines sur le climat. La Figure 12.3 montre ces émissions cumulatives ; le défi consiste à aplatir une courbe qui s'élève rapidement dans le contexte d'une demande croissante d'énergie. On voit aussi que les émissions cumulatives ont, jusqu'à présent, été majoritairement produites par les pays développés.

Comme il y a cinq fois plus de monde dans les pays en développement que dans les pays développés, les émissions

FIGURE 12.2

CONSOMMATION PRIMAIRE MONDIALE D'ÉNERGIE (2010-2050)

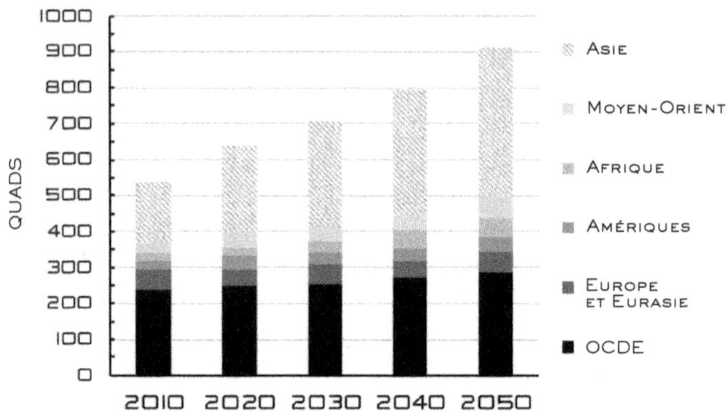

SOURCES MONDIALES D'ÉNERGIE PRIMAIRE (2010-2050)

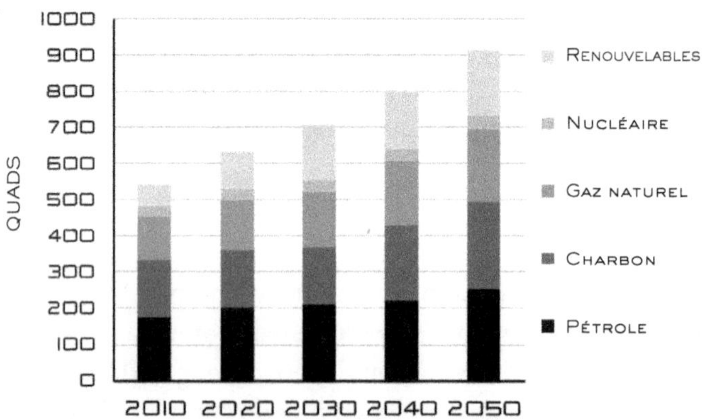

Prévisions de la consommation d'énergie jusqu'à 2050 par régions mondiales (diagramme du haut). Prévisions des sources d'énergie jusqu'à 2050 (diagramme du bas). L'énergie est mesurée en quads (quadrillions de BTU, environ 10^{18} joules) ; les USA consomment environ 100 quads par an. Les valeurs sont historiques pour 2010, celles de 2020 sont des projections pré-COVID.[1]

1. Kahan, Ari. "EIA projects nearly 50% increase in world energy usage by 2050, led by growth in Asia." US Energy Information Administration (EIA): Today in Energy, September 24, 2019. https://www.eia.gov/todayinenergy/detail.php?id=41433.

FIGURE 12.3
ÉMISSIONS CUMULATIVES DE CO_2 PAR RÉGION (1900-2018)

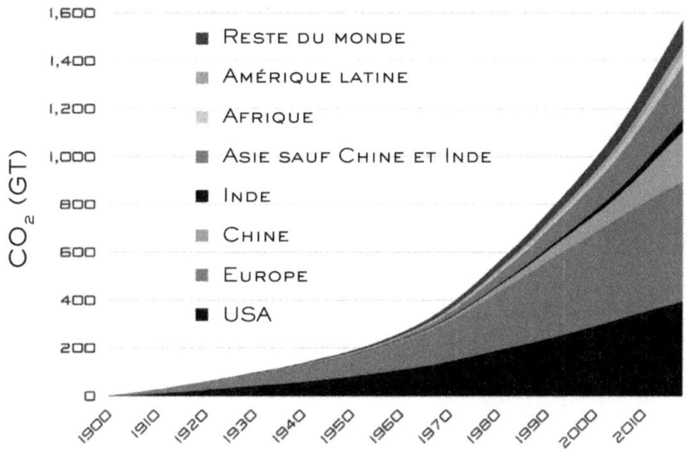

Émissions cumulatives de dioxyde de carbone par régions de 1900 à 2018. Les émissions liées à l'utilisation de combustibles fossiles et à la production de ciment sont incluses, mais les émissions, beaucoup plus faibles, liées aux changements d'utilisation des sols ne le sont pas.[1]

totales des mondes développé et en développement sont actuellement à peu près égales. Mais les taux de croissance très différents de ces deux mondes ont quelques implications qui donnent à réfléchir. Pour commencer, au cours du siècle actuel, les émissions cumulatives (c'est-à-dire la quantité totale émise) du monde en développement dépasseront celles du monde développé. Et si les tendances actuelles perdurent, chaque fois que le monde développé réduira ses émissions de 10 % (ce qu'il a tout juste réussi à faire en quinze ans), cela compensera moins de quatre ans de croissance du monde en développement. Finalement, voici une piste pour se donner une idée de la croissance des émissions attendue quand le monde en

1. Ritchie, Hannah, and Max Roser. "CO_2 and Greenhouse Gas Emissions." Our World in Data, May 11, 2017. https://ourworldindata.org/co2-and-other-greenhouse -gas-emissions.

développement progressera : si rien ne changeait à l'exception des émissions per capita de l'Inde qui augmenteraient pour rattraper celles, disons, du Japon (l'un des pays développés dont les émissions sont les plus faibles) , les émissions mondiales augmenteraient *de plus de 25 %*. Ces tendances fondamentales de la démographie et du développement montrent qu'éliminer les émissions mondiales de CO_2 liées à l'énergie dans les cinquante prochaines années exigerait une énorme transformation du système énergétique mondial.

Les gouvernements du monde espèrent commencer cette transformation vers un monde « net zéro » grâce à l'Accord de Paris. Les pays développés se sont engagés à réduire leurs émissions de quantités déterminées individuellement (les Contributions nationales déterminées, [NDC]) sur un cycle de cinq ans avec des jalons en 2020, 2025 et finalement 2030, tandis que les pays en développement s'engageaient à s'efforcer de modérer la croissance de leurs émissions et à développer les sources d'énergie renouvelable comme l'éolien et le solaire.

Le progrès de l'application de l'accord est évalué tous les cinq ans (à partir de 2020), chaque pays déclarant lui-même ses propres performances. L'accord ne comporte aucun mécanisme pour en contrôler l'application et il n'est pas contraignant – comme l'a démontré l'administration Trump en novembre 2020, quand elle a décidé que les États-Unis s'en retiraient, ce que l'administration Biden a démontré à nouveau en initiant le processus de réintégration, l'un des ses premiers actes officiels en janvier 2020. Au-delà de leurs engagements à réduire leurs émissions, les pays développés doivent aussi contribuer au Fonds vert pour le climat afin d'aider les pays en développement à modérer leurs propres émissions grâce à des investissements dans des projets énergétiques à bas carbone. L'objectif officiel de ce fonds était d'atteindre 100 milliards de dollars par an en 2020, en réalité les gouvernements ne s'étaient engagés qu'à hauteur de 10,3 milliards de dollars fin 2019. Et fin 2020, on avait enregistré 10 milliards de dollars d'engagements supplémentaires.

Si certains considèrent l'accord de Paris comme une étape cruciale pour mobiliser une action nationale et internationale afin de réduire les émissions mondiales, il ne limitera pas directement les influences humaines sur le climat, sachant qu'il faudrait réduire les émissions de 100 % pour stabiliser la concentration en dioxyde de carbone. L'impact agrégé des réductions auxquelles se sont engagées toutes les nations devrait réduire les émissions mondiales de moins de 10 % en 2030. Ces efforts sont bien faibles par comparaison avec l'objectif de zéro émissions en 2075, sans même parler de 2050.

C'était déjà clair en 2015, à la signature de l'accord.[1] C'est encore plus apparent aujourd'hui, comme le montre la Figure 12.4. Les modestes réductions des émissions espérées pour 2030 seraient réalisées si tous les engagements de l'accord de Paris étaient tenus en 2030, mais l'on serait encore très loin de ce qui serait indispensable pour voir les émissions disparaître.

Les développements depuis 2015 n'ont fait que renforcer l'impression que les accords de Paris ont peu de chances de ralentir la croissance des influences humaines sur le climat, sans même parler de les réduire. Voici le triste bilan du rapport de l'ONU de 2019, publié juste avant que les signataires de l'accord de Paris se réunissent à Madrid, en décembre de cette année-là, pour faire le point sur leurs réalisations :

> *Il n'y a pas de quoi se réjouir. Les pays ont collectivement échoué dans leurs efforts pour arrêter la croissance des émissions mondiales des gaz à effet de serre, ce qui signifie que des réductions plus fortes et plus rapides sont désormais nécessaires... il est évident que des changements incrémentaux ne suffiront pas et une action rapide et transformationnelle est indispensable.*[2]

1. Emissions data from 2019 Emissions Gap Report and projections from climateaction tracker.org.

2. UNEP (2019). Emissions Gap Report 2019. Executive summary. United Nations Environment Programme, Nairobi. https://www.unenvironment.org/resources /emissions-gap-report-2019.

FIGURE 12.4
L'ACCORD DE PARIS ET LES ÉMISSIONS MONDIALES

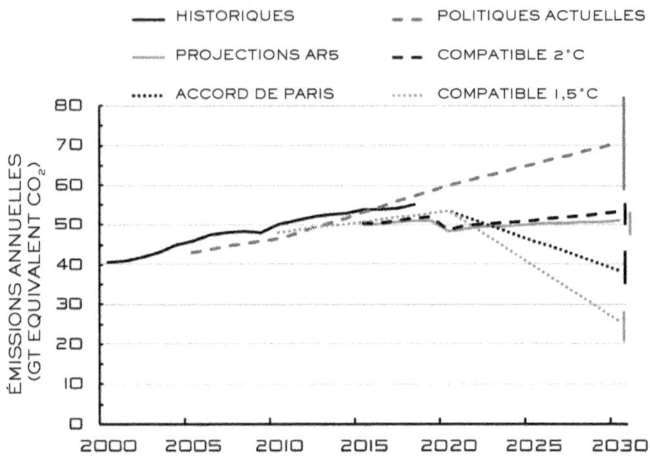

Émissions annuelles mondiales de gaz à effet de serre de 2000 à 2030. On voit sur le diagramme l'évolution historique et les prévisions du rapport AR5 du GIEC à partir de 2015, ainsi que les projections résultant des politiques actuelles ,en supposant que les objectifs et les engagements des accords de Paris soient totalement mis en œuvre. Les émissions futures compatibles avec des hausses de température de 1,5°C et de 2°C sont également représentées. Les barres verticales montrent les incertitudes des projections pour 2030. Les décrochages dus au COVID-19 sont évidents en 2020.[1-2]

La Figure 12.5, tirée du compte-rendu de la réunion de Madrid, montre l'histoire récente des émissions des principaux signataires de l'accord de Paris.

Si les pays du G20 (actuellement ceux dont le PIB per capita est supérieur ou égal à celui du Mexique) sont bien partis pour tenir leurs engagements pour 2020, ce ne devrait pas être le cas

1. "Synthesis report on the aggregate effect of the intended nationally determined contributions." UN, FCCC, Conference of the parties twenty-first session, October 30, 2015. http://unfccc.int/resource/docs/2015/cop21/eng/07.pdf

2. "2030 Emissions Gaps." Climate Action Tracker, CAT Emissions Gaps, September 23, 2020. https://climateactiontracker.org/global/cat-emissions-gaps/.

FIGURE 12.5
ÉMISSIONS ANNUELLES DE CO_2 (1990-2018)

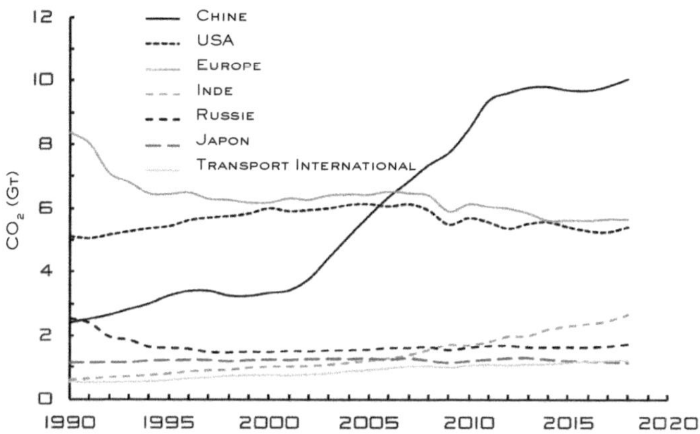

Émissions annuelles de dioxyde de carbone de quelques pays et du transport international, 1990-2018

de leurs résultats agrégés en 2030. En particulier, fin 2019 les États-Unis semblaient devoir tenir leur engagement de réduire leurs émissions de 17 % en 2020 (par rapport à 2005), mais ils n'atteindront pas leur objectif de 2030 s'ils ne modifient pas certaines habitudes. Le Japon était en bonne voie pour tenir ses engagements d'une réduction de 15 % en 2030 mais, suite à la catastrophe nucléaire de Fukushima, le pays est en train de construire de nouvelles centrales à charbon. L'Union Européenne, qui représente moins de 10 % des émissions mondiales, s'est engagée à les réduire de 40 % d'ici 2030 et a pris l'engagement législatif d'une réduction nette de 100 % (!) à l'horizon 2050. Par contraste, presque tous les gros émetteurs du monde en développement augmenteront sans doute encore significativement leurs émissions d'ici 2030 – la Chine et l'Inde construisent des centrales à charbon qui doubleront et tripleront respectivement leurs émissions, tandis que la Russie (quatrième plus gros émetteur du monde) prévoit aussi des investissements qui augmenteront substantiellement ses émissions.

Compte tenu de la mondialisation, il faudrait que les restrictions d'émissions s'imposent partout pour qu'elles soient efficaces, faute de quoi des activités fortement carbonées comme l'industrie lourde se déplaceront simplement vers des régions non soumises à des restrictions. Et il n'existe pas encore de considération internationale sérieuse des émissions « incarnées » quand un pays à faibles émissions importe des produits manufacturés d' un pays à fortes émissions. L'Union Européenne a proposé une taxe carbone applicable à ces produits pour uniformiser la règle du jeu et sauvegarder la compétitivité de ses industries.[1] Mais même si tous les pays membres acceptent ce principe, j'imagine qu'établir les détails de sa mise en œuvre conduira à des négociations prolongées et difficiles – dont le succès n'est pas garanti.

Toute politique efficace doit couvrir la totalité des gros émetteurs du monde, c'est le cœur du défi de la réduction des influences humaines. Les pays prospères ont suffisamment de ressources pour réduire leurs émissions tout en maintenant leur prospérité et beaucoup se sont lancés sur cette voie. Jusqu'où pourront-ils ou voudront-ils aller ? Des incertitudes planent sur cette question, en partie parce que créer une société aux émissions minimales entraîne des coûts et des perturbations. Le monde en développement est cependant confronté à des problèmes beaucoup plus immédiats et pressants : l'accès à une énergie adéquate, le transport, le logement, les problèmes de santé publique comme l'eau potable, l'hygiène et l'éducation – sans parler du COVID-19. L'importance et l'urgence de ces problèmes font de la réduction des émissions une priorité secondaire et, en fait, résoudre nombre d'entre eux augmenterait les émissions. À moins qu'on ne développe des technologies peu émettrices ne coûtant pas plus cher que les technologies

---

1. Allan, Bentley B. "Analysis | The E.U.'s Looking at a 'Carbon Border Tax.' What's a Carbon Border Tax?" Washington Post, October 23, 2019. https://www.washingtonpost.com/politics/2019/10/23/eus-looking-carbon-border-tax-whats-carbon-border-tax/

classiques ou que des initiatives comme le Green Climate Fund deviennent beaucoup plus substantielles, il est naturel de se demander qui paiera le monde en développement pour qu'il n'émette pas de gaz à effet de serre. Cela fait plus de quinze ans que je pose cette question simple à des tas de gens, je n'ai pas encore entendu une seule réponse convaincante.

Un optimiste dirait qu'il faut bien commencer quelque part et qu'en sensibilisant le public au problème, en faisant le point sur les émissions, pays par pays, tous les cinq ans et en obtenant des engagements de réduction, tout insuffisants qu'ils soient, l'Accord de Paris est le premier pas d'un voyage long et difficile. Mais si l'on considère que même ces modestes étapes reposent sur la bonne volonté des pays concernés, il y a de très bonnes raisons de douter que l'objectif pour 2030 de l'Accord de Paris puisse être atteint. Une vision réaliste du plus long terme permet de penser que le monde a extrêmement peu de chances de ramener à zéro ses émissions nettes en 2075, sans même parler de 2050. La société réagira donc essentiellement en s'adaptant. Je partage ce point de vue, comme bon nombre de collègues bien informés.

CHAPITRE 13

L'AMÉRIQUE POURRAIT-ELLE ATTEINDRE UNE CHIMÈRE ?

Un jour, j'ai demandé à un public aisé, aux États-Unis, si chacun comprenait vraiment ce que cela voudrait dire d'éliminer son « empreinte carbone » l'année suivante. Autrement dire, de supprimer radicalement toutes les émissions associées à son comportement personnel. Voyages en avion, vastes domiciles (et certainement résidences secondaires), ainsi que la viande, tout cela serait *verboten.* Aucune de ces perspectives ne suscitait l'enthousiasme, même si certains s'intéressaient à la « viande sans viande ». Bon nombre d'entre eux pensaient qu'une « technologie » et des « politiques » vagues, non spécifiées, pourraient permettre à leurs enfants et à leurs petits-enfants une existence « neutre en carbone » sans trop souffrir.

Ce type de transformation radicale devrait se produire dans tous les pays du globe, même si la majorité de la population mondiale a besoin de *plus* d'énergie pour avoir la qualité de vie minimale que nous tenons pour acquise dans le monde développé. Les pays sont très différents les uns des autres – par leur degré de développement, la nature de leur économie, leur richesse en ressources énergétiques, leur climat et leur système énergétique existant. Il est difficile de généraliser sur le cheminement vers un avenir de zéro émissions, si ce n'est pour dire que la technologie, l'économie, la politique et les comportements devraient tous jouer un rôle. Ce qui pourrait marcher en Suisse ne marchera pas nécessairement au Sri Lanka. Mais contentons-nous de réfléchir à un seul pays et de voir comment les États-Unis pourraient parvenir au zéro émissions de gaz à effet de serre.

À l'évidence, il faut commencer par regarder quelles activités en émettent aujourd'hui. La Figure 13.1 montre que le transport, la production d'électricité et les activités industrielles sont responsables de la grande majorité des émissions et, c'est important, que ni les grandes sources d'émissions ni les quantités de ces dernières n'ont beaucoup changé ces trente dernières années. Si ces trois grands secteurs représentent à eux seuls d'immenses défis, la figure révèle également que pour parvenir au zéro émissions, il faudra aussi traiter celles qui sont liées à l'agriculture, au logement et aux activités commerciales, soit par des réductions directes, soit par le biais d'activités permettant de compenser les émissions, comme planter davantage d'arbres qui prélèvent du CO_2 directement dans l'atmosphère.

Néanmoins, le fait que le total était à peu près le même en 2018 qu'en 1990 pourrait indiquer un progrès vers la réduction des émissions, sachant que la population a augmenté de 31 % pendant cette période et que le PIB réel a doublé. Le total des émissions liées à l'énergie a baissé de 16 % par rapport au pic de 2005, surtout grâce à des changements dans la production d'électricité, le gaz naturel remplaçant le charbon. La délocalisation des industries manufacturières, grosses consommatrices d'énergie, a également joué un rôle, même s'il faut noter que cela déplace simplement les émissions dans d'autres pays. En fin de compte, le problème, c'est que la réduction moyenne de 1 % par an depuis 2005 est pratiquement dénuée de sens tant en raison des réalités scientifiques des rapports entre la concentration et les émissions et du fait que les réductions qui comptent sont mondiales : si les émissions américaines ont décliné après 2005, les émissions mondiales ont tout de même augmenté d'un tiers (cf. Figure 3.2, où c'était déjà visible).

FIGURE 13.1

ÉMISSIONS ANNUELLES DE GAZ A EFFET DE SERRE AUX USA (1990-2018)

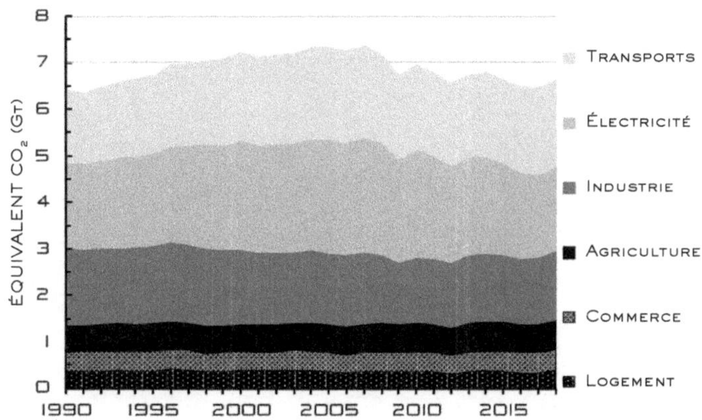

Émissions américaines de gaz à effet de serre par secteur d'activité, 1990-2018.[1]

Le ralentissement économique provoqué par la pandémie Covid 19 a montré à quel point il sera difficile de réduire rapidement les émissions. Les émissions mondiales de CO_2 n'ont diminué que de 8,8 % pendant la première moitié de 2020 par rapport à la même période de 2019, 40 % de cette diminution venant du transport terrestre et 22 % du secteur de l'électricité. Et les émissions ont rapidement rebondi dans de nombreux pays quand les restrictions ont été supprimées.[2]

Il faut des décennies pour mettre en place des changements structurels durables dans le système énergétique. La Figure 13.2 montre que la demande énergétique a augmenté fortement quand les USA se sont développés après 1950, et cette demande a été satisfaite par la croissance des combustibles fossiles (pétrole,

1. "Inventory of U.S. Greenhouse Gas Emissions and Sinks." Environmental Protection Agency, April 13, 2020. https://www.epa.gov/ghgemissions/inventory-us-greenhouse -gas-emissions-and-sinks.

2. Liu, Z., P. Ciais, Z. Deng, et al. "Near-real-time monitoring of global CO2 emissions reveals the effects of the COVID-19 pandemic." Nature Communications 11 (2020). https://www.nature.com/articles/s41467-020-18922-7.

FIGURE 13.2
LES SOURCES D'ÉNERGIE AUX USA (1950-2019)

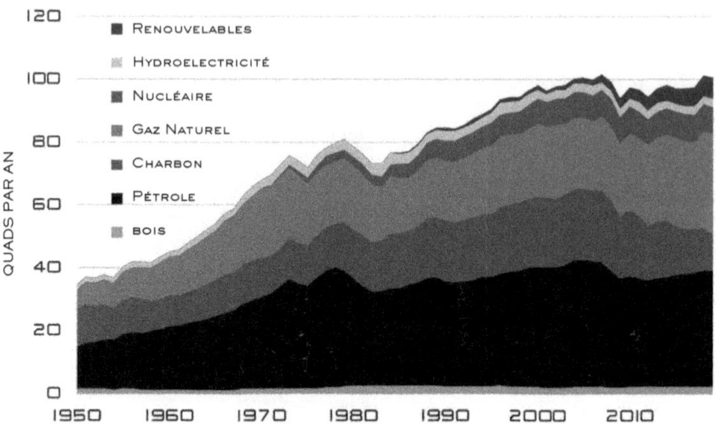

Les sources d'énergie aux USA depuis 1950. La consommation annuelle d'énergie est mesurée en quads (un quad égale environ 10^{18}, soit un milliard de milliards de joules). Les renouvelables comprennent l'énergie éolienne et solaire.[1]

charbon et gaz naturel). L'énergie nucléaire, introduite dans les années 1970, a ajouté à l'offre sans pour autant remplacer les autres sources. Mais au cours des décennies les plus récentes, la croissance de la demande s'est ralentie et le charbon utilisé pour produire de l'électricité a été remplacé par du gaz naturel peu coûteux obtenu par fracturation hydraulique et, dans une moindre mesure, par la croissance des énergies renouvelables (éolienne et solaire). L'apparition de nouvelles sources d'énergie n'a pas fait disparaître les anciennes. Par exemple, cela surprendra peut-être, la quantité d'énergie fournie par le bois (de loin la principale source d'énergie durant la majeure partie du dix-neuvième siècle), est aujourd'hui la même qu'à l'époque de la Guerre de sécession, même si d'autres sources d'énergie se sont énormément développées depuis.

1. US Energy Information Administration (EIA). "Table 1.1. Primary Energy Overview." EIA, Monthly Energy Review. Accessed December 1, 2020. https://www.eia .gov/totalenergy/data/browser/.

Les systèmes énergétiques changent lentement, et il y a de bonnes raisons à cela.[1] L'une des principales, c'est que la distribution de l'énergie doit être extrêmement fiable – en effet, quand l'alimentation en combustible ou en électricité est interrompue, tout s'arrête et c'est le chaos. De fait, aux États-Unis, les réseaux électriques régionaux (pas les systèmes locaux, plus fragiles, qui distribuent l'électricité aux usagers) ne doivent pas être interrompus plus d'un jour par décennie. On ne parvient à une telle fiabilité qu'au terme de dizaines d'années de développement et d'optimisation du matériel et des procédures d'exploitation. Sachant cela, il est naturel (et même essentiel) de n'entreprendre des changements, y compris l'adoption de nouvelles technologies, qu'avec la plus extrême prudence.

Un autre facteur faisant obstacle au changement est que les grandes installations de fourniture d'énergie, comme les centrales électriques ou les raffineries, exigent de lourds investissements et durent des décennies (au cours desquelles les investissements sont progressivement amortis). Elles doivent aussi être compatibles avec d'autres parties de l'infrastructure – par exemple, les combustibles, l'infrastructure de leur distribution et les véhicules doivent tous fonctionner ensemble. En outre, ces équipements – qui aux États-Unis relèvent pratiquement tous d'entités du secteur privé – fournissent des produits d'utilité publique. Les électrons d'un réseau sont les mêmes qu'ils viennent d'une éolienne, d'une centrale nucléaire ou d'une centrale à charbon. De la même manière, les molécules de carburant destinées au transport doivent être standardisées au sein d'une catégorie et configurées pour satisfaire diverses réglementations régionales sur la qualité de l'air. Ainsi, pour ceux qui construisent et exploitent le système de fourniture de l'énergie, le coût et la fiabilité sont les principales considérations dès lors qu'ils sont conformes aux exigences réglementaires

1. Koonin, Steven E., and Avi M. Gopstein. "Accelerating the Pace of Energy Change." Issues in Science and Technology 27 (2011). https://issues.org/koonin/.

et de sécurité. Les systèmes d'utilisation de l'énergie peuvent évoluer un peu plus vite que les systèmes de fourniture de l'énergie, même si les voitures, aux États-Unis, restent sur la route jusqu'à quinze ans et si l'on ne reconstruit les logements qu'après de nombreuses décennies.

Les systèmes énergétiques changent lentement aussi parce que l'énergie est importante pour tout le monde – et pour tout ce que nous faisons. L'infrastructure énergétique indispensable au chauffage, à l'éclairage, à la mobilité et à bien d'autres choses dans une société développée est évidente partout, des lignes à haute tension aux stations-service en passant par la prise électrique sur laquelle on branche son réfrigérateur. Elle est tellement omniprésente qu'elle passe totalement inaperçue dans la vie quotidienne. Cette omniprésence non seulement crée la fiabilité dont nous avons parlé plus haut, mais elle génère l'intérêt direct de nombreux acteurs différents : industrie, consommateurs, gouvernements et ONG. Souvent, ces intérêts ne coïncident pas, il est donc difficile de trouver un accord de principe sur les changements et encore plus sur leurs détails. Par exemple, on discute souvent des années avant de tomber d'accord sur le tracé d'un pipeline ou l'implantation d'une centrale électrique.

Ainsi, s'il est souvent cité en exemple, un « projet Manhattan » n'est souvent pas une façon très adéquate ou très utile de penser aux changements du système énergétique. Le vrai « Manhattan Project », au début des années 1940, n'a produit que quelques « gadgets » atomiques spécifiques pour un seul client (l'armée américaine) ; il ne visait pas à transformer un vaste système déjà ancré dans l'ensemble de la société. Il n'avait pas non plus à concurrencer une capacité existante puisque nous avions déjà des moyens parfaitement efficaces pour nous fournir l'électricité et les combustibles. Le Manhattan Project a été réalisé en secret, l'opinion publique et son acceptation n'étaient donc pas en cause (même si l'on a su plus tard que des espions l'avaient révélé à l'Union Soviétique). Enfin, il avait un budget pratiquement illimité (c'était une priorité de guerre), tandis que si l'on avait voulu produire des systèmes énergétiques différents de celui qui était en place, il aurait fallu s'inquiéter non seulement de leur coût, mais aussi du prix de l'énergie pour le consommateur. Ces mêmes différences (sauf le secret) s'appliquent également à l'analogie, souvent invoquée, avec le programme spatial américain des années 1960.[1] L'expression « révolution énergétique » contient donc une contradiction dans les termes. Je dirais plutôt que mettre en place le changement énergétique en grandeur réelle- autrement dit, réduire suffisamment les émissions pour que cela fasse une différence – passerait par un processus de transition lente, plus proche de l'orthodontie que de l'extraction d'une dent.

Pour que les émissions de gaz à effet de serre diminuent suffisamment (et suffisamment vite) pour stabiliser les influences humaines sur le climat dans un avenir prévisible, il faudrait des changements spectaculaires de nos politiques – les règles dans le cadre desquelles le système énergétique est créé et exploité. Une possibilité est la réglementation pure et simple, comme certains organismes internationaux l'envisagent : *Les centrales à charbon cesseront leurs activités dans les dix ans* ou *Il sera interdit de vendre des véhicules à essence après 2035.* Le gouvernement pourrait également imposer une pénalité financière à chaque tonne de gaz à effet de serre émise dans l'atmosphère. Un tel « prix du carbone » pourrait être institué au moyen d'une taxe ou d'un marché des droits d'émission au sein duquel les émetteurs pourraient acheter et vendre des permis d'émettre du CO_2 accordés par le gouvernement. Quel que soit le mécanisme retenu, il est clair qu'une transformation accélérée du marché de l'énergie aux USA demanderait des décennies.

1. Stout, David. "Gore Calls for Carbon-Free Electric Power." New York Times, July 18, 2008. https://www.nytimes.com/2008/07/18/washington/18gorecnd.html.

Pour être efficace, une politique de gaz à effet de serre (autrement dit « politique du climat ») doit avoir un certain nombre de caractéristiques. Elle doit être :

Constante : La politique s'inscrit dans une durée de quelques années, le business, d'un trimestre, les informations, d'une journée, voire de quelques heures. Mais le CO_2 persiste plusieurs siècles dans l'atmosphère et l'infrastructure énergétique dure plusieurs dizaines d'années ; les politiques régissant les émissions devraient elles aussi rester constantes pendant plusieurs dizaines d'années. Pour investir un milliard de dollars dans une centrale à faibles émissions d'une durée de vie de cinquante ans, il faut avoir la certitude que ces réductions d'émissions seront encore appréciées plusieurs décennies plus tard. (Plus longtemps que plusieurs mandats présidentiels et législatures !)

Les États-Unis (comme presque tous les pays) sont mal préparés à traiter les longues durées inhérentes à la réduction des émissions de gaz à effet de serre. Nous voyons donc des responsables politiques faire de la surenchère en proposant des réductions plus drastiques les unes que les autres à l'horizon de trente ans, par le truchement de programmes qui n'auront même pas commencé quand ils quitteront leur poste. Le marchandage sur les réductions d'émissions que nous avons vu entre les pays de l'Union européenne et entre les industries de ces pays et les gouvernements permet de penser qu'il ne sera pas simple de réaliser ces programmes. Les politiques d'émissions devraient être mises à l'abri des vents politiques, comme les gouvernements américains s'efforcent d' isoler la politique monétaire et les taux d'intérêt en déléguant les décisions à une Réserve Fédérale indépendante.

James Madison avait bien compris l'importance de la prévisibilité des politiques quand il a rédigé le Federalist Paper n° 62 il y a plus de deux cents ans.[1] Il y expliquait les raisons pour

1. Hamilton, Alexander or James Madison (as credited on site). "Federalist No. 62." Library of Congress, Research Guides, Federalist Papers: Primary Documents in American History, Federalist Nos. 61-70. Accessed

lesquelles le gouvernement américain avait besoin d'un Sénat plus résolu et plus stable que la Chambre des Représentants ; la raison suivante, parmi la bonne demi-douzaine de celles qu'il avait énumérées, est particulièrement pertinente face au défi actuel de la politique énergétique :

> *D'un autre point de vue, un gouvernement instable est cause d'un grand préjudice. Le peu de confiance qu'inspirent les organismes publics affaiblit toute entreprise utile, dont la réussite et le profit peuvent dépendre de la continuation des arrangements existants. Quel marchand prudent hasarderait sa fortune dans une nouvelle branche du commerce quand il ne sait pas si ses projets peuvent devenir illégaux avant de pouvoir être exécutés ? Quel agriculteur ou industriel se lancerait dans une culture ou une activité nouvelle recommandée par les autorités quand il ne peut avoir l'assurance que ses travaux préparatoires et ses avances ne le rendront pas victimes d'un gouvernement inconstant ?*

Voir grand : Il faudrait réduire les émissions de façon significative ne serait-ce que pour commencer à stabiliser les influences humaines sur le climat ; la réponse habituelle d'adopter une solution partielle à un problème et de crier victoire pourrait nous acheter un délai, mais n'apporterait aucune solution définitive. Cela veut dire que quelque chose ou quelqu'un doit changer beaucoup et cela se traduira par une opposition politique.

Comme on le voit Figure 13.1, trois principaux secteurs d'activité (électricité, transport et industrie) produisent des émissions comparables. Mais ils seraient affectés très différemment par un prix du carbone appliqué à l'ensemble de l'économie. Par exemple, le charbon était à l'origine du quart de l'électricité américaine en 2019, et il était vendu environ 39 dollars la tonne[1]. Si le prix du carbone était de 40 dollars

---

December 1, 2020. https://www .congress.gov/resources/display/content/The+Federalist+Papers#TheFederalist Papers-62.

1. US Energy Information Agency (EIA). "Frequently Asked Questions (FAQS)." EIA, November 2, 2020. https://www.eia.gov/tools/faqs/faq.

par tonne de CO_2 émise, cela doublerait ce prix pour les opérateurs de centrales à charbon, ce qui les inciterait puissamment à abandonner ce combustible. Par contraste, ce même prix du carbone augmenterait le prix effectif du pétrole brut de 40 % seulement au-dessus de 60 dollars le baril. Et si cette hausse était répercutée entièrement à la pompe, le prix du carburant n'augmenterait que de 0,35 dollars le gallon. C'est peu par rapport aux variations historiques du prix de l'essence à la pompe, l'incitation à l'abandonner pour les consommateurs serait donc faible. Les réductions d'émissions à partir de l'électricité (et, nous allons le voir, le chauffage) sont donc beaucoup plus faciles à encourager que les réductions liées au transport, fondamentalement parce que le pétrole contient beaucoup plus d'énergie par atome de carbone que le charbon.

Être ciblée : les politiques de réduction des émissions seraient plus efficaces si elles étaient ciblées. Cependant, compte tenu de la nécessité politique de s'assurer un large soutien, il est inévitable qu'elles soient diluées au sein d'autres questions tout à fait distinctes, comme le protectionnisme, la sécurité énergétique ou la promotion de certaines technologies. Par exemple, les États-Unis imposent des droits de douane[1] qui augmentent significativement le prix des panneaux solaires et l'Union européenne en fait de même pour les ampoules électriques moins énergivores[2]. Et de nombreuses normes nationales pour la production d'électricité exigent qu'un certain pourcentage soit *renouvelable* et non pas simplement *faible en carbone.*

---

php?id=427&t=3; US Energy Information Administration (EIA). "Coal explained-Coal prices and outlook." EIA, October 9, 2020. https://www.eia.gov/energyexplained/coal/prices-and-outlook.php.

1. Green, Miranda. "Analysis: Trump Solar Tariffs Cost 62K US Jobs." The Hill, December 3, 2019. https://thehill.com/policy/energy-environment/472691-analysis-trump -solar-tariffs-cost-62k-us-jobs.

2. Agence France-Presse. "EU Approves Anti-Dumping Penalty on Chinese Light Bulb." Industry Week, October 15, 2007. https://www.industryweek.com/the-economy /regulations/article/21956186/eu-approves-antidumping-penalty-on-chinese-light -bulb.

Cela défavorise le nucléaire, l'une des principales technologies produisant peu d'émissions. Affaiblir les initiatives visant à réduire les émissions en les amalgamant à d'autres objectifs, c'est démentir l'affirmation que nous sommes confrontés à une menace existentielle imminente.

S'inscrire dans un système : l'énergie étant produite et délivrée par des systèmes, il pourrait être non seulement inefficace, mais même contreproductif de concentrer ses efforts pour ne changer qu'un seul morceau du puzzle. Avoir une proportion importante de la production d'électricité à la merci d'une météo changeant rapidement (les éoliennes et les panneaux solaires) menacerait la fiabilité du réseau, à moins de pouvoir faire appel très rapidement à un système de secours. De la même manière, les véhicules ne sont utilisables que s'il existe un système pour produire et délivrer leur carburant.

En 2011, j'ai dirigé la revue quadriennale de la technologie du Département de l'énergie afin de développer des stratégies permettant au gouvernement de soutenir les technologies émergentes d'énergie propre. Au cours d'une grande réunion, j'ai eu en face de moi les défenseurs de quatre technologies automobiles différentes – les moteurs à combustion interne alimentés par des biocarburants, le gaz naturel comprimé, des piles à combustible et des moteurs électriques à batterie rechargeable. Chacun de ces groupes croyait que sa propre technologie était la vision optimale de l'avenir et que le gouvernement n'avait qu'une seule chose à faire, contribuer au développement de l'infrastructure appropriée. Quand je leur ai rappelé que le pays ne pourrait probablement pas déployer plus de deux nouvelles technologies à grande échelle, tout le monde s'est mis à se chamailler. Plusieurs raisons me font penser que l'électricité fera rouler les voitures de demain, dont voici la principale : le réseau électrique existant est un bon début d'infrastructure. Si une transition générale vers les voitures électriques rechargeables se fait, il sera encore plus important de penser systèmes car les systèmes électriques et de transport devront travailler ensemble pour permettre à des millions de véhicules de se recharger.

Tenir compte des aspects techniques et pratiques : Beaucoup de responsables politiques sont convaincus qu'il suffit d'avoir une bonne réglementation et de bonnes incitations économiques pour voir les nouvelles technologies se développer et se déployer. Mais les scientifiques et les ingénieurs savent qu'il y a des contraintes considérables à respecter. Par exemple, aucune politique ne peut contourner les limites fondamentales de l'efficacité énergétique imposées par le second principe de la thermodynamique – nous ne pouvons pas « créer » de l'énergie, mais seulement la convertir d'une forme à une autre et ce processus de conversion « coûte » toujours une certaine quantité d'énergie.

Pour être efficaces, les politiques doivent être informées par la connaissance technique. Il est possible d'émettre des jugements plausibles sur la rapidité à laquelle les technologies évolueront ou non en une dizaine d'années. Pour ce faire, il faut évaluer les technologies en fonction de leur aptitude à passer à l'échelle supérieure, leur économie et leur potentiel d'amélioration. Le déploiement de technologies inefficaces mais permettant de se donner bonne conscience est triplement néfaste. Au-delà de leur inefficacité, il réduit l'urgence en créant l'illusion que l'on fait quelque chose ; mais le pire, c'est peut-être que cela absorbe des ressources qui seraient mieux employées au service de besoins plus urgents. Un bon exemple implique notre bonne vieille huile de cuisine : une huile végétale usée peut être transformée en biodiesel « neutre en carbone ». Cela résout peut-être le problème de ce que l'on fait de l'huile de friture usée, mais nous ne mangerons jamais assez de frites pour faire une différence significative en termes d'émissions. Traiter *la totalité* des deux cents millions de tonnes d'huile végétale utilisées chaque année dans le monde ne satisferait qu'un seul jour de la demande mondiale de diesel.

Le gouvernement a un rôle important à jouer pour soutenir à la fois la recherche fondamentale et la recherche dans des technologies qui ne sont pas encore prêtes pour le marché – comme le solaire avancé, la fission, la fusion et la prochaine génération de biocarburants. Mais il est important aussi de promouvoir le développement et le déploiement d'une technologie au bon moment – autrement dit, quand elle est efficace et non quand le gouvernement voudrait qu'elle le soit. Il y a eu de nombreux exemples, de par le monde, de déploiement prématuré ayant débouché sur un faible impact pour un coût astronomique. Citons « l'autoroute de l'hydrogène » inauguré par la Californie en 2004. Au bout de seize ans, à peine plus de sept mille véhicules sur trente-cinq millions y roulent à l'hydrogène. Le coût des voitures à hydrogène (aujourd'hui plus du double de celui des voitures à essence) a fait obstacle à une adoption plus large, ainsi que le manque de stations-service à hydrogène – il n'y en a, encore aujourd'hui, que quarante-quatre en Californie, principalement dans les villes.[1] Et, c'est peut-être le plus important, on produit actuellement l'hydrogène à partir du gaz naturel, ce qui dégage du dioxyde de carbone, et il en sera ainsi pendant au moins plusieurs dizaines d'années encore.

Privilégier la conservation et non le rendement : On dit souvent que l'on peut réduire les émissions en utilisant plus efficacement l'énergie. Il est effectivement dommage de gaspiller cette dernière. Mais le rendement dépend de la façon dont nous l'utilisons, pas de la quantité que nous utilisons – c'est-à-dire la conservation. Et pour réduire les émissions, ce qui compte, c'est la conservation. Il y a cent cinquante ans que les économistes connaissent l'effet « rebond » – les progrès en termes de rendement conduisent souvent à moins de conservation qu'espéré. Par exemple, vous laisseriez peut-être plus souvent la lumière allumée si vous saviez que les ampoules consomment moins d'électricité. Ou bien vous feriez plus de route avec une voiture frugale qu'avec un véhicule vorace. D'après moi, la seule

1. Cart, Julie. "California's 'Hydrogen Highway' Never Happened. Could 2020 Change That?" CalMatters, January 9, 2020. https://calmatters.org/environment/2020/01 /why-california-hydrogen-cars-2020/.

façon sûre de promouvoir la conservation passe par la réglementation ou les hausses de prix. Chacune de ces deux méthodes est très délicate pour un gouvernement.

À quoi ressemblerait le système énergétique américain avec une politique efficace de lutte contre les gaz à effet de serre ? La réponse émergerait d'une interaction complexe entre le développement technologique, l'économie, la politique et les comportements. Certains moyens de changer notre façon de produire et d'utiliser l'énergie réduiraient les émissions américaines de gaz à effet de serre de façon significative.[1] En fait, le pays pourrait avoir le système énergétique qu'il veut, du moment qu'il ne viole pas les lois de la physique. Mais en raison du rôle central que joue l'énergie dans la société, créer un système énergétique sans émissions provoquera d'importantes perturbations, tant économiques que comportementales. La question est de savoir si le pays choisira d'investir le capital financier et politique indispensables pour réaliser cette transformation. Compte tenu des obstacles que j'ai décrits, des autres demandes plus immédiates et des ressources de la nation, je pense peu vraisemblable que cela arrive dans un avenir proche.

Même si une telle transformation était réalisée, cela ferait très peu de différence directe, voire aucune, sur le climat : les États-Unis ne représentent que 13 % des émissions mondiales de gaz à effet de serre. Bien entendu, on peut avancer l'argument que le reste du monde suivrait. Mais est-il vraisemblable qu'il le fasse quand les besoins énergétiques sont si pressants et les bénéfices des réductions d'émissions si douteux ?

---

1. International Energy Agency (IEA). "Clean Energy Innovation." IEA, July 2020. https://www.iea.org/reports/clean-energy-innovation

CHAPITRE 14

PLANS B

Quand j'ai compris l'invraisemblable difficulté de réduire effectivement les émissions de gaz à effet de serre, j'ai commencé à m'intéresser à d'autres stratégies, peut-être plus réalisables, pour répondre au changement climatique. L'une d'entre elles est la géo-ingénierie : si les hommes exercent involontairement une influence nette sur le climat dans le sens du réchauffement via les émissions de gaz à effet de serre (et dans le sens inverse via les aérosols), pourrions-nous intentionnellement faire quelque chose pour contrebalancer cette influence ? Pour parler plus familièrement, pourrions-nous utilement « hacker » la planète ? Il s'agirait tout simplement de s'adapter au changement climatique, à la fois en planifiant en fonction des probabilités futures et en répondant aux changements présents. Ensemble, la géo-ingénierie et l'adaptation constituent les « Plans B ».

La plupart de ceux qui sont convaincus que le climat est en crise évitent de parler de ces stratégies. Néanmoins au cas peu probable (selon moi) où les influences humaines auraient poussé le climat au-delà d'un « point de bascule », des changements délétères survenant très rapidement (voir plusieurs mauvais films d'Hollywood dramatisant ces derniers), le monde n'aurait d'autre recours que l'adaptation et la géo-ingénierie. Il est donc important de savoir quelles sont les options et de comprendre leurs bénéfices respectifs, leurs inconvénients, leurs coûts, leurs effets secondaires, etc. En fait, il est irresponsable, pour quiconque croit en l'imminence d'une « catastrophe climatique », de *ne pas soutenir* une telle recherche, surtout dans la mesure où, comme nous venons de le voir, les efforts actuels ont très peu de chances de réussir à réduire les influences humaines. Nous comprenons l'importance des plans de contingence dans d'autres domaines de notre vie – c'est la raison pour laquelle nous souscrivons des assurances, nous ne conseillerions pas à un élève de poser sa candidature à un seul établissement d'enseignement supérieur, etc. Dans le domaine du climat, considérer l'exploration de plans B comme la trahison de nos efforts pour le plan A est dangereusement mal inspiré.

La notion de géo-ingénierie a une longue histoire, qui a commencé avec la modification du climat.[1] La perspective de contrôler ce dernier a toujours été séduisante et quand l'humanité en a su davantage sur le fonctionnement du climat, les recours aux processus physiques ont supplanté les supplications aux divinités. Dans les années 1830, James Pollard Espy, premier météorologue officiel du gouvernement américain, connu comme « le roi de la tempête », avait proposé de provoquer la pluie en allumant de « grands feux » dans les forêts appalachiennes afin de créer des nuages.[2] Inutile de dire que cette idée n'a enthousiasmé ni le Congrès ni le public.

Les expériences d'ensemencement des nuages dans les années 1930 et 1940 étaient plus sérieuses et ont donné des informations utiles pour les efforts ultérieurs visant à modifier

1. McCormick, Ty. "Geoengineering: A Short History." Foreign Policy, September 3, 2013. https://foreignpolicy.com/2013/09/03/geoengineering-a-short-history/.

2. Garber, Megan. "The Scientist Who Told Congress He Could (Literally) Make It Rain." The Atlantic, May 4, 2015. https://www.theatlantic.com/technology/archive /2015/05/the-scientist-who-told-congress-he-could-literally-make-it-rain/392219/.

le climat. En 1974, le climatologue soviétique Mikhail Budyko signala que si le réchauffement devenait un problème urgent, il serait possible de créer une brume dans la stratosphère afin de rafraîchir la planète, comme cela arrive naturellement après les grandes éruptions volcaniques. Quand j'ai commencé à m'intéresser à la géo-ingénierie au début des années 2000, je n'étais donc ni le premier ni le seul scientifique à penser que cette stratégie méritait d'être étudiée, ne serait-ce que pour savoir quels en seraient les inconvénients éventuels.

Mais j'ai vite découvert que toute mention de la géo-ingénierie face à des gouvernements ou des ONG était accueillie par un silence réprobateur, si ce n'est franchement hostile. L'objectif était la réduction des émissions et il était inenvisageable de dévier de ce but, surtout si cela pouvait permettre au monde de continuer à utiliser des combustibles fossiles.

Mais les scientifiques sont formés à explorer toutes les solutions possibles à un problème donné, et une partie importante du conseil des scientifiques consiste à présenter la gamme complète des options, avec les avantages et les inconvénients de chacune. J'ai donc persisté à étudier la géo-ingénierie et à en discuter discrètement. J'ai fini par trouver suffisamment de soutien pour convaincre neuf autres scientifiques aux compétences très diverses de s'intéresser sérieusement à la question. Le financement était assuré par Novim – alors toute jeune fondation – qui continue aujourd'hui à constituer des équipes d'experts pour « décomposer les problèmes complexes afin de les rendre compréhensibles aux non-scientifiques. » Notre groupe s'est retrouvé en août 2008 et nous avons passé une semaine à nous demander à quoi pourrait ressembler un programme exploratoire de recherche en géo-ingénierie. Novim a publié un rapport officiel de cette étude en juillet 2009.[1]

La géo-ingénierie était encore *verboten* presque partout quand je suis entré au gouvernement Obama en mai 2009.

1. Battisti, D., et al. 2009 IOP Conf. Ser.: Earth Environ. Sci. 6 452015. https://iopscience .iop.org/article/10.1088/1755-1307/6/45/452015.

John Holdren, le conseiller scientifique du président, avait déclenché une tempête médiatique en avril de cette année-là simplement en mentionnant le concept en public, il a été très vite contraint de faire marche-arrière.[1] Mes supérieurs ont ensuite découragé mes propres efforts visant à financer un programme de recherche exploratoire basé sur l'étude Novim. Une fois encore, le mot d'ordre était de concentrer tous les efforts sur la réduction des émissions.

Mais dix ans plus tard, les difficultés de la réduction des émissions étant devenues évidentes pour tout le monde, la géo-ingénierie pouvait être évoquée entre gens bien élevés et même par les gouvernements. La Royal Society britannique, d'une franchise louable et résolument tournée vers l'avenir, a brisé la glace en publiant une étude en septembre 2009[2] tandis que les Académies nationales américaines ont publié en 2015 des rapports sur deux approches distinctes « d'interventions climatiques ».[3-4]

Il y a en effet au moins deux façons de lutter contre le réchauffement de la planète. L'une consiste à faire en sorte que la terre soit un peu plus réfléchissante (en augmentant son albédo) de façon à ce qu'elle absorbe un peu moins d'énergie solaire. Cette stratégie, dite Solar Radiation Management, SRM

1. Revkin, Andrew C. "Science Adviser Lays Out Climate and Energy Plans." New York Times, April 9, 2009. https://dotearth.blogs.nytimes.com/2009/04/09/science -adviser-lists-goals-on-climate-energy/.

2. "Geoengineering the Climate: Science, Governance and Uncertainty." The Royal Society, September 1, 2019. https://royalsociety.org/topics-policy/publications/2009 /geoengineering-climate/.

3. National Research Council of the National Academies. Climate Intervention: Reflecting Sunlight to Cool Earth. Washington, DC: The National Academies Press, 2015. https://www.nap.edu/catalog/18988/climate-intervention-reflecting-sunlight-to -cool-earth.

4. National Research Council of the National Academies. Climate Intervention: Carbon Dioxide Removal and Reliable Sequestration. Washington, DC: The National Academies Press, 2015. https://www.nap.edu/catalog/18805/climate-intervention-carbon -dioxide-removal-and-reliable-sequestration.

(gestion du rayonnement solaire) serait valable que le réchauffement soit naturel ou qu'il résulte des influences humaines. L'autre stratégie possible est le Carbon Dioxide Removal, CDR (séquestration du carbone) qui consiste à sortir du CO_2 de l'atmosphère pour neutraliser directement les émissions humaines. Ces deux stratégies sont très différentes en termes de difficultés pratiques et d'impact potentiel (positif et négatif), mais les deux méritent une discussion. Commençons par le SRM.

Cela fait près de deux siècles que les hommes augmentent, par inadvertance, l'albédo de la terre, car la combustion du charbon, qui contient du soufre, produit de fines particules (les aérosols) qui, dans la basse atmosphère, augmentent la réflectivité de la planète. L'un de mes premiers calculs, quand je suis entré à la BP, en 2004, portait sur ce refroidissement par les aérosols. La compagnie se lançait dans une campagne visant à présenter le gaz naturel comme une « passerelle vers un avenir faiblement carboné », puisqu'il produit moitié moins de dioxyde de carbone par unité d'énergie que le charbon. Cependant, j'ai rapidement estimé, littéralement sur le dos d'une enveloppe, qu'une bonne partie de cette réduction du CO_2 serait annulée par la perte du refroidissement par les aérosols liés à la combustion du charbon. La direction de BP n'a pas été ravie quand je le lui ai expliqué.

Il existe plusieurs façons d'augmenter l'albédo, par exemple éclaircir la surface de la terre en couvrant les bâtiments de toits blancs, sélectionner les semences pour que les champs soient plus réfléchissants, garnir l'océan de microbulles en surface et installer des réflecteurs géants dans l'espace, pour n'en citer que quelques-unes. Néanmoins, insuffler des aérosols dans la stratosphère serait peut-être la façon la plus efficace d'obtenir un impact mondial significatif. Le brouillard qui se forme naturellement dans la stratosphère après les grandes éruptions volcaniques rafraîchit manifestement la planète quelques années, avant que les particules de ce brouillard ne disparaissent. Comme nous l'avons vu chapitre 2, de tels refroidissements apparaissent à l'évidence dans les relevés historiques mondiaux de température.

La technologie actuelle permet de créer un brouillard stratosphérique grâce à un certain nombre de méthodes, comme l'ajout d'additifs au kérosène ou tirer des obus d'artillerie dispersant du sulfate d'hydrogène (H_2S, à l'odeur d'œuf pourri) en haute altitude. L'exercice ne se ferait pas en une seule fois, le brouillard devrait être constamment renouvelé, car les particules disparaissent en un an ou deux. La quantité de soufre qu'il faudrait ajouter à l'atmosphère ne serait que le dixième de celle que les hommes émettent actuellement à des altitudes beaucoup plus faibles, les impacts directs sur la santé seraient donc minimes. Et les coûts prévisibles sont suffisamment faibles pour qu'une petite nation, voire un seul individu fortuné puisse réaliser l'intégralité du projet. Pour autant que je sache, la notion selon laquelle les « chemtrails » sont le signe d'une géo-ingénierie secrète est entièrement infondée.

Mais la gestion du rayonnement solaire a plusieurs inconvénients non négligeables. Pour commencer, si le brouillard n'était pas constant, la température de la planète rebondirait rapidement dès que l'influence refroidissante disparaîtrait (ce serait fermer tout à coup son parasol au moment où le soleil tape le plus). Deuxièmement, augmenter l'albédo n'annule pas véritablement le réchauffement dû aux gaz à effet de serre – ces derniers élèvent sans cesse la température, sur toute la surface de la planète, alors que la modification de l'albédo ne la fait baisser que quand et où le rayonnement solaire qu'il réfléchit est significatif; il ne fonctionne pas la nuit et s'avère moins efficace l'hiver, particulièrement dans les latitudes élevées. Les modèles climatiques suggèrent aussi que le SRM provoquerait de petits changements dans les précipitations et d'autres aspects du système climatique, différents de ceux que provoquent à eux seuls les gaz à effet de serre et d'un endroit à l'autre, en fonction des conditions locales. Bref, il existe probablement des effets collatéraux qui, au moins pour certains, pourraient être pires que le réchauffement contre lequel nous essayons de lutter.

Ainsi, même s'il est techniquement et économiquement faisable, le SRM poserait des problèmes sociétaux épineux qui exigeraient une coopération internationale. Qui déterminera s'il faut l'entreprendre ? Il y aura sans aucun doute des gagnants et des perdants dans le changement climatique qui en résulterait - s'il est préjudiciable à certains, seront-ils dédommagés ? Compte tenu de la difficulté d'identifier précisément les causes des phénomènes climatiques et météorologiques (et de nos piètres performances en la matière), comment ces changements seraient-ils imputés au SRM ?

Ensuite, cela pose des problèmes éthiques – et manipuler ainsi délibérément le climat déclencherait à coup sûr une levée de boucliers. En outre, les coûts sont si bas qu'un seul petit pays, une organisation ou même un individu doté d'une grosse fortune pourrait le faire. On ne peut donc exclure la possibilité d'un SRM malveillant. Comment réagirait le monde, dans ce cas ?

Il n'en demeure pas moins que le SRM mérite une recherche sérieuse et, de fait, le Congrès américain a récemment alloué des fonds à un travail exploratoire.[1] La première et la plus importante partie de ce travail devrait être un suivi plus attentif et plus intense du système climatique, afin d'établir une référence à partir de laquelle il serait possible de juger les effets d'une éventuelle intervention. Il serait également important d'observer de très près les effets des futures éruptions volcaniques. Cerise sur le gâteau, tout cela permettrait aussi de mieux comprendre le système climatique lui-même.

Au-delà du suivi, il faudrait se demander *quelles expérimentations sur le terrain seraient possibles.* Et *qui, et par le biais de quel processus, serait autorisé à les conduire.* Les communautés

---

1. Fialka, John. "NOAA Gets Go-Ahead to Study Climate Plan B: Geoengineering." E&E News: Climatewire, January 23, 2020. https://www.eenews.net/climate wire/2020/01/23/stories/1062156429.

scientifique et politique commencent tout juste à se poser ces questions. Pour le moment, puisque nous avons vu au cours des chapitres précédents que les événements météorologiques extrêmes ne sont pas le signe d'une catastrophe climatique imminente, nous avons le temps de réfléchir à tout cela.

Au lieu de rendre la terre plus brillante, nous pourrions échapper partiellement au réchauffement en retirant directement du CO_2 de l'atmosphère. La captation du dioxyde de carbone (CDR, pour Carbon Dioxide Removal) est jumelle de la réduction des émissions – il s'agit de l'enlever de l'atmosphère au lieu d'en rajouter moins (ou les deux à la fois).

La CDR semble avoir des avantages. La question de savoir qui a émis ce CO_2 serait moins pertinente et donc moins litigieuse ; imputer la responsabilité des émissions est en effet l'un des plus grands obstacles aux efforts internationaux actuels pour les réduire. Cela permettrait aussi de continuer à utiliser des combustibles fossiles si la demande, l'économie et la technologie l'exigeaient (même si certains considéreraient ceci comme un inconvénient). Enfin, puisque la CDR consiste à détricoter directement les influences humaines, il y aurait vraisemblablement peu d'impacts collatéraux à redouter – il s'agirait simplement de rétablir la concentration de CO_2 à ce qu'elle aurait été sans ces influences.

Il n'est pas difficile de concevoir une usine chimique captant le CO_2 directement dans l'atmosphère. Les technologies de captation sont similaires à celles que l'on utilise dans les cheminées des centrales électriques[1], même s'il y a la difficulté supplémentaire de déplacer une vaste quantité d'air dans le système. Les vraies questions concernent l'échelle et le coût.

1. American Physical Society, APS Panel on Public Affairs. 2011. Direct Air Capture of CO2 with Chemicals. American Physical Society. https://www.aps.org/policy/reports /assessments/upload/dac2011.pdf.

L'échelle de la suppression du dioxyde de carbone est gigantesque. La consommation annuelle de produits énergétiques se mesure en gigatonnes. Chaque année, le monde consomme environ 4,5 Gt de pétrole et 8 Gt de charbon, de sorte que supprimer ne serait-ce que 10 Gt de CO_2 par an (environ le tiers des émissions actuelles) exigerait une infrastructure comparable juste pour le capter et le traiter. Inutile de le dire, ce ne serait pas bon marché. D'après des estimations récentes, cela coûterait plus de 100 dollars de capter et comprimer une tonne de CO_2, ce qui se traduirait par un coût d'au moins un trillion de dollars pour retirer 10 Gt de CO_2 par an de l'atmosphère.[1]

Se pose ensuite la question de savoir ce que l'on fait du CO_2 capté. Aujourd'hui, le monde n'utilise que 0,2 Gt de CO_2 par an – environ 0,13 Gt pour produire de l'urée (un engrais) et 0,08 Gt pour faciliter la production de pétrole (dans les champs pétrolifères on injecte du CO_2 dans des « puits d'injection » pour pousser le pétrole vers les « puits de production ». Ces utilisations actuelles du CO_2 sont cent fois trop faibles pour absorber ce que nous devons retirer de l'atmosphère. Il est hélas difficile d'imaginer de nouveaux emplois significatifs. Les flux mondiaux les plus importants après les combustibles sont le ciment (moins de 3 Gt par an) et les plastiques (environ 0,5 Gt par an). Et comme le CO_2 est le produit de la combustion de combustibles pour produire de l'énergie, il faudrait encore de l'énergie (sans doute « propre ») pour le retransformer en combustible. Bref, la meilleure chose à faire du CO_2 que l'on enlèverait de l'atmosphère est de le séquestrer, soit dans le sous-sol, soit dans l'océan. Inutile de dire que ce serait une entreprise énorme à l'échelle requise.

Au lieu d'utiliser des usines chimiques pour retirer le dioxyde de carbone de l'atmosphère, on pourrait utiliser des plantes naturelles – la végétation. Environ 200 Gt de carbone passent

---

1. Keith, David W., Geoffrey Holmes, David St. Angelo, and Kenton Heidel. "A Process for Capturing CO2 from the Atmosphere." Joule 2 (2018): 1573-1594. https://www.cell.com /joule/fulltext/S2542-4351(18)30225-3.

chaque année de la surface de la terre à l'atmosphère et en reviennent, cela fait partie d'un cycle saisonnier, plus ou moins en équilibre, dont nous avons parlé chapitre 3. En extrayant des combustibles fossiles, les hommes ajoutent environ 8Gt de carbone à ce cycle par an (sous forme de 30Gt de CO_2). Et la moitié environ de ce supplément est absorbé par la photosynthèse. Si nous pouvions induire davantage de photosynthèse, cela permettrait de se débarrasser de davantage de CO_2. D'où les appels à planter des trillions d'arbres – la reforestation pour sauver la planète.[1] Mais si nous les plantons maintenant, la croissance demandant plusieurs dizaines d'années, ce sera beaucoup trop lent pour répondre au genre d'urgence climatique qui déclencherait la géo-ingénierie SRM, même si cela enlève le CO_2 à plus long terme. De plus, nous ne savons pas encore précisément combien de CO_2 les forêts pourraient absorber ni quels seraient les impacts écologiques de ces vastes étendues fraîchement reboisées.

Certains ont récemment réclamé un programme de recherche massif du gouvernement américain visant à améliorer les technologies de suppression du dioxyde de carbone.[2] Il n'est pas douteux que des progrès sont possibles. Par exemple, on devrait pouvoir modifier génétiquement les plantes afin qu'elles captent et stockent davantage de carbone (ce qui serait certainement accompagné de préoccupations environnementales concernant le déploiement de ces plantes génétiquement modifiées).[3] Même ainsi, j'imagine difficilement que

1. Buis, Alan. "Examining the Viability of Planting Trees to Help Mitigate Climate Change." NASA, Global Climate Change: Vital Signs of the Planet, November 11, 2019. https://climate.nasa.gov/news/2927/examining-the-viability-of-planting-trees -to-help-mitigate-climate-change/

2. Schwarber, Adria. "Moniz Making Case for $11 Billion Carbon Removal Initiative." American Institute of Physics, November 19, 2019. https://www.aip.org/fyi/2019 /moniz-making-case-11-billion-carbon-removal-initiative.

3. Busch, Wolfgang, Joanne Chory, Joseph Ecker, Julie Law, Todd Michael, and Joseph Noel. "Harnessing Plants Initiative." Salk Institute for Biological Studies, 2020. https://www.salk.edu/harnessing-plants-initiative/.

cela puisse être réalisé à une échelle suffisante pour réduire significativement les influences humaines sur le climat. Il y aurait cependant de l'argent à gagner si le coût de retrait d'une tonne de CO_2 de l'atmosphère pouvait être ramené à un niveau inférieur au prix du carbone. Comme c'est souvent le cas dans ces affaires de climat et d'énergie, il serait alors possible de réussir financièrement sans vraiment faire beaucoup de progrès.

Parlons maintenant de notre second Plan B : l'adaptation.

J'ai vécu trente ans en Californie du sud, où les tremblements de terre sont une pénible réalité. Comme les décrit le relevé géologique américain :

> *Chaque année, il y a environ 10 000 tremblements de terre en Californie du sud. La plupart sont si faibles qu'ils ne sont pas ressentis. Quelques centaines seulement ont une magnitude supérieure à 3, une quinzaine ou une vingtaine seulement dépassant le 4 sur l'échelle de Richter. Néanmoins, s'il y a un fort tremblement de terre, la séquence de répliques sismiques produit beaucoup plus de tremblements de terre, de toutes les magnitudes, plusieurs mois durant.*[1]

Les petites secousses sont à peine gênantes, mais les grandes endommagent les bâtiments et les routes et font parfois des victimes. Au cours du siècle passé, les tremblements de terre californiens ont tué des centaines de personnes et en ont blessé des milliers d'autres.

Ce sont des phénomènes entièrement naturels ; nous ne pouvons ni les arrêter ni même les prédire, sauf au sens statistique.

Malgré ce risque, ma famille et moi ne nous sommes pas précipités pour quitter Pasadena – le climat, la communauté et

---

1. US Geological Survey. "Cool Earthquake Facts." USGS. Accessed November 27, 2020. https://www.usgs.gov/natural-hazards/earthquake-hazards/science/cool-earthquake -facts.

Caltech étaient de puissantes attractions. Cependant, comme des millions d'autres personnes en Californie du sud, nous prenions des précautions. La maison était scellée sur ses fondations et les étagères aux murs, nous avions souscrit une assurance spéciale, nous avions toujours quelques jours de réserve de nourriture et d'eau, nous avions appris à nos enfants ce qu'il faut faire pour se mettre en sécurité en cas de tremblement de terre et nous avions des contacts d'urgence et des plans de voyage. Ces précautions familiales complétaient celles de la société au sens large, où des normes de construction, l'organisation des premiers secours et, maintenant, un système d'alerte contribuent à minimiser les dommages. Bref, nous nous étions tous adaptés, individuellement et collectivement – modulant nos infrastructures et notre comportement pour vivre là où nous le souhaitions. Ceux qui résident ailleurs, avec d'autres risques naturels comme de fréquentes inondations ou des tempêtes saisonnières, se sont adaptés différemment, mais de façon comparable.

Compte tenu des immenses difficultés pour réduire effectivement les émissions humaines et les différents problèmes faisant que la géo-ingénierie ne sera sans doute déployée qu'in extremis, il semble pratiquement certain que nos efforts pour réduire les émissions seront complétés, sinon éclipsés par l'adaptation au changement climatique. Pour mettre ceci dans le contexte des questions que j'ai évoquées au début de la seconde partie de ce livre, il ne s'agit pas de l'affirmation de ce que je crois que nous *devrions* faire, c'est plutôt ma prévision de ce que nous *ferons*.

Voici pourquoi je pense que l'adaptation *sera* notre principale réponse :

- **L'adaptation est agnostique :** Cela fait des millénaires que les hommes s'adaptent avec succès aux changements climatiques sans, la plupart du temps, avoir la moindre idée de ce qui pouvait les provoquer (à part la vengeance divine). L'information dont nous disposons aujourd'hui contribuera à guider les stratégies d'adaptation et la société est capable de s'adapter aux changements climatiques, qu'ils soient naturels ou résultent d'influences humaines.

- **L'adaptation est proportionnée.** De modestes mesures initiales peuvent être renforcées si et quand le changement climatique s'aggrave.
- **L'adaptation est locale.** Elle s'ajuste naturellement aux différents besoins et priorités de différentes populations et aux différents lieux. Politiquement, cela facilite les choses. Dépenser de l'argent pour « ici et maintenant » est beaucoup plus acceptable que s'il s'agit de prévenir une menace vague et incertaine à des milliers de kilomètres, appelée à se concrétiser deux générations plus tard. En outre, l'adaptation locale n'exige pas le consensus, la coordination et l'engagement mondiaux qui se sont avérés si difficiles à trouver dans les efforts de réduction des émissions entrepris jusqu'alors.
- **L'adaptation est autonome.** C'est ce que font et ont fait les sociétés depuis que l'humanité les a formées – les Hollandais, par exemple, construisent des digues et les améliorent depuis des siècles pour gagner des terres sur la mer du nord. L'adaptation se fera toute seule, que nous le voulions ou non.
- **L'adaptation est efficace.** Des sociétés ont prospéré dans des environnements allant de l'Arctique aux Tropiques. S'adapter à un changement climatique consiste toujours à en réduire les impacts nets – après tout, nous ne changerions pas la société pour empirer la situation !

Malgré l'importance évidente de l'adaptation et la possibilité d'interaction avec les efforts de réduction des émissions, ces deux stratégies sont aujourd'hui traitées séparément – et la seconde est l'objet de beaucoup plus d'attention et d'efforts. Ce déséquilibre résulte peut-être du fait que l'adaptation est la réponse habituelle au changement climatique en cours, mais il tient peut-être aussi au fait que nous n'avons pas de cadre simple pour réfléchir à l'adaptation. Un tel cadre existe pour les émissions – cela s'appelle les « leviers de stabilisation »[1], Cf. Figure 14.1. Cette approche dresse le catalogue d'un certain nombre de stratégies de réduction des émissions et donne une idée du résultat quantitatif que chacune pourrait obtenir au cours du siècle présent, permettant du même coup d'évaluer et de comparer facilement le coût et l'efficacité de chaque stratégie. Ce cadre encourage une « perspective systémique » sur la façon dont les diverses stratégies pourraient être priorisées et interagir les unes avec les autres. Il a conduit à des propositions spécifiques comme faire payer les émissions ou créer un marché de droits d'émission, des normes d'électricité renouvelable et des exigences de rendement énergétique

Si le concept est loin d'être parfait, il offre une façon utile de réfléchir à la politique des émissions. Comme l'a dit David Hawkins, du Conseil national de défense des ressources nationales :

> *Le concept des leviers de stabilisation est un peu l'iPod de l'analyse de la politique du climat. C'est une enveloppe attrayante, facile à comprendre, dans laquelle les gens peuvent mettre leur propre contenu.*

Il n'existe encore aucune présentation analogue des méthodes, des coûts, de l'efficacité et des leviers politiques des diverses mesures d'adaptation. La discussion est, au mieux, un salmigondis d'anecdotes et de stratégies envisageables - plus de verbiage que de contenu. L'analyse des politiques d'adaptation est relativement inexistante. Si de nombreuses études de cas ont identifié des mesures d'adaptation susceptibles de réduire les impacts néfastes du climat, elles ne traitent pas les questions d'implémentation, ne procèdent pas à une analyse coût/bénéfice des diverses stratégies et ne les comparent pas aux efforts de réduction des émissions. Ajoutons que l'on accorde peu d'attention aux changements spécifiques, bureaucratiques,

1. Pacala, S., and R. Socolow. "Stabilization Wedges: Solving the Climate Problem for the Next 50 Years with Current Technologies." Science, August 13, 2004. https://science.sciencemag.org/content/305/5686/968.full.

FIGURE 14.1
LES LEVIERS DE STABILISATION

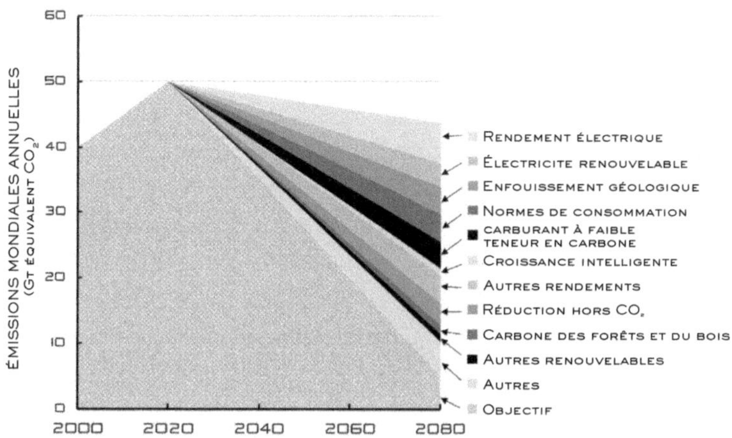

Illustration des leviers de stabilisation des réductions d'émissions. Les valeurs sont notionnelles.[1]

politiques et fiscaux indispensables pour passer de l'analyse à la délibération, puis à l'action.

Comme la plupart des choses, l'adaptation efficace est plus facile dans les sociétés riches, qui ont les ressources institutionnelles et économiques nécessaires pour changer si les circonstances l'imposent. Les pays moins développés sont plus fragiles. La meilleure façon de rendre possible l'adaptation à l'échelle mondiale est donc d'encourager le développement économique des pays moins développés et de renforcer leur gouvernance (comme l'état de droit ou la possibilité de formuler et d'exécuter des stratégies nationales). En ce sens, la tâche consistant à rendre l'adaptation possible devient celle de lutter contre la pauvreté, ce qui serait une bonne chose pour de nombreuses raisons étrangères au climat.

1. Morris, Stan. "Doing more with less CO2." AHEAD Energy Corporation, 2020. http:// www.aheadenergy.org/.

Bien entendu, comme nous l'avons dit plus haut, les investissements réalisés aujourd'hui pour des mesures d'adaptation réduiront plus efficacement les futurs impacts du climat si nous savons ce que ces impacts seront vraisemblablement – autrement dit, si nous savons comment le climat changera. Malheureusement, nous avons vu qu'il y a encore de grandes incertitudes en la matière. Les prévisions des modèles concernant les climats régionaux et locaux sont loin d'être suffisamment crédibles pour nous guider, au-delà de vagues affirmations comme « le niveau de la mer continuera à s'élever ». Nous devrions au minimum être préparés à des changements climatiques et à des événements météorologiques extrêmes tels qu'il s'en est déjà produit ; en général, hélas, ce n'est pas le cas.

ULTIMES RÉFLEXIONS

Écrire ce livre m'a offert l'opportunité de rassembler et de synthétiser ce que j'avais vécu au cours d'un voyage de quinze ans dans le climat et l'énergie. Au début, j'étais convaincu que nous devions lutter contre la montre pour sauver la planète d'une catastrophe climatique. Depuis, j'ai évolué pour critiquer publiquement la façon dont est présentée « La Science » du climat. Sans jamais cesser d'être à la fois étudiant et stratège, cherchant constamment à en apprendre davantage et me préoccupant de la façon dont le système de l'énergie pourrait se transformer pour satisfaire des besoins changeants.

Mon voyage m'a impressionné par la richesse des sujets. Il n'y a pas beaucoup (et probablement pas du tout) d'autres discussions qui englobent et font le lien entre la composition de microfossiles datant de cinquante millions d'années et la réglementation du réseau électrique. Je suis également impressionné par la quantité de choses que nous savons sur le climat, mais aussi un peu étonné par les vastes lacunes de nos connaissances, qui en disent long sur la complexité du système climatique. J'ai également été impressionné par l'importance que lui accordent la plupart des chercheurs qui s'y consacrent. Le climat change, les hommes y jouent un rôle, mais dans le même temps les besoins mondiaux d'énergie augmentent ;

nous devons prêter attention à ce que cela pourrait vouloir dire pour l'avenir.

Mais j'ai également été consterné. D'abord de la complaisance de certains climatologues – soutenus par les médias et les responsables politiques – qui n'hésitent pas à représenter de façon fallacieuse ce que dit la science, ce dont de nombreux autres scientifiques sont silencieusement complices. Le public mérite mieux. En refusant manifestement de faire partager aux non-experts ce que nous savons et ce que nous ne savons pas du changement climatique, ils dénient aux gouvernements, à l'industrie et aux individus le droit de prendre des décisions véritablement informées.

J'ai également été consterné de la difficulté pour le public, y compris les médias, de comprendre ce qui est effectivement écrit dans les rapports d'évaluation. Les éditoriaux que j'ai rédigés au fil des six dernières années ont été un piètre remède – ils sont limités en longueur, en termes de technicité et même de format (pas de graphiques !). Ce livre m'a permis de raconter une histoire plus riche et j'espère plus informative.

On me demande souvent les conclusions que j'en tire, parfois dans un ascenseur. Je réponds en général que le climat et l'énergie sont des sujets complexes, pleins de nuances. Des descriptions simplistes du « problème » ou de « solutions » putatives ne déboucheront pas sur des choix intelligents. Si mon compagnon continue son ascension, nous poursuivons souvent la conversation – que je termine toujours en lui conseillant de ne pas en rester à ce que je lui ai dit, mais de regarder attentivement lui-même les données et les rapports d'évaluation.

Mon plus grand espoir, c'est que les décideurs, les journalistes et le grand public soient parfois étonnés en lisant ce livre et qu'ils se tourneront alors vers des scientifiques en leur disant par exemple : « J'ai vérifié certaines des choses que ce Koonin dit au sujet des rapports d'évaluation – il a raison. Comment se fait-il que je n'en ai jamais entendu parler ? Y a-t-il d'autres choses que l'on ne m'a pas dites ? » Cela pourrait être le début de nombreuses conversations difficiles, mais finalement essentielles.

J'ai délibérément écrit ce livre de manière descriptive et non prescriptive : j'ai présenté les faits, les certitudes et les incertitudes, ce qu'ils impliquent et les options de choix possibles en réponse. C'est la position appropriée pour un scientifique conseillant les non-experts, que ceux-ci soient d'autres scientifiques, le grand public ou les décideurs du gouvernement et de l'industrie et que le sujet soit le climat et l'énergie, le terrorisme nucléaire ou le projet de génome humain. Mais si les scientifiques responsables veillent à séparer la question du *devrions* de celles du *pourrions* et du *ferons,* aucun d'entre nous ne peut éviter d'avoir des opinions. Et comme on me demande souvent « Alors, que pensez-vous que nous devrions faire, pour le climat ? » je me sens obligé, maintenant que j'ai exposé les faits, de répondre.

Nous pourrions commencer par une observation prolongée et approfondie du système climatique (l'atmosphère, l'océan, la cryosphère et la biosphère). C'est essentiel si nous espérons comprendre ce qu'est le climat, comment il est affecté par les influences humaines et naturelles, et ce qu'il pourrait devenir. Nous avons vu que les influences humaines sont réduites ou subtiles et s'exercent sur des décennies, la précision et la persistance sont donc essentielles, même face aux aléas institutionnels ou de financement.

Il nous faut aussi mieux comprendre les modèles climatiques extrêmement complexes que nous avons bâtis. Enormément d'efforts sont consacrés à des simulations en fonction de divers scénarios sur les émissions, qui ne nous informent guère. Il serait préférable de consacrer ces efforts à essayer de comprendre pourquoi les modèles climatiques ne parviennent pas à décrire le passé récent et sont si incertains dans leurs prévisions d'avenir. Bref, il vaudrait mieux davantage de réflexion et moins de calculs improductifs.[1]

---

1. Comme l'a soulevé récemment un spécialiste ; Emanuel, K. "The Relevance of Theory for Contemporary Research in Atmospheres, Oceans,

Il nous faut améliorer la science elle-même et cela commence par une discussion ouverte et honnête, au-delà des slogans et de la polémique, sans accusations et sans entourloupes. Les scientifiques doivent accepter les débats, les défis et les opportunités de clarification. La science commence par des questions, il est difficile d'encourager de nouvelles recherches si nous affirmons que les réponses sont déjà trouvées. En fait, comme je l'ai démontré dans ces pages, il y a encore beaucoup de questions importantes et même cruciales sur le climat sur lesquelles la science n'a pas encore pu trancher. La vérité, c'est que la véritable science n'est jamais entièrement établie – c'est ainsi que nous progressons ; c'est le cœur même de la science. Approfondissons nos connaissances, au lieu de répéter l'orthodoxie.

Il serait bon également de multiplier les efforts pour convaincre des scientifiques d'autres disciplines de se pencher sur l'étude du climat. Les données sont riches et accessibles et les problèmes scientifiquement intéressants et importants pour la société. L'adjonction de scientifiques extérieurs, ayant des compétences en statistiques ou en simulation, compléterait les perspectives de ceux qui étudient déjà le climat.

Nous devons aussi apprendre à mieux communiquer la science du climat. Les décisions sociétales qui mettent en regard les coûts et les inconvénients, les risques et les bénéfices, doivent être prises à la lumière d'une information complète, des certitudes et des incertitudes de nos connaissances scientifiques. Le public mérite des rapports d'évaluation complets, transparents et sans préjugés. Un exercice Red Team comme celui que j'ai décrit chapitre 11 serait une saine contrainte au processus d'évaluation de la science du climat ; il a prouvé son utilité pour d'autres questions complexes d'importance nationale. Une première révision Red Team pourrait comporter l'examen attentif du rapport AR6 du GIEC, publié en juillet 2021, ainsi que de la prochaine évaluation du climat du gouvernement

---

and Climate." AGU Advances 1 (2020): e2019AV000129. https://agupubs.onlinelibrary.wiley.com /doi/epdf/10.1029/2019AV000129.

américain, attendue en 2023. Elle pourrait porter sur les points que j'ai soulevés et les présentations fallacieuses que j'ai identifiées dans ce livre. Comment ces prochains rapports traiteront-ils les échecs de la génération la plus récente de modèles ? Mentionneront-ils même, sans parler de souligner, le fait qu'il n'existe pas de tendances à long terme en matière d'ouragans et que l'impact économique net d'un réchauffement de 3°C (bien supérieur à l'objectif de l'accord de Paris) devrait être minime ? Je pense que ce genre d'examen des rapports d'évaluation serait essentiel, d'autant plus que l'administration Biden envisage de dépenser 2 trillions de dollars pour le climat et l'énergie.

En même temps, il faut lutter contre l'hystérie du journalisme en matière de climat. Les journalistes eux-mêmes doivent mieux comprendre les informations qu'on leur présente. Quant au public, il faut lui donner les outils dont il a besoin pour décoder avec davantage d'esprit critique la couverture médiatique du climat.

Il serait également judicieux de poursuivre les réductions « faciles » d'émissions, par exemple, cela tombe sous le sens, en mettant fin aux fuites de méthane. Un faible pourcentage de ce gaz s'échappe des systèmes de production et de distribution du gaz naturel ; c'est de l'argent gaspillé, il y a donc une incitation financière à régler ce problème (considération souvent plus motivante, pour les producteurs, que les aspects climatiques). L'émission de gaz à effet de serre plus exotiques, comme les CFC (chlorofluorocarbure)et le HCF (hydrofluorocarbure), utilisés comme réfrigérants et retardateurs du feu, pourrait aussi être réduite sans beaucoup d'impact sur la société (hélas, l'impact sur les influences humaines serait, lui aussi, très réduit).

Des progrès en termes de coûts conduisant à des réductions d'émissions sont aussi des fruits faciles à cueillir, surtout quand cela s'accompagne de bénéfices secondaires. Par exemple, la dernière génération de centrales à charbon à lit fluidisé (qui gazéifient le charbon au lieu de le brûler directement) réduira aussi la pollution locale tout en améliorant la productivité. Quant aux automobiles, des moteurs plus frugaux, ainsi que la progression des voitures hybrides ou électriques, peuvent réduire la pollution chimique locale et le bruit, tout en confortant la sécurité énergétique et en réduisant notre dépendance au marché mondial du pétrole, notoirement volatil.

Une troisième démarche « facile » pour réduire les émissions est d'accentuer la recherche et le développement en matière de technologies à faibles émissions. Le coût et la fiabilité sont les principaux facteurs à l'aune desquels elles seront jugées faisables et il faudra mettre l'accent sur les progrès permettant de surmonter les obstacles. De petits réacteurs nucléaires modulaires à fission, l'amélioration des technologies solaires et, à plus long terme, la fusion nucléaire sont autant de domaines de recherche prometteurs, comme le serait l'éventuelle capacité de stocker des quantités massives d'électricité sur le réseau. Une stratégie gagnant-gagnant est de développer et de déployer des technologies plus efficaces, mais peu coûteuses, bénéficiant à l'utilisateur final, comme construire des systèmes de ventilation et des équipements domestiques, ainsi que l'a montré l'évolution des technologies d'éclairage ces dernières décennies. Particulièrement prometteurs, en l'occurrence, citons le recours à des approches fondées sur l'information pour le transport (comme suggérer de meilleurs itinéraires pour un voyage, voire mieux suivre et contrôler les performances du moteur) et l'amélioration du logement (par exemple couper le chauffage ou la climatisation dans les pièces inoccupées).

Nous devons aussi avoir une conversation franche sur le juste rôle du gouvernement dans ces efforts (de combien doit-il soutenir la R&D, comment et jusqu'où encourager le développement d'une nouvelle technologie ?). Lancer ce débat au Congrès, au sein de l'exécutif et dans le secteur privé faisait partie de mes attributions quand j'étais au Département de l'Énergie ; j'espère qu'il va reprendre. Au moins aux États-Unis, le rôle du gouvernement pour transformer le système de l'énergie est une pomme de discorde depuis des dizaines d'années.

Je suis moins favorable à la décarbonisation « forcée et urgente », que ce soit par le prix du carbone ou par la réglementation. L'impact des influences humaines sur le climat est trop incertain (et vraisemblablement trop faible) par comparaison avec l'immensité du changement requis pour atteindre l'objectif d'éliminer les émissions mondiales nettes d'ici, disons, 2075. Et à mes yeux, les nombreux inconvénients certains de cette politique en dépassent les bénéfices incertains : les populations pauvres du monde ont besoin de quantités croissantes d'une énergie fiable et abordable et à l'heure actuelle, la généralisation des renouvelables ou de la fission sont trop chers, trop peu fiables ou les deux à la fois. J'attendrais que la science soit plus fermement établie – autrement dit, que la réponse du climat aux influences humaines soit mieux déterminée ou, si nous n'y parvenons pas, qu'un consensus émerge ou que les technologies zéro-émissions deviennent plus fiables – avant de nous embarquer dans un programme visant à taxer ou réglementer les émissions de gaz à effet de serre jusqu'à les éliminer totalement, ou encore à capter et stocker des quantités massives de dioxyde de carbone.

Je crois que les obstacles socio-techniques à la réduction des émissions de CO_2 rendent probable que les influences humaines sur le climat ne seront pas stabilisées et encore moins réduites au cours de ce siècle. Si leurs effets devenaient plus évidents et plus sévères qu'ils ne l'ont été jusqu'à présent, bien entendu, l'équilibre coûts/bénéfices pourrait changer et la société changerait sans doute elle aussi. Mais je serais surpris que cela arrive dans un avenir proche.

Plaider pour que nous nous contentions de changements à faible risque jusqu'à ce que nous comprenions mieux pourquoi le climat change et comment il pourrait continuer à changer à l'avenir, est une position qui pourrait passer pour de la « langue de bois », mais je l'estime plutôt « réaliste » ou « prudente ». Je respecte l'opinion de ceux qui parviennent à des conclusions différentes, comme j'espère qu'ils respectent les miennes. Ces différences ne peuvent être résolues que si nous prenons conscience que c'est, en dernier ressort, une question de valeurs et non de science. Une autre étape prudente consisterait à poursuivre plus vigoureusement les stratégies d'adaptation. Elles peuvent être efficaces. Comme je l'ai dit au chapitre précédent, des hommes vivent aujourd'hui dans des climats qui vont des tropiques à l'Arctique et se sont adaptés à de nombreux changements climatiques, dont le petit âge de glace, relativement récent, il y a quatre cents ans. Une adaptation efficace combinerait des prévisions crédibles du changement climatique régional et un cadre permettant d'évaluer les coûts et les bénéfices de diverses stratégies d'adaptation. Nous en sommes loin, nous l'avons vu. La meilleure stratégie est donc de promouvoir le développement économique et des institutions fortes dans les pays en développement afin d'améliorer leur aptitude à l'adaptation (et entraîner de nombreuses retombées positives).

Finalement, s'il survenait une détérioration importante du climat mondial, quelle qu'en soit la cause, l'humanité aurait intérêt à savoir si une intervention délibérée dans le système climatique (la géo-ingénierie) est une stratégie plausible. Un programme de recherche sur les options comme celles dont nous avons parlé au chapitre précédent serait donc prudent et, comme je l'ai également noté, l'observation intense du système qui en serait la première étape améliorerait aussi notre connaissance du système climatique.

Ce que je crois que nous *devrions* faire, en bref, est de commencer par restaurer l'intégrité de la façon dont la science informe les décideurs de la société sur le climat et l'énergie – laissons « La Science » pour revenir à la science. Et ensuite, prendre les décisions qui ont le plus de chances de déboucher sur des résultats positifs pour la société, quels que soient les événements que l'avenir réserve à notre planète. Comme l'a dit le Président Biden dans son discours inaugural, « Nous devons rejeter la culture dans laquelle les faits eux-mêmes sont manipulés, voire même fabriqués de toutes pièces. »

INDEX

Achevé d'imprimer en France chez CPI en octobre 2022
Dépôt légal : novembre 2022
N° d'impression : 2067605